Python 程序设计
（第3版）

[美]　John M.Zelle　著

王海鹏　译

人民邮电出版社

北　京

图书在版编目（CIP）数据

Python程序设计：第3版 /（美）策勒
(John Zelle) 著；王海鹏译. -- 北京：人民邮电出版
社，2018.1
　国外著名高等院校信息科学与技术优秀教材
　ISBN 978-7-115-28325-2

　Ⅰ．①P… Ⅱ．①策… ②王… Ⅲ．①软件工具－程序
设计－高等学校－教材 Ⅳ．①TP311.561

　中国版本图书馆CIP数据核字(2017)第293398号

版 权 声 明

◆ 著　　　　[美] 约翰·策勒（John Zelle）

　　译　　　　王海鹏

　　责任编辑　陈冀康

　　责任印制　焦志炜

◆ 人民邮电出版社出版发行　　北京市丰台区成寿寺路 11 号

　　邮编　100164　电子邮件　315@ptpress.com.cn

　　网址　https://www.ptpress.com.cn

　　北京建宏印刷有限公司印刷

◆ 开本：787×1092　1/16

　　印张：21.5　　　　　　　　2018 年 1 月第 1 版

　　字数：506 千字　　　　　　2024 年 9 月北京第 23 次印刷

　　著作权合同登记号　图字：01-2016-3755 号

定价：79.80 元

读者服务热线：**(010)81055410**　印装质量热线：**(010)81055316**

反盗版热线：**(010)81055315**

广告经营许可证：京东市监广登字 20170147 号

内容提要

本书是面向大学计算机科学专业的教材。本书以 Python 语言为工具，采用相当传统的方法，强调解决问题、设计和编程是计算机科学的核心技能。

全书共 13 章，此外，还包含两个附录。第 1 章到第 5 章介绍计算机与程序、编写简单程序、数字计算、对象和图形、字符串处理等基础知识。第 6 章到第 8 章介绍函数、判断结构、循环结构和布尔值等话题。第 9 章到第 13 章着重介绍一些较为高级的程序设计方法，包括模拟与设计、类、数据集合、面向对象设计、算法设计与递归等。附录部分给出了 Python 快速参考和术语表。每一章的末尾配有丰富的练习，包括复习问题、讨论和编程联系等多种形式，帮助读者巩固该章的知识和技能。

本书特色鲜明、示例生动有趣、内容易读易学，适合 Python 入门程序员阅读，也适合高校计算机专业的教师和学生参考。

序

　　当出版商第一次发给我这本书的草稿时，我立刻感到十分兴奋。它看起来像是 Python 教科书，但实际上是对编程技术的介绍，只是使用 Python 作为初学者的首选工具。这是我一直以来想象的 Python 在教育中最大的用途：不是作为唯一的语言，而是作为第一种语言，就像在艺术中一样，开始学习时用铅笔绘画，而不是立即画油画。

　　作者在本书前言中提到，Python 作为第一种编程语言是接近理想的，因为它不是"玩具语言"。作为 Python 的创建者，我不想独占所有的功劳：Python 源于 ABC，这种语言在 20 世纪 80 年代初由阿姆斯特丹国家数学和计算机科学研究所（CWI）的 Lambert Meertens、Leo Geurts 等人设计，旨在教授程序设计。如果说我为他们的工作添加了什么东西，那就是让 Python 变成了一种非玩具语言，具有广泛的用户群、广泛的标准和大量的第三方应用程序模块。

　　我没有正式的教学经验，所以我可能没有资格来评判其教育效果。不过，作为一名具有将近 30 年经验的程序员，读过本书，我非常赞赏本书对困难概念的明确解释。我也喜欢书中许多好的练习和问题，既检查理解，又鼓励思考更深层次的问题。

　　恭喜本书读者！学习 Python 将得到很好的回报。我保证在这个过程中你会感到快乐，我希望你在成为专业的软件开发人员后，不要忘记你的第一种语言。

——Guido van Rossum，Python 之父

前　　言

本书旨在作为大学的一门计算课程的主要教材。它采用相当传统的方法，强调解决问题、设计和编程是计算机科学的核心技能。但是，这些思想利用非传统语言（即 Python）来说明。在我的教学经验中，我发现许多学生很难掌握计算机科学和程序设计的基本概念。这个困难可以部分归咎于最常用于入门课程的语言和工具的复杂性。因此，这本教材只有一个总目标：尽可能简单地介绍基础计算机科学概念，但不是过于简单。使用 Python 是这个目标的核心。

传统的系统语言（如 C++、Ada 和 Java）的发展是为了解决大规模编程中的问题，主要侧重于结构和纪律。它们不是为了易于编写中小型程序。最近脚本（有时称为"敏捷"）语言（如 Python）的普及程度上升，这表明了一种替代方法。Python 非常灵活，让实验变得容易。解决简单问题的方法简单而优雅。Python 为新手程序员提供了一个很好的实验室。

Python 具有一些特征，使其成为第一种编程语言的接近完美的选择。Python 基本结构简单、干净、设计精良，使学生能够专注于算法思维和程序设计的主要技能，而不会陷入晦涩难解的语言细节。在 Python 中学习的概念可以直接传递给后续学习的系统语言（如 C++和 Java）。但 Python 不是一种"玩具语言"，它是一种现实世界的生产语言，可以在几乎每个编程平台上免费提供，并且具有自己易于使用的集成编程环境。最好的是，Python 让学习编程又变得有趣了。

虽然我使用 Python 作为语言，但 Python 教学并不是本书的重点。相反，Python 用于说明适用于任何语言或计算环境的设计和编程的基本原理。在某些地方，我有意避免某些 Python 的功能和习惯用法，它们通常不会在其他语言中使用。市面上有很多关于 Python 的好书，本书旨在介绍计算。除了使用 Python 之外，本书还有其他一些特点，旨在使其成为计算机科学的平台。其中一些特点如下。

- 广泛使用计算机图形学。学生喜欢编写包含图形的程序。本书提供了一个简单易用的图形软件包（以 Python 模块提供），允许学生们学习计算机图形学原理，并练习面向对象的概念，但没有完整的图形库和事件驱动编程中固有的复杂性。
- 有趣的例子。本书包含了完整的编程示例来解决实际问题。
- 易读的行文。本书的叙事风格以自然的方式介绍了重要的计算机科学概念，这是逐步讨论的结果。我试图避免随意的事实罗列，或稍微有点关系的侧边栏。
- 灵活的螺旋式介绍。因为本书的目的是简单地呈现概念，所以每一章的组织是为了逐渐向学生介绍新的思想，让他们有时间来吸收越来越多的细节。前几章介绍了需要更多时间掌握的思想，并在后面的章节中加以强化。
- 时机恰好地介绍对象。介绍面向对象技术的适当时机，是计算机科学教育中持续存在的争议。本书既不是严格的"早讲对象"，也不是"晚讲对象"，而是在命令式编程的基础上简要地介绍了对象概念。学生学习多种设计技巧，包括自顶向下

（函数分解）、螺旋式（原型）和面向对象的方法。另外，教科书的材料足够灵活，可以容纳其他方法。

● 大量的章末习题。每章末尾的练习为学生提供了充分的机会，强化对本章内容的掌握，并实践新的编程技巧。

第 2 版和第 3 版的变化

本书的第 1 版已经有些老旧，但它所采用的方法现在仍然有效，就像当时一样。

虽然基本原则并没有改变，但技术环境却变了。随着 Python 3.0 的发布，对原始资料的更新变得必要。第 2 版基本上与最初的版本相同，但更新使用了 Python 3.0。本书中的每个程序示例几乎不得不针对新的 Python 来修改。此外，为了适应 Python 中的某些更改（特别是删除了字符串库），内容的顺序稍做了调整，在讨论字符串处理之前介绍了对象术语。这种变化有一个好的副作用，即更早介绍计算机图形学，以激发学生的兴趣。

第 3 版延续了更新课本以反映新技术的传统，同时保留了经过时间考验的方法来教授计算机科学的入门课程。这个版本的一个重要变化是消除了 eval 的大部分用法，并增加了其危险性的讨论。在连接越来越多的世界中，越早开始考虑计算机安全性越好。

本书添加了几个新的图形示例，在第 4 章到第 12 章中给出，以引入支持动画的图形库的新功能，包括简单的视频游戏开发。这使得最新的课本与大作业项目的类型保持一致，这些大作业常在现代的入门课程中布置。

在整个课本中还有一些较小的改动，其中包括：

● 第 5 章添加了文件对话框的内容；
● 第 6 章已经扩展并重新组织，强调返回值的函数；
● 为了一致地使用 IDLE（标准的"随 Python 分发的"开发环境），介绍范围已经改进并简化，这使得本书更适合自学和作为课堂教科书使用；
● 技术参考已更新；
● 为了进一步方便自学者，本版的章末习题答案可以在线免费获得。读者可访问异步社区（www.epubit.com.cn）并搜索本书页面，以下载示例代码、习题解答和教学 PPT。

本书主要内容

为了保持简单的目标，我试图限制 2 门课不会涵盖的内容数量。不过，这里的内容可能比较多，典型的一学期入门课程也许不能涵盖。我的课程依次介绍了前 12 章中的几乎所有内容，尽管不一定深入介绍每个部分。第 13 章（"算法设计与递归"）中的一个或两个主题通常穿插在学期中的适当时候。

注意到不同的教师喜欢以不同的方式处理主题，我试图保持材料相对灵活。第 1 章～第 4 章（"计算机和程序""编写简单程序""数字计算""对象和图形"）是必不可少的介绍，应该按顺序进行说明。字符串处理的第 5 章（"序列：字符串、列表和文件"）的初始部分也是基本的，但是稍后的主题（如字符串格式化和文件处理）可能会被延迟，直到后来需要。第 6 章～第 8 章（"定义函数""判断结构"和"循环结构和布尔值"）设计为独立的，可以以任何顺序进行。关于设计方法的第 9 章～第 12 章是按顺序进行的，但是如果教师希望在各种设计技术之前介绍列表（数组），那么第 11 章（"数据集合"）中的内容可以很容易地提前。希望强调面向对象设计的教师不需要花费很多时间在第 9 章。第 13 章包含更多高级材料，可能会在最后介绍或穿插在整个课程的各个地方。

致谢

多年来，我教授 CS1 的方法受到了我读过并用于课堂的许多新教材的影响。我从这些书中学到的很多东西无疑已经融入了本书。有几位专家的方法非常重要，我觉得他们值得特别提及。A. K. Dewdney 一直有一个诀窍，找出说明复杂问题的简单例子。我从中借鉴了一些，装上了 Python 的新腿。我也感谢 Owen Astrachan 和 Cay Horstmann 的精彩教科书。我在第 4 章介绍的图形库直接受到 Horstmann 设计的类似库的教学经验启发。我也从 Nell Dale 那里学到了很多关于教授计算机科学的知识，当时我是得克萨斯大学的研究生，很幸运地担任了助教。

许多人直接或间接地为本书做出了贡献。我也得到了沃特伯格学院的同事（和前同事）的很多帮助和鼓励：Lynn Olson 在一开始就不动摇地支持，Josef Breutzmann 提供了许多项目想法，Terry Letsche 为第 1 版和第 3 版编写了 PowerPoint 幻灯片。

我要感谢以下阅读或评论第 1 版手稿的人：莫赫德州立大学的 Rus May、北卡罗莱纳州立大学的 Carolyn Miller、谷歌的 Guido Van Rossum、加州州立大学（Chico）的 Jim Sager、森特学院的 Christine Shannon、罗彻斯特理工学院的 Paul Tymann、亚利桑那大学的 Suzanne Westbrook。我很感激首都大学的 Dave Reed，他使用了第 1 版的早期版本，提供了无数有见地的建议，并与芝加哥大学的 Jeffrey Cohen 合作，为本版本提供了替代的章末练习。Ernie Ackermann 在玛丽华盛顿学院试讲了第 2 版。第 3 版是由位于 San Luis Obispo 的加州理工大学的 Theresa Migler 和我的同事 Terry Letsche 在课堂上试讲的。David Bantz 对草稿提供了反馈意见。感谢所有的宝贵意见和建议。

我也要感谢 Franklin, Beedle and Associates 的朋友，特别是 Tom Sumner、Brenda Jones 和 Jaron Ayres，他们把我喜爱的项目变成一本真正的教科书。本版献给 Jim Leisy 作为纪念，他是 Franklin, Beedle and Associates 的创始人，在第 3 版正要付梓时意外过世。Jim 是个了不起的人，兴趣非常广泛。正是他的远见、指导、不懈的热情和不断的激励，最终让我成为一名教科书作者，让这本书成功。

特别感谢所有我教过的学生，他们在教学方面给我很多教益。还要感谢沃特伯格学院批准我休假，支持我写书。最后但最重要的是，我要感谢我的妻子 Elizabeth Bingham，她作为编辑、顾问和鼓舞士气者，在我写作期间容忍我。

目　　录

第 1 章　计算机和程序

学习目标

- 了解计算系统中硬件和软件各自的作用。
- 学习计算机科学家研究的领域和他们使用的技术。
- 了解现代计算机的基本设计。
- 了解计算机编程语言的形式和功能。
- 开始使用 Python 编程语言。
- 学习混沌模型及其对计算的影响。

1.1　通用机器

几乎每个人都用过计算机。也许你玩过计算机游戏，或曾用计算机写文章、在线购物、听音乐，或通过社交媒体与朋友联系。计算机被用于预测天气、设计飞机、制作电影、经营企业、完成金融交易和控制工厂等。

你是否停下来想过，计算机到底是什么？一个设备如何能执行这么多不同的任务？学习计算机和计算机编程就从这些基本问题开始。

现代计算机可以被定义为"在可改变的程序的控制下，存储和操纵信息的机器"。该定义有两个关键要素。第一，计算机是用于操纵信息的设备。这意味着我们可以将信息放入计算机，它可以将信息转换为新的、有用的形式，然后输出或显示信息，让我们解释。

第二，计算机不是唯一能操纵信息的机器。当你用简单的计算器来加一组数字时，就在输入信息（数字），计算器就在处理信息，计算连续的总和，然后显示。另一个简单的例子是油泵。给油箱加油时，油泵利用某些输入：当前每升汽油的价格和来自传感器的信号，读取汽油流入汽车油箱的速率。油泵将这个输入转换为加了多少汽油和应付多少钱的信息。

我们不会将计算器或油泵看作完整的计算机，尽管这些设备的现代版本实际上可能包含嵌入式计算机。它们与计算机不同，它们被构建为执行单个特定任务。这就是定义的第二部分出现的地方：计算机在可改变的程序的控制下运行。这到底是什么意思？

"计算机程序"是一组详细的分步指令，告诉计算机确切地做什么。如果我们改变程序，计算机就会执行不同的动作序列，因而执行不同的任务。正是这种灵活性，让计算机在一个时刻是文字处理器，在下一个时刻是金融顾问，后来又变成一个街机游戏。机器保持不变，但控制机器的程序改变了。

每台计算机只是"执行"（运行）程序的机器。有许多不同种类的计算机。你可能熟悉 Macintosh、PC、笔记本计算机、平板计算机和智能手机，但不论实际上还是理论上，都有数千种其他类型的计算机。计算机科学有一个了不起的发现，即认识到所有这些不同的计算机具有相同的力量，通过适当的编程，每台计算机基本上可以做任何其他计算机可以做的事情。在这个意义上说，放在你的办公桌上的 PC 实际上是一台通用机器。它可以做任何你想要它做的事，只要你能足够详细地描述要完成的任务。现在它是一台强大的机器！

1.2 程序的力量

你已经知道了计算的一个要点："软件"（程序）主宰"硬件"（物理机器）。软件决定计算机可以做什么。没有软件，计算机只是昂贵的镇纸。创建软件的过程称为"编程"，这是本书的主要关注点。

计算机编程是一项具有挑战性的活动。良好的编程既要有全局观，又要注意细节。不是每个人都有天赋成为一流的程序员，正如不是每个人都具备成为专业运动员的技能。然而，几乎任何人都可以学习如何为计算机编程。只要有一点耐心和努力，本书将帮助你成为一名程序员。

学习编程有很多好理由。编程是计算机科学的一个基本组成部分，因此对所有立志成为计算机专业人员的人都很重要。但其他人也可以从编程经验中受益。计算机已经成为我们社会中的常见工具。要理解这个工具的优点和局限性，就需要理解编程。非程序员经常觉得他们是计算机的奴隶。然而，程序员是真正的控制者。如果你希望成为一个更聪明的计算机用户，本书就是为你准备的。

编程也有很多乐趣。这是一项智力活动，让人们通过有用的、有时非常漂亮的创作来表达自己。不管你信不信，许多人确实爱好编写计算机程序。编程也会培养有价值的问题解决技能，特别是将复杂系统分解为一些可理解的子系统及其交互，从而分析复杂系统的能力。

你可能知道，程序员有很大的市场需求。不少文科生已经将一些计算机编程课程作为一种有利可图的职业选择。计算机在当今的商业世界中如此常见，以至于理解计算机和编程的能力可能就会让你在竞争中占据优势，不论你是何种职业。灵感迸发时，你就准备好写出下一个杀手级应用程序了。

1.3 什么是计算机科学

你可能会惊讶地得知，计算机科学不是研究计算机的。著名计算机科学家 Edsger Dijkstra 曾经说过，计算机之于计算机科学，正如望远镜之于天文学。计算机是计算机科学中的重要工具，但它本身不是研究的对象。由于计算机可以执行我们描述的任何过程，所以真正的问题是："我们可以描述什么过程？"换句话说，计算机科学的根本问题就是"可以计算什么"。计算机科学家利用许多研究技术来回答这个问题。其中三种主要技术是设计、分析和实验。

证明某个问题可以解决的一种方式就是实际设计解决方案。也就是说，我们开发了一个逐步的过程，以实现期望的结果。计算机科学家称之为"算法"。这是一个奇特的词，基本上意味着"菜谱"。算法设计是计算机科学中最重要的方面之一。在本书中，你会看到设计和实现算法的技术。

设计有一个弱点，它只能回答"什么是可计算的"。如果可以设计一个算法，那么问题是可解的。然而，未能找到算法并不意味着问题是不可解的。这可能意味着我只是不够聪明，或者碰巧还没有找到正确的想法。这就是引入分析的原因。

分析是以数学方式检查算法和问题的过程。计算机科学家已经指出，一些看似简单的问题不能通过任何算法解决。另一些问题是"难解的"（intractable）。解决这些问题的算法需要太长时间，或者需要太多存储器，因而没有实际价值。算法分析是计算机科学的重要组成部分，在整本书中，我们将探讨一些基本原则。第 13 章有不可解决和难解问题的例子。

一些问题太复杂或定义不明确，无法分析。在这种情况下，计算机科学家就依靠实验。他们实际实现一些系统，然后研究结果的行为。即使在进行理论分析时，也经常需要实验来验证和完善分析。对于大多数问题，底线是能否构建一个可靠的工作系统。通常我们需要对系统进行经验性测试，以确定这个底线已经满足。当你开始编写自己的程序时，会有很多机会观察你的解决方案的表现。

我已经从设计、分析和评估算法的角度定义了计算机科学，这当然是该学科的核心。然而，当今计算机科学家参与广泛的活动，所有这些活动都在计算这把大伞之下。一些例子包括移动计算、网络、人机交互、人工智能、计算科学（使用强大的计算机来模拟科学过程）、数据库和数据挖掘、软件工程、网络和多媒体设计、音乐制作、管理信息系统和计算机安全。无论在何处进行计算，计算机科学的技能和知识都有应用。

1.4　硬件基础

你不必知道计算机工作的所有细节，也能成为一名成功的程序员，但了解基本原理将有助于掌握让程序运行所需的步骤。这有点像驾驶汽车。了解一点内燃机知识，有助于解释为什么必须做一些事情，如加油、点火、踩油门等。你可以通过记住要做什么来学习驾驶，但拥有更多知识会让整个过程更容易理解。让我们花一点时间来看看计算机的内部构造。

虽然不同计算机在具体细节上会显著不同，但在更高的层面上，所有现代数字计算机是非常相似的。图 1.1 展示了计算机的功能视图。中央处理单元（CPU）是机器的"大脑"。这是计算机执行所有基本操作的地方。CPU 可以执行简单的算术运算，如两个数相加，也可以执行逻辑操作，如测试两个数是否相等。

存储器存储程序和数据。CPU 只能直接访问存储在"主存储器"（称为 RAM，即随机存取存储器）中的信息。主存储器速度快，但它也是易失性存储。也就是说，当电源关闭时，存储器中的信息会丢失。因此，还必须有一些辅助存储器，提供永久的存储。

在现代个人计算机中，主要的辅助存储器通常是内部的硬盘驱动器（HDD）或固态驱动器（SSD）。HDD 将信息以磁模式存储在旋转磁盘上，而 SSD 使用称为闪存的电子电路。

大多数计算机还支持可移动介质作为辅助存储器，如 USB 存储"棒"（也是一种形式的闪存）和 DVD 数字多功能光盘，后者以光学模式存储信息，由激光读取和写入。

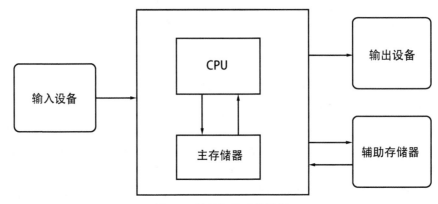

图 1.1　计算机的功能视图

人类通过输入和输出设备与计算机交互。你可能熟悉常见的设备，如键盘、鼠标和显示器（视频屏幕）。来自输入设备的信息由 CPU 处理，并可以被移动到主存储器或辅助存储器。类似地，需要显示信息时，CPU 将它发送到一个或多个输出设备。

那么，你启动最喜欢的游戏或文字处理程序时，会发生什么？构成程序的指令从（更）持久的辅助存储器复制到计算机的主存储器中。一旦指令被加载，CPU 就开始执行程序。

技术上，CPU 遵循的过程称为"读取—执行循环"。从存储器取得第一条指令，解码以弄清楚它代表什么，并且执行适当的动作。然后，取得并解码和执行下一条指令。循环继续，指令接着指令。这确实是所有的计算机从你打开它直到再次关闭时做的事情：读取指令、解码、执行。这看起来不太令人兴奋，是吗？但计算机能以惊人的速度执行这个简单的指令流，每秒完成数十亿条指令。将足够多的简单指令以正确的方式放在一起，计算机完成了惊人的工作。

1.5　编程语言

请记住，程序只是一系列指令，告诉计算机做什么。显然，我们需要用计算机可以理解的语言来提供这些指令。如果可以用我们的母语告诉计算机做什么，就像科幻电影中那样，当然很好。（"计算机，曲速引擎全速到达行星 Alphalpha 需要多长时间？"）计算机科学家在这个方向上取得了长足的进步。你可能熟悉 Siri（Apple）、Google Now（Android）和 Cortana（Microsoft）等技术。但是，所有认真使用过这种系统的人都可以证明，设计一个完理解人类语言的计算机程序仍然是一个未解决的问题。

即使计算机可以理解我们，人类语言也不太适合描述复杂的算法。自然语言充满了模糊和不精确。例如，如果我说"I saw the man in the park with the telescope"，是我拥有望远镜，还是那个人拥有望远镜？谁在公园里？我们大多数时间都相互理解，因为所有人都拥有广泛的共同知识和经验。但即便如此，误解也是很常见的。

计算机科学家已经设计了一些符号，以准确无二义的方式来表示计算，从而绕过了这个问题。这些特殊符号称为编程语言。编程语言中的每个结构都有精确的形式（它的"语法"）和精确的含义（它的"语义"）。编程语言就像一种规则，用于编写计算机将遵循的指令。实际上，程序员通常将他们的程序称为"计算机代码"（computer code），用编程语言来编写算法的过程被称为"编码"（coding）。

Python 是一种编程语言，它是我们在本书中使用的语言[①]。你可能已经听说过其他一些常用的语言，如 C ++、Java、Javascript、Ruby、Perl、Scheme 和 BASIC。计算机科学家已经开发了成千上万种编程语言，而且语言本身随着时间演变，产生多个、有时非常不同的版本。虽然这些语言在许多细节上不同，但它们都有明确定义的、无二义的语法和语义。

上面提到的所有语言都是高级计算机语言的例子。虽然它们是精确的，但它们的设计目的是让人使用和理解。严格地说，计算机硬件只能理解一种非常低级的语言，称为"机器语言"。

假设我们希望让计算机对两个数求和。CPU 实际执行的指令可能是这样的：

将内存位置 2001 的数加载到 CPU 中
将内存位置 2002 的数加载到 CPU 中
在 CPU 中对这两个数求和
将结果存储到位置 2003

两个数求和似乎有很多工作，不是吗？实际上，它甚至比这更复杂，因为指令和数字以二进制符号表示（即 0 和 1 的序列）。

在 Python 这样的高级语言中，两个数求和可以更自然地表达为 $c = a + b$。这让我们更容易理解，但我们需要一些方法，将高级语言翻译成计算机可以执行的机器语言。有两种方法可以做到这一点：高级语言可以被"编译"或"解释"。

"编译器"是一个复杂的计算机程序，它接受另一个以高级语言编写的程序，并将其翻译成以某个计算机的机器语言表达的等效程序。图 1.2 展示了编译过程的框图。高级程序被称为"源代码"，得到的"机器代码"是计算机可以直接执行的程序。图中的虚线表示机器代码的执行（也称为"运行程序"）。

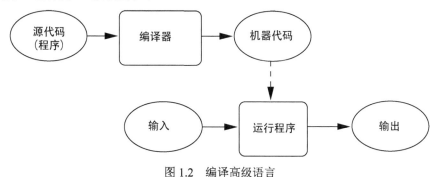

图 1.2 编译高级语言

"解释器"是一个程序，它模拟能理解高级语言的计算机。解释器不是将源程序翻译成

[①] 本书的这个版本使用 Python 3.4 版本开发和测试。Python 3.5 现在可用。如果你的计算机上安装了早期版本的 Python，则应升级到最新的稳定版 3.x，以便尝试这些例子。

机器语言的等效程序，而是根据需要一条一条地分析和执行源代码指令。图 1.3 展示了这个过程。

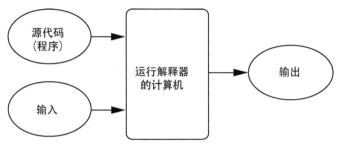

图 1.3　解释高级语言

解释和编译之间的区别在于，编译是一次性翻译。一旦程序被编译，它可以重复运行而不需要编译器或源代码。在解释的情况下，每次程序运行时都需要解释器和源代码。编译的程序往往更快，因为翻译是一次完成的，但是解释语言让它们拥有更灵活的编程环境，因为程序可以交互式开发和运行。

翻译过程突出了高级语言对机器语言的另一个优点：可移植性。计算机的机器语言由特定 CPU 的设计者创建。每种类型的计算机都有自己的机器语言。笔记本计算机中的 Intel i7 处理器程序不能直接在智能手机的 ARMv8 CPU 上运行。不同的是，以高级语言编写的程序可以在许多不同种类的计算机上运行，只要存在合适的编译器或解释器（这只是另一个程序）。因此，我可以在我的笔记本计算机和平板计算机上运行完全相同的 Python 程序。尽管它们有不同的 CPU，但都运行着 Python 解释器。

1.6　Python 的"魔法"

在你已了解了所有技术细节后，就可以开始享受 Python 的乐趣了。最终的目标是让计算机按我们的要求办事。为此，我们将编写控制机器内部计算过程的程序。你已经看到，这个过程中没有魔法，但编程的某些方面让人感觉像魔法。

计算机内部的计算过程就像一些魔法精灵，我们可以利用它们为我们工作。不幸的是，这些精灵只能理解一种非常神秘的语言，而我们不懂。我们需要一个友好的小仙子，能指导这些精灵实现我们的愿望。我们的小仙子是一个 Python 解释器。我们可以向 Python 解释器发出指令，并指导下面的精灵来执行我们的需求。我们通过一种特殊的法术和咒语（即 Python）与小仙子沟通。开始学习 Python 的最好方法是将我们的小仙子放出瓶子，尝试一些法术。

对于大多数 Python 安装，你可以用交互模式启动 Python 解释器，这称为 shell。shell 允许你键入 Python 命令，然后显示执行它们的结果。启动 shell 的具体细节因不同安装而异。如果你使用来自 www.python.org 的 PC 或 Mac 的标准 Python 发行版，应该有一个名为 IDLE 的应用程序，它提供了 Python shell，正如我们稍后会看到，它还可以帮助你创建和编辑自己的 Python 程序。本书的支持网站提供了在各种平台上安装和使用 Python 的信息。

当你第一次启动 IDLE（或另一个 Python shell），应该看到如下信息：

```
Python 3.4.3 (v3.4.3:9b73f1c3e601, Feb 24 2015, 22:43:06)
[MSC v.1600 32 bit (Intel)] on win32
Type "copyright", "credits" or "license()" for more information.
>>>
```

确切的启动消息取决于你正在运行的 Python 版本和你正在使用的系统。重要的部分是最后一行。>>>是一个 Python 提示符，表示我们的小仙子（Python 解释器）正在等待我们给它一个命令。在编程语言中，一个完整的命令称为语句。

下面是与 Python shell 交互的例子：

```
>>> print("Hello, World!")
Hello, World!
>>> print(2 + 3)
5
>>> print("2 + 3 =", 2 + 3)
2 + 3 = 5
```

这里，我尝试了三个使用 Python 的 print 语句的例子。第一个 print 语句要求 Python 显示文本短语 Hello, World!。Python 在下一行做出响应，打印出该短语。第二个 print 语句要求 Python 打印 2 与 3 之和。第三个 print 结合了这两个想法。Python 打印出引号中的部分 "2 + 3 ="，然后是 2 + 3 的结果，即 5。

这种 shell 交互是在 Python 中尝试新东西的好方法。交互式会话的片段散布在本书中。如果你在示例中看到 Python 提示符>>>，这就告诉你正在展示交互式会话。启动自己的 Python shell 并尝试这些例子，是一个好主意。

通常，我们希望超越单行的代码片段，并执行整个语句序列。Python 允许我们将一系列语句放在一起，创建一个全新的命令或函数。下面的例子创建了一个名为 hello 的新函数：

```
>>> def hello():
        print("Hello")
        print("Computers are fun!")
>>>
```

第一行告诉 Python，我们正在定义一个新函数，命名为 hello。接下来两行缩进，表明它们是 hello 函数的一部分。（注意：有些 shell 会在缩进行的开头打印省略号["..."]）。最后的空白行（通过按两次<Enter>键获得）让 Python 知道定义已完成，并且 shell 用另一个提示符进行响应。注意，键入定义并不会导致 Python 打印任何东西。我们告诉 Python，当 hello 函数用作命令时应该发生什么，但实际上并没有要求 Python 执行它。

键入函数名称并跟上括号，函数就被调用了。下面是使用 hello 命令时发生的事情：

```
>>> hello()
Hello
Computers are fun!
>>>
```

你看到这完成了什么？hello 函数定义中的两个 print 语句按顺序执行了。

你可能对定义中的括号和 hello 的使用感到好奇。命令可以有可变部分，称为参数（也称为变元），放在括号中。让我们看一个使用参数、自定义问候语的例子。先是定义：

```
>>> def greet(person):
        print("Hello", person)
```

```
print("How are you?")
```

现在我们可以使用定制的问候。

```
>>> greet("John")
Hello John
How are you?
>>> greet("Emily")
Hello Emily
How are you?
>>>
```

你能看到这里发生了什么吗？使用 greet 时，我们可以发送不同的名称，从而自定义结果。你可能也注意到，这看起来类似于之前的 print 语句。在 Python 中，print 是一个内置函数的例子。当我们调用 print 函数时，括号中的参数告诉函数要打印什么。

我们将在后面详细讨论参数。目前重要的是要记住，执行一个函数时，括号必须包含在函数名之后。即使没有给出参数也是如此。例如，你可以使用 print 而不使用任何参数，创建一个空白的输出行。

```
>>> print()

>>>
```

但是如果你只键入函数的名称，省略括号，函数将不会真正执行。相反，交互式 Python 会话将显示一些输出，表明名称所引用的函数，如下面的交互所示：

```
>>> greet
<function greet at 0x8393aec>
>>> print
<built-in function print>
```

有趣的文本 0x8393aec 是在计算机存储器中的位置（地址），其中恰好存储了 greet 函数的定义。如果你在自己的计算机上尝试，几乎肯定会看到不同的地址。

将函数交互式地输入到 Python shell 中，像我们的 hello 和 greet 示例那样，这存在一个问题：当我们退出 shell 时，定义会丢失。如果我们下次希望再次使用它们，必须重新键入。程序的创建通常是将定义写入独立的文件，称为“模块”或“脚本”。此文件保存在辅助存储器中，所以可以反复使用。

模块文件只是一个文本文件，你可以用任何应用程序来编辑文本，例如记事本或文字处理程序，只要将程序保存为“纯文本”文件即可。有一种特殊类型的应用称为集成开发环境（IDE），它们简化了这个过程。IDE 专门设计用于帮助程序员编写程序，包括自动缩进、颜色高亮显示和交互式开发等功能。IDLE 是一个很好的例子。到目前为止，我们只将 IDLE 作为一个 Python shell，但它实际上是一个简单却完整的开发环境[①]。

让我们编写并运行一个完整的程序，从而说明模块文件的使用。我们的程序将探索一个被称为混沌（chaos）的数学概念。要将此程序键入 IDLE，应选择 File/New File 菜单选项。这将打开一个空白（非 shell）窗口，你可以在其中键入程序。下面是程序的 Python 代码：

```
# File: chaos.py
# A simple program illustrating chaotic behavior.
```

[①] 事实上，IDLE 代表 Integrated DeveLopment Environment。多出来的“L”是对 Eric Idle 的致敬，因为 Monty Python 的名望。

```
def main():
    print("This program illustrates a chaotic function")
    x = eval(input("Enter a number between 0 and 1: "))
    for i in range(10):
        x = 3.9 * x * (1 - x)
        print(x)
main()
```

键入它之后，从菜单中选择 File/Save，并保存为 chaos.py。扩展名.py 表示这是一个 Python 模块。在保存程序时要小心。有时 IDLE 默认会在系统范围的 Python 文件夹中启动。要确保导航到你保存自己文件的文件夹。我建议将所有 Python 程序放在一个专用的文件夹中，放在你自己的个人文档目录中。

此时，你可能正试图理解刚刚输入的内容。你可以看到，这个特定的例子包含了几行代码，定义了一个新函数 main。（程序通常放在一个名为 main 的函数中。）文件的最后一行是调用此函数的命令。如果你不明白 main 实际上做了什么，也不要担心，我们将在下一节中讨论它。这里的要点在于，一旦我们将一个程序保存在这样的模块文件中，就可以随时运行它。

我们的程序能以许多不同的方式运行，这取决于你使用的实际操作系统和编程环境。如果你使用的是窗口系统，则可以通过单击（或双击）模块文件的图标来运行 Python 程序。在命令行情况下，可以键入像 python chaos.py 这样的命令。使用 IDLE 时，只需从模块窗口菜单中选择 Run/Run Module 即可运行程序。按下<F5>键是该操作的方便快捷方式。

IDLE 运行程序时，控制将切换到 shell 窗口。下面是看起来的样子：

```
>>> ===================== RESTART =====================
>>>
This program illustrates a chaotic function
Enter a number between 0 and 1: .25
0.73125
0.76644140625
0.69813501043853755
0.8218958187902304
0.57089401191969317
0.9553987483642099
0.166186721954413
0.54041791206179260
0.96862893029980420
0.118509010175638770
>>>
```

第一行是来自 IDLE 的通知，表明 shell 已重新启动。IDLE 在每次运行程序时都会这样做，这样程序就运行在一个干净的环境中。Python 然后从上至下逐行运行该模块。这就像我们在交互式 Python 提示符下逐行键入它们一样。模块中的 def 会导致 Python 创建 main 函数。这个模块的最后一行导致 Python 调用 main 函数，从而运行我们的程序。正在运行的程序要求用户输入一个介于 0 和 1 之间的数字（在这个例子中，我键入 ".25"），然后打印出 10 个数字的序列。

如果浏览计算机上的文件，你可能会注意到，Python 有时会在存储模块文件的文件夹中创建另一个名为 pycache 的文件夹。这里是 Python 存储伴随文件的地方，伴随文件的扩展名为.pyc。在本例中，Python 可能会创建另一个名为 chaos.pyc 的文件。这是 Python 解释器使用的中间文件。从技术上讲，Python 采用混合编译/解释的过程。模块文件中的 Python

源代码被编译为较原始的指令，称为字节代码。然后解释这个字节代码（.pyc）。如果有.pyc文件可用，则第二次运行模块就会更快。但是，如果要节省磁盘空间，你可以删除字节代码文件。Python 会根据需要自动重新创建它们。

在 IDLE 下运行模块，会将程序加载到 shell 窗口中。你可以要求 Python 执行 main 命令，从而再次运行该程序。只需在 shell 提示符下键入命令。继续我们的例子，下面是我们重新运行程序时它的样子，以 ".26" 作为输入：

```
>>> main()
This program illustrates a chaotic function
Enter a number between 0 and 1: .26
0.75036
0.73054749456
0.767706625733
0.6954993339
0.825942040734
0.560670965721
0.960644232282
0.147446875935
0.490254549376
0.974629602149
>>>
```

1.7   Python 程序内部

chaos 程序的输出可能看起来不太令人兴奋，但它说明了物理学家和数学家已知的一个非常有趣的现象。让我们逐行来看这个程序，看看它做了什么。不要担心不能马上理解每个细节，我们将在下一章重新探讨所有这些想法。

程序的前两行以#字符开头：

```
# File: chaos.py
# A simple program illustrating chaotic behavior.
```

这些行称为"注释"。它们是为程序的人类读者编写的，会被 Python 忽略。Python 解释器总是跳过从井号（#）到行末之间的所有文本。

程序的下一行开始定义一个名为 main 的函数：

```
def main():
```

严格地说，不需要创建 main 函数。因为模块的代码行在加载时会被执行，所以我们可以在没有这个定义的情况下编写我们的程序。也就是说，模块可能看起来像下面这样：

```
# File: chaos.py
# A simple program illustrating chaotic behavior.

print("This program illustrates a chaotic function")
x = eval(input("Enter a number between 0 and 1: "))
for i in range(10):
    x = 3.9 * x * (1 - x)
    print(x)
```

这个版本更短一些，但惯例是将包含程序的指令放在 main 函数内部。上面展示了这种方法的一个直接好处：它允许我们通过调用 main()来运行程序。我们不必重新启动 Python shell 就能再次运行它，这在没有 main 的情况下是不行的。

main 内部的第一行是程序真正的开始。

```
print("This program illustrates a chaotic function")
```

这行导致 Python 打印一个消息，在程序运行时介绍它自己。

看看程序的下一行：

```
x = eval(input("Enter a number between 0 and 1: "))
```

这里的 x 是变量的示例。变量为值提供了一个名称，以便我们在程序的其他位置引用它。

整行是一个语句，从用户那里获得一些输入。这一行内容有点多，我们将在下一章讨论它的细节。现在，你只需要知道它完成了什么。当 Python 遇到该语句时，它显示引号内的消息"Enter a number between 0 and 1:"并暂停，等待用户在键盘上键入内容，然后按 <Enter>键。随后用户键入的值保存为变量 x。在上面显示的第一个例子中，用户输入了".25"，它成为 x 的值。

下一个语句是循环的示例。

```
for i in range(10):
```

循环是一种策略，它告诉 Python 重复做同样的事情。这个特定的循环说要做某事 10 次。在循环头下缩进的几行，是要执行 10 次的语句。它们构成了循环体。

```
x = 3.9 * x * (1 - x)
print(x)
```

循环的效果完全一样，就像我们将循环体写了 10 次：

```
x = 3.9 * x * (1 - x)
print(x)
x = 3.9 * x * (1 - x)
print(x)
x = 3.9 * x * (1 - x)
print(x)
x = 3.9 * x * (1 - x)
print(x)
x = 3.9 * x * (1 - x)
print(x)
x = 3.9 * x * (1 - x)
print(x)
x = 3.9 * x * (1 - x)
print(x)
x = 3.9 * x * (1 - x)
print(x)
x = 3.9 * x * (1 - x)
print(x)
x = 3.9 * x * (1 - x)
print(x)
```

显然，使用循环为程序员省却了很多麻烦。

但是这些语句究竟做了什么？第一句执行了计算：

```
x = 3.9 * x * (1 - x)
```

这被称为"赋值"语句。"="右侧的部分是一个数学表达式。Python 使用"*"字符表示乘法。回想一下，x 的值是 0.25（来自上面的 input）。计算的值为 3.9(0.25)(1 − 0.25)，即 0.73125。一旦计算出右侧的值，它就被保存为（或赋值给）出现在 "=" 左侧的变量，在这个例子中是 x。x 的新值（0.73125）替换了旧值（0.25）。

循环体中的第二行是我们之前遇到的一种语句类型，即 print 语句。

```
print(x)
```

Python 执行此语句时，屏幕上将显示 x 的当前值。所以第一个输出的数是 0.73125。

记住，循环要执行 10 次。打印 x 的值后，循环的两个语句再次执行。

```
x = 3.9 * x * (1 - x)
print(x)
```

当然，现在 x 的值为 0.73125，所以公式计算新的 x 值为 3.9(0.73125)(1 − 0.73125)，它是 0.76644140625。

你能看到每次循环时如何用 x 的当前值来计算一个新值吗？这是示例运行中数字的来源。你可以针对一个不同的输入值（例如 0.5）尝试执行程序的步骤，然后用 Python 运行该程序，看看你模拟计算机的情况。

1.8　混沌与计算机

我在前面说过，chaos 程序展示了一个有趣的现象。满屏幕的数字哪里有趣？如果你自己尝试这个程序会发现，无论从什么数字开始，结果总是相似的：程序吐出 10 个似乎随机的数字，在 0 和 1 之间。随着程序运行，x 的值似乎跳来跳去，好吧，像混沌一样。

由该程序计算的函数具有一般形式 $k(x)(1-x)$，k 在这个例子中是 3.9。这被称为逻辑函数。它模拟某些类型的不稳定电子电路，并且有时也在限制条件下模拟群体变化。重复应用逻辑函数可以产生混沌。虽然我们的程序有一个明确的底层行为，但输出似乎不可预测。

混沌函数有一个有趣的属性，即随着公式被重复应用，初始值的非常小的差异可以导致结果的巨大差异。你可以在 chaos 程序中看到这一点，只需输入稍微不同的数字。以下是修改后的程序的输出，显示了初始值为 0.25 和 0.26 的结果：

```
input    0.25      0.26
--------------------------
         0.731250  0.750360
         0.766441  0.730547
         0.698135  0.767707
         0.821896  0.695499
         0.570894  0.825942
         0.955399  0.560671
         0.166187  0.960644
         0.540418  0.147447
         0.968629  0.490255
         0.118509  0.974630
```

使用非常相似的起始值，输出在几个迭代中保持相似，然后就显著不同了。大约到第五次迭代，两个模型之间就似乎没有任何关系了。

我们的 chaos 程序的这两个特征，即显然不可预测性和对初始值的极端敏感性，是混沌行为的标志。混沌对计算机科学有重要的影响。事实证明，在现实世界中，我们可能希望用计算机建模和预测的许多现象就是这种混沌行为。你可能听说过所谓的蝴蝶效应。用于模拟和预测天气模式的计算机模型是如此敏感，以至于一只蝴蝶在新泽西拍打翅膀，可能会影响伊利诺州皮奥里亚（Peoria）是否下雨的预测。

很可能即使有完美的计算机建模，我们也永远不能准确地测量已有的天气条件，从而提前几天预测天气。测量就是不够精确，不能让预测在较长时间内准确。

如你所见，这个小程序给计算机用户上了有价值的一课。尽管计算机如此神奇，但它们给出的结果只是与程序所基于的数学模型一样有用。计算机可能由于程序错误而给出不正确的结果，但如果模型错误或初始输入不够精确，即使正确的程序也可能产生错误的结果。

1.9　小结

本章介绍了计算机、计算机科学和编程。下面是一些关键概念的小结。

- 计算机是一种通用的信息处理机器。它能执行可以充分详细描述的任何过程。用于解决特定问题的步骤序列的描述称为算法。算法可以变成软件（程序），确定硬件（物理机）能做什么和做了什么。创建软件的过程称为编程。
- 计算机科学研究什么可以计算。计算机科学家使用设计、分析和实验技术。计算机科学是更广泛的计算领域的基础，其中包括的领域如网络、数据库和信息管理系统等。
- 计算机系统的基本功能视图包括中央处理单元（CPU）、主存储器、辅助存储器以及输入和输出设备。CPU 是计算机的大脑，执行简单算术和逻辑运算。CPU 操作的信息（数据和程序）存储在主存储器（RAM）中。更多的永久信息存储在辅助存储设备上，如磁盘、闪存和光学设备。信息通过输入设备进入计算机，而输出设备显示结果。
- 程序使用形式表示法来编写，这称为编程语言。有许多不同的语言，但都具有精确的语法（形式）和语义（意义）的属性。计算机硬件只能理解一种非常低级的语言，称为机器语言。程序通常使用面向人类的高级语言（如 Python）编写。高级语言必须被编译或解释，以便计算机能够理解它。高级语言比机器语言更容易移植。
- Python 是一种解释型语言。了解 Python 的一个好方法是使用交互式 shell 进行实验。标准 Python 发布版包括一个名为 IDLE 的程序，它提供了一个 shell 以及编辑 Python 程序的工具。
- Python 程序是一个命令序列（称为语句），供 Python 解释器执行。Python 包括了一些语句来完成工作，如打印输出到屏幕、从用户获取输入、计算数学表达式的值以及多次执行一系列语句（循环）。
- 如果输入中的非常小的变化导致结果的大变化，让它们看起来是随机的或不可预测的，则该数学模型被称为混沌。许多现实世界现象的模型表现出混沌行为，这让计算的力量受到一些限制。

1.10 练习

复习问题

判断对错

1. 计算机科学是计算机的研究。
2. CPU 是计算机的"大脑"。
3. 辅助存储器也称为 RAM。
4. 计算机当前正在处理的所有信息都存储在主存储器中。
5. 语言的语法是它的意思，语义是它的形式。
6. 函数定义是定义新命令的语句序列。
7. 编程环境是指程序员工作的地方。
8. 变量用于给一个值赋予一个名称，这样它就可以在其他地方被引用。
9. 循环用于跳过程序的一部分。
10. 混沌函数不能由计算机计算。

选择题

1. 计算机科学的根本问题是_____。
   a. 计算机的计算速度有多快　　b. 可以计算什么
   c. 什么是最有效的编程语言　　d. 程序员可以赚多少钱
2. 算法类似于_____。
   a. 报纸　　　b. 捕蝇草　　　c. 鼓　　　　　　d. 菜谱
3. 一个问题是难解的，如果_____。
   a. 你不能反转其解决方案　　b. 涉及拖拉机
   c. 它有很多解决方案　　　　d. 解决它不实际
4. 以下_____项不是辅助存储器。
   a. RAM　　b. 硬盘驱动器　　c. USB 闪存驱动器　　d. DVD
5. 设计来让人类使用和理解的计算机语言是_____。
   a. 自然语言　　　　　　　　b. 高级计算机语言
   c. 机器语言　　　　　　　　d. 提取—执行语言
6. 语句是_____。
   a. 机器语言的翻译　　　　　b. 完整的计算机命令
   c. 问题的精确描述　　　　　d. 算法的一部分

7. 编译器和解释器之间的一个区别是＿＿＿＿＿＿。

a. 编译器是一个程序

b. 使用编译器将高级语言翻译成机器语言

c. 在程序翻译之后不再需要编译器

d. 编译器处理源代码

8. 按照惯例，程序的语句通常放在一个函数中，该函数名为＿＿＿＿＿＿。

a. `import`　b. `main`　　　c. `program`　　　　d. `IDLE`

9. 关于注释，以下不正确的是＿＿＿＿＿＿。

a. 它们让程序更有效率

b. 它们是为人类读者

c. 它们被 Python 忽略

d. 在 Python 中，它们以井号（#）开头

10. 函数定义的括号中列出的项被称为＿＿＿＿＿＿。

a. 括号

b. 参数

c. 变元

d. b 和 c 项都是正确的

讨论

1. 比较并对比本章中的以下概念对。

a. 硬件与软件

b. 算法与程序

c. 编程语言与自然语言

d. 高级语言与机器语言

e. 解释器与编译器

f. 语法与语义

2. 列出图 1.1 中计算机的 5 个基本功能单元，并用你自己的话并解释它们的作用。

3. 写一个制作花生酱和果冻三明治（或其他日常活动）的详细算法。你应该假设正在与一个概念上能够完成该任务，但从来没有实际做过的人交谈。例如，你可能告诉一个小孩子怎么做。

4. 正如你将在后续章节中学到的，存储在计算机中的许多数字不是精确的值，而是接近的近似值。例如，值 0.1 可能存储为 0.10000000000000000555。通常，这样小的差异不是问题。然而，考虑到你在第 1 章中学到的混沌行为，你应该意识到在某些情况下需要谨慎。你能想到这可能是一个问题的例子吗？请说明。

5. 使用 0.15 作为输入值，手动追踪第 1.6 节中的 chaos 程序。显示结果的输出序列。

编程练习

1. 启动交互式 Python 会话，并尝试键入以下每个命令。写下你看到的结果。

a. `print("Hello, world!")`

b. `print("Hello", "world!")`

c. `print(3)`

d. `print(3.0)`

e. `print(2 + 3)`

f. `print(2.0 + 3.0)`

g. `print("2" + "3")`

h. `print("2 + 3 =", 2 + 3)`

i. `print(2 * 3)`

j. `print(2 ** 3)`

k. `print(7 / 3)`

l. `print(7 // 3)`

2．输入并运行第 1.6 节中的 chaos 程序。尝试使用各种输入值，观察它在本章中描述的功能。

3．修改 chaos 程序，使用 2.0 代替 3.9 作为逻辑函数中的乘数。你修改的代码行应该像下面这样：

```
x = 2.0 * x * (1 - x)
```

用各种输入值运行该程序，并将结果与从原始程序获得的结果进行比较。写一小段话，描述你在两个版本的行为中观察到的所有差异。

4．修改 chaos 程序，让它打印出 20 个值，而不是 10 个。

5．修改 chaos 程序，让打印值的数量由用户确定。你将必须在程序顶部附近添加一行，从用户获取另一个值：

```
n = eval(input("How many numbers should I print? "))
```

然后，你需要更改循环，使用 *n* 代替具体的数字。

6．在 chaos 程序中执行的计算，可以用代数等价的多种方式来编写。为以下每种计算方式编写一个程序版本。让你修改的程序打印出 100 次迭代的计算，并比较相同输入的运行结果。

a. `3.9 * x * (1 - x)`

b. `3.9 * (x - x * x)`

c. `3.9 * x - 3.9 * x * x`

请解释这个实验的结果。提示：参见上面的讨论问题 4。

7．（高级）修改 chaos 程序，让它接受两个输入，然后打印一个包含两列的表，类似第 1.8 节中显示的表。（注意：你可能无法让列排得与示例中一样好，第 5 章将讨论如何使用固定小数位数打印数字。）

第 2 章　编写简单程序

学习目标

- 知道有序的软件开发过程的步骤。
- 了解遵循输入、处理、输出（IPO）模式的程序，并能够以简单的方式修改它们。
- 了解构成有效 Python 标识符和表达式的规则。
- 能够理解和编写 Python 语句，将信息输出到屏幕，为变量赋值，获取通过键盘输入的信息，并执行计数循环。

2.1　软件开发过程

正如你在上一章中看到的，运行已经编写的程序很容易。较难的部分实际上是先得到一个程序。计算机是非常实在的，必须告诉它们要做什么，直至最后的细节。编写大型程序是一项艰巨的挑战。如果没有系统的方法，几乎是不可能的。

创建程序的过程通常被分成几个阶段，依据是每个阶段中产生的信息。简而言之，你应该做以下工作。

分析问题　确定要解决的问题是什么。尝试尽可能多地了解它。除非真的知道问题是什么，否则就不能开始解决它。

确定规格说明　准确描述程序将做什么。此时，你不必担心程序"怎么做"，而是要确定它"做什么"。对于简单程序，这包括仔细描述程序的输入和输出是什么以及它们的相互关系。

创建设计　规划程序的总体结构。这是描述程序怎么做的地方。主要任务是设计算法来满足规格说明。

实现设计　将设计翻译成计算机语言并放入计算机。在本书中，我们将算法实现为 Python 程序。

测试/调试程序　试用你的程序，看看它是否按预期工作。如果有任何错误（通常称为"缺陷"），那么你应该回去修复它们。定位和修复错误的过程称为"调试"程序。在调试阶段，你的目标是找到错误，所以应该尝试你能想到的"打破"程序的一切可能。记住这句老格言："没有什么能防住人犯傻，因为傻子太聪明了。"

维护程序　继续根据用户的需求开发该程序。大多数程序从来没有真正完成，它们在多年的使用中不断演进。

2.2　示例程序：温度转换器

让我们通过一个真实世界的简单例子，来体验软件开发过程的步骤，其中涉及一个虚构的计算机科学学生 Susan Computewell。

Susan 正在德国学习一年。她对语言没有任何问题，因为她能流利地使用许多语言（包括 Python）。她的问题是，很难在早上弄清楚温度从而知道当天该穿什么衣服。Susan 每天早上听天气报告，但温度以摄氏度给出，她习惯了华氏度。

幸运的是，Susan 有办法解决这个问题。作为计算机科学专业的学生，她去任何地方总是带着她的笔记本计算机。她认为计算机程序可能会帮助她。

Susan 开始分析她的问题。在这个例子中，问题很清楚：无线电广播员用摄氏度报气温，但 Susan 只能理解华氏温度。

接下来，Susan 考虑可能帮助她的程序的规格说明。输入应该是什么？她决定程序将允许她输入摄氏温度。输出呢？程序将显示转换后的华氏温度。现在她需要指定输出与输入的确切关系。

苏珊快速估算了一下。她知道 0 摄氏度（冰点）等于 32 华氏度，100 摄氏度（沸点）等于 212 华氏度。有了这个信息，她计算出华氏度与摄氏度的比率为 $(212-32)/(100-0)$ = $(180/100)$ = 9/5。使用 F 表示华氏温度，C 表示摄氏温度，转换公式的形式为 $F = (9/5)C + k$，其中 k 为某个常数。代入 0 和 32 分别作为 C 和 F，Susan 立即得到 $k = 32$。所以最后的关系公式是 $F = (9/5)C + 32$。这作为规格说明似乎足够了。

请注意，这描述了能够解决这个问题的许多可能程序中的一个。如果 Susan 有人工智能（AI）领域的背景，她可能会考虑写一个程序，用语音识别算法实际收听收音机播音员，获得当前的温度。对于输出，她可以让计算机控制机器人进入她的衣柜，并根据转换后的温度选择适当的服装。这将是一个更有野心的项目，一点也不夸张！

当然，机器人程序也会解决问题分析中识别的问题。规格说明的目的，是准确地决定这个特定的程序要做什么，从而解决一个问题。Susan 知道，最好是先弄清楚她希望构建什么，而不是一头钻进去开始编程。

Susan 现在准备为她的问题设计一个算法。她马上意识到这是一个简单算法，遵循标准模式"输入、处理、输出"（IPO）。她的程序将提示用户输入一些信息（摄氏温度），处理它，产生华氏温度，然后在计算机屏幕上显示结果，作为输出。

Susan 可以用一种计算机语言来写她的算法。然而，正式将它写出来需要相当的精度，这常常会扼杀开发算法的创造性过程。作为替代，她用"伪代码"编写算法。伪代码只是精确的英语，描述了程序做的事。这意味着既可以交流算法，又不必让大脑承担额外的开销，正确写出某种特定编程语言的细节。

下面是 Susan 的完整算法：

```
输入摄氏度温度（称为 celsius）
计算华氏度为 (9/5)celsius + 32
输出华氏度
```

下一步是将此设计转换为 Python 程序。这很直接，因为算法的每一行都变成了相应的 Python 代码行。

```
# convert.py
#     A program to convert Celsius temps to Fahrenheit
# by: Susan Computewell

def main():
    celsius = eval(input("What is the Celsius temperature? "))
    fahrenheit = 9/5 * celsius + 32
    print("The temperature is", fahrenheit, "degrees Fahrenheit.")

main()
```

看看你是否能弄清楚这个程序的每一行做了什么。如果一些部分不是很清楚，也不要担心，下一节将详细讨论。

完成程序后，Susan 测试它，看看它工作得如何。她使用她知道正确答案的输入。下面是两个测试的输出：

```
What is the Celsius temperature? 0
The temperature is 32.0 degrees Fahrenheit.

What is the Celsius temperature? 100
The temperature is 212.0 degrees Fahrenheit.
```

你可以看到，Susan 用值 0 和 100 来测试她的程序。看起来不错，她对解决方案感到满意。她特别高兴的是，似乎没有必要调试（这很不寻常）。

2.3　程序要素

既然已经知道了编程过程，你就"几乎"准备好开始自己编写程序了。在此之前，你需要更完整的基础，了解 Python 的基本知识。接下来的几节将讨论一些技术细节，这对编写正确程序至关重要。这种材料看起来有点乏味，但你必须掌握这些基础，然后再进入更有趣的领域。

2.3.1　名称

你已经看到，名称是编程的重要组成部分。我们为模块命名（例如 convert），也为模块中的函数命名（例如 main）。变量用于为值命名（例如 celsius 和 fahrenheit）。从技术上讲，所有这些名称都称为"标识符"。Python 对标识符的构成有一些规则。每个标识符必须以字母或下划线（"_"字符）开头，后跟字母、数字或下划线的任意序列。这意味着单个标识符不能包含任何空格。

根据上述规则，以下都是 Python 中的合法名称：

```
x
celsius
spam
spam2
SpamAndEggs
```

```
Spam_and_Eggs
```

标识符区分大小写，因此对 Python 来说，spam、Spam、sPam 和 SPAM 是不同的名称。在大多数情况下，程序员可以自由选择符合这些规则的任何名称。好的程序员总是试图选择一些名字，它们能描述被命名的东西。

需要注意一件重要的事情：一些标识符是 Python 本身的一部分。这些名称称为"保留字"或"关键字"，不能用作普通标识符。Python 关键字的完整列表如表 2.1 所列。

表 2.1 　　　　　　　　　　　Python 关键字

False	class	finally	is	return
None	continue	for	lambda	try
True	def	from	nonlocal	while
and	del	global	not	with
as	elif	if	or	yield
assert	else	import	pass	
break	except	in	raise	

Python 还包括相当多的内置函数，例如我们用过的 print 函数。虽然在技术上可以将内置的函数名称标识符用于其他目的，但这通常是一个"非常糟糕"的主意。例如，如果你重新定义 print 的含义，那么就无法再打印信息。你也会让所有阅读程序的 Python 程序员感到非常困惑，他们预期 print 指的是内置函数。内置函数的完整列表可在附录 A 中找到。

2.3.2　表达式

程序操作数据。到目前为止，我们已经在示例程序中看到了数字和文本两种不同类型的数据。我们将在后面的章节中详细讨论这些不同的数据类型。现在，你只需要记住，所有的数据必须以一些数字格式存储在计算机上，不同类型的数据以不同的方式存储。

产生或计算新数据值的程序代码片段称为"表达式"。最简单的表达式是字面量。字面量用于表示特定值。在 chaos.py 中，你可以找到数字 3.9 和 1。convert.py 程序包含 9、5 和 32。这些都是数字字面量的例子，它们的含义显而易见：32 就是代表 32（数字 32）。

我们的程序还以一些简单的方式处理文本数据。计算机科学家将文本数据称为"字符串"。你可以将字符串视为可打印字符的序列。Python 中通过将字符括在引号（""）中来表示字符串字面量。如果你回头看看我们的示例程序，可以发现一些字符串字面量，例如"Hello"和"Enter a number between 0 and 1："。这些字面量产生的字符串包含引号内的字符。请注意，引号本身不是字符串的一部分。它们只是告诉 Python 创建一个字符串的机制。

将表达式转换为基础数据类型的过程称为"求值"。在 Python shell 中键入表达式时，shell 会计算表达式并打印出结果的文本表示。请考虑以下简短的交互：

```
>>> 32
32
>>> "Hello"
'Hello'
>>> "32"
```

```
'32'
```

请注意，当 shell 显示字符串的值时，它将字符序列放在单引号中。这样让我们知道该值实际上是文本而不是数字（或其他数据类型）。在最后一次交互中，我们看到表达式"32"产生一个字符串，而不是一个数字。在这种情况下，Python 实际上是存储字符"3"和"2"，而不是数字 32 的表示。如果你现在不太明白，不要太担心。我们在后面的章节中讨论这些数据类型时，你的理解就会变得更加清晰。

一个简单的标识符也可以是一个表达式。我们使用标识符作为变量来给名字赋值。当标识符作为表达式出现时，它的值会被取出，作为表达式的结果。下面是与 Python 解释器的交互，展示了变量作为表达式：

```
>>> x = 5
>>> x
5
>>> print(x)
5
>>> print(spam)
Traceback (most recent call last):
  File "<stdin>", line 1, in <module>
NameError: name 'spam' is not defined
```

首先，变量 x 被赋值为 5（使用数字字面量 5）。在第二行交互中，我们要求 Python 对表达式 x 求值。作为响应，Python shell 打印出 5，这是刚才赋给 x 的值。当然，如果我们明确要求 Python 用 print 语句打印 x，也会得到相同的结果。最后一个交互展示了如果尝试使用未赋值的变量，会发生什么。Python 找不到值，所以它报告 NameError。这说明没有该名称的值。这里的要点是，变量总是必须赋一个值，然后才能在表达式中使用。

较复杂、较有趣的表达式可以通过组合较简单的表达式和操作符来构造。对于数字，Python 提供了一组标准的数学运算：加法、减法、乘法、除法和乘方。相应的 Python 运算符为"+""-""*""/"和"**"。下面是一些来自 chaos.py 和 convert.py 的复杂表达式的例子：

```
3.9 * x * (1 - x)
9/5 * celsius + 32
```

空格在表达式中没有作用。最后一个表达式如果写成 9/5*celsius+32，结果完全相同。通常，在表达式中加一些空格让它更容易阅读，是个好方法。

Python 的数学运算符遵循的优先级和结合律，与你在数学课上学到的相同，包括使用括号来改变求值的顺序。在自己的程序中构建复杂表达式应该没什么困难。请记住，只有圆括号在数字表达式中是允许的。如果需要，可以嵌套使用它们，创建如下的表达式：

```
((x1 - x2) / 2*n) + (spam / k**3)
```

顺便说一句，Python 还提供了字符串的运算符。例如，可以"加"字符串。

```
>>> "Bat" + "man"
'Batman'
```

这被称为"连接"。如你所见，效果是创建一个新的字符串，把两个字符串"粘"在一起。你将在第 5 章看到更多的字符串操作。

2.4　输出语句

　　既然有了基本的构建块（标识符和表达式），你就可以更完整地描述各种 Python 语句。你已经知道信息可以使用 Python 的内置函数 print 在屏幕上显示。到目前为止，我们已经看了几个例子，但我还没有详细解释打印功能。像所有的编程语言一样，Python 对每个语句的语法（形式）和语义（意义）有一套精确的规则。计算机科学家已经开发了复杂的符号表示法，称为"元语言"，用于描述编程语言。在本书中，我们将依靠一个简单的模板符号表示法来说明各种语句的语法。

　　因为 print 是一个内置函数，所以 print 语句与任何其他函数调用具有相同的一般形式。我们键入函数名 print，后面带上括号中列出的参数。下面是用我们的模板符号时 print 语句看起来的样子：

```
print(<expr>, <expr>, ..., <expr>)
print()
```

　　这两个模板展示了两种形式的 print 语句。第一个表示 print 语句可以包含函数名 print，后面带上带括号的表达式序列，用逗号分隔。模板中的尖括号符号（<>）用于表示由 Python 代码的其他片段填充的"槽"。括号内的名称表示缺少什么，expr 表示一个表达式。省略号（"..."）表示不确定的序列（在这个例子中是表达式）。你实际上不会输入圆点。第二个版本的 print 语句表明，不打印任何表达式的 print 也是合法的。

　　就语义而言，print 语句以文本形式显示信息。所有提供的表达式都从左到右求值，结果值以从左到右的方式显示在输出行上。默认情况下，在显示的值之间放置一个空格字符。作为示例，下面 print 语句的序列：

```
print(3+4)
print(3, 4, 3 + 4)
print()
print("The answer is", 3 + 4)
```

产生的输出为：

```
7
3 4 7

The answer is 7
```

　　最后一个语句说明了，字符串字面量表达式如何经常在 print 语句使用，作为标记输出的方便方法。

　　注意，连续的 print 语句通常显示在屏幕的不同行上。空 print（无参数）生成空行输出。在背后，真正发生的是，在打印所有提供的表达式之后，print 函数自动附加某种结束文本。默认情况下，结束文本是表示行结束的特殊标记字符（表示为"\n"）。我们可以通过包含一个附加参数显式地覆盖这个默认值，从而改变这种行为。这里使用命名参数的特殊语法，或称为"关键字"参数。

　　包含指定结束文本的关键字参数的 print 语句的模板如下：

```
print(<expr>, <expr>, ..., <expr>, end="\n")
```

命名参数的关键字是 end，它使用 "=" 符号赋值，类似于变量赋值。注意，在模板中我已经显示其默认值，即行末字符。这是一种标准方式，用于显示在未明确指定某个其他值时，关键字参数具有的值。

print 语句中的 end 参数有一个常见用法，即允许多个 print 构建单行输出。例如：

```
print("The answer is", end=" ")
print(3 + 4)
```

产生单行输出：

```
The answer is 7
```

注意，第一个 print 语句的输出如何以空格（" "）而不是行末字符结束，第二个语句的输出紧跟在空格之后。

2.5　赋值语句

Python 中最重要的语句之一是赋值语句。我们在前面的例子中已经看到了一些。

2.5.1　简单赋值

基本赋值语句具有以下形式：

```
<variable> = <expr>
```

这里 variable 是一个标识符，expr 是一个表达式。赋值的语义是，右侧的表达式被求值，然后产生的值与左侧命名的变量相关联。

下面是我们已经看到的一些赋值：

```
x = 3.9 * x * (1 - x)
fahrenheit = 9 / 5 * celsius + 32
x = 5
```

变量可以多次赋值。它总是保留最新赋的值。下面的交互式 Python 会话展示了这一点：

```
>>> myVar = 0
>>> myVar
0
>>> myVar = 7
>>> myVar
7
>>> myVar = myVar + 1
>>> myVar
8
```

最后一个赋值语句展示了如何使用变量的当前值来更新它的值。在这个例子中，我只是对以前的值加 1。第 1 章的 chaos.py 程序做了类似的事情，但更复杂一些。记住，变量的值可以改变，这就是为什么它们被称为变量的原因。

有时，将变量看作计算机内存中的一种命名的存储位置是有帮助的，我们可以在其中放入一个值。当变量更改时，旧值将被删除，并写入一个新值。图 2.1 展示了用这个模型来描绘 $x = x + 1$ 的效果。这正是赋值在某些计算机语言中工作的方式。这也是查看赋值效果的一种非常简单的方式，你会在整本书中看到类似这样的图片。

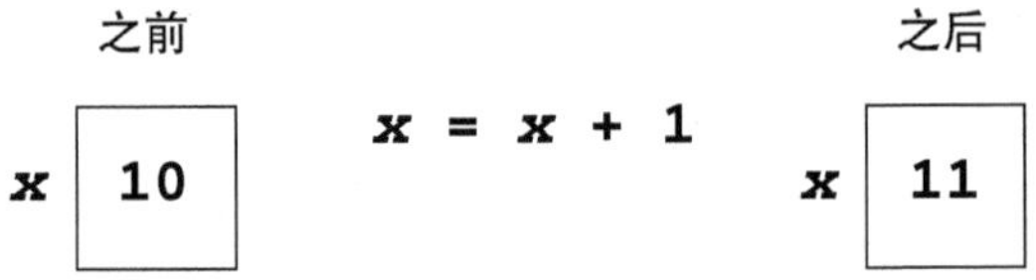

Python 赋值语句实际上与"变量盒子"模型略有不同。在 Python 中，值可能最终放在内存中的任何位置，而变量用于引用它们。

图 2.1 $x = x + 1$ 的视图，变量就像盒子

对变量赋值就像把一个黄色小粘贴便签放在值上，并说"这是 x"。图 2.2 给出了一个更准确的 Python 赋值的效果。箭头用于显示变量引用的值。请注意，旧值不会被新值擦除，变量只需切换到引用新值。效果就像将粘贴便签从一个对象移动到另一个对象一样。这是赋值在 Python 中实际工作的方式，所以你会看到这样一些粘贴便签样式的图片散布在本书中。

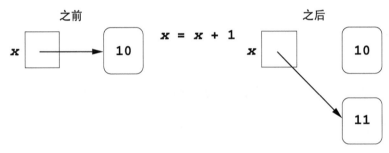

图 2.2 $x = x + 1$ 的（Python）视图，变量就像便签

顺便说一句，即使赋值语句不直接导致变量的旧值被擦除和覆盖，你也不必担心计算机内存中充满"被丢弃"的值。如果一个值不再被任何变量引用，它就不再有用。Python 将自动从内存中清除这些值，以便空间可以用于存放新值。这就像检查你的衣柜，抛出没有粘贴便签标记的东西。实际上，这个自动内存管理的过程确实被称为"垃圾收集"。

2.5.2 赋值输入

输入语句的目的是从程序的用户那里获取一些信息，并存储到变量中。一些编程语言有一个特殊的语句来做到这一点。在 Python 中，输入是用一个赋值语句结合一个内置函数 input 实现的。输入语句的确切形式，取决于你希望从用户那里获取的数据类型。对于文本输入，语句如下所示：

```
<variable> = input(<prompt>)
```

这里的<prompt>是一个字符串表达式，用于提示用户输入。提示几乎总是一个字符串字面量（即引号内的一些文本）。

当 Python 遇到对 input 的调用时，它在屏幕上打印提示。然后，Python 暂停并等待用户键入一些文本，键入完成后按<Enter>键。用户输入的任何东西都会存储为字符串。请考虑以下简单的交互：

```
>>> name = input("Enter your name: ")
Enter your name: John Yaya
>>> name
```

```
'John Yaya'
```

执行 input 语句导致 Python 打印输出提示"Enter your name:"，然后解释器暂停，等待用户输入。在这个例子中，我键入 John Yaya。结果，字符串"John Yaya"被记在变量 name 中。对 name 求值将返回我键入的字符串。

如果用户输入是一个数字，我们需要形式稍复杂一点的 input 语句：

```
<variable> = eval(input(<prompt>))
```

这里我添加了另一个内置的 Python 函数 eval，它"包裹"了 input 函数。你可能会猜到，eval 是"evaluate（求值）"的缩写。在这种形式中，用户键入的文本被求值为一个表达式，以产生存储到变量中的值。举例来说，字符串"32"就变成数字 32。如果回头看看示例程序，到目前为止，你会看到几个例子，我们像这样从用户那里得到了数字。

```
x = eval(input("Please enter a number between 0 and 1: "))
celsius = eval(input("What is the Celsius temperature? "))
```

重要的是要记住，如果希望得到一个数字，而不是一些原始文本（字符串），需要对 input 进行 eval。

如果你仔细阅读示例程序，可能会注意到所有这些提示结尾处的引号内的空格。我通常在提示的末尾放置一个空格，以便用户输入的内容不会紧接着提示开始。放上空格可以让交互更容易阅读和理解。

虽然我们的数字示例特别提示用户输入数字，但在这个例子中，用户键入的只是一个数字字面量，即一个简单的 Python 表达式。事实上，任何有效的表达式都是可接受的。请考虑下面与 Python 解释器的交互：

```
>>> ans = eval(input("Enter an expression: "))
Enter an expression: 3 + 4 * 5
>>> print(ans)
23
>>>
```

这里，提示输入表达式时，用户键入"3 + 4 * 5"。Python 对此表达式求值（通过 eval），并将值赋给变量 ans。打印时，我们看到 ans 的值为 23，与预期一样。在某种意义上，input-eval 组合就像一个延迟的表达式。示例交互产生完全相同的结果，就像我们简单地写成 ans = 3 + 4 * 5 一样。不同的是，表达式由用户在语句执行时提供，而不是由程序员在编程时输入。

注意：eval 函数功能非常强大，也有"潜在的危险"。如本例所示，当我们对用户输入求值时，本质上是允许用户输入一部分程序。Python 将尽职尽责地对他们输入的任何内容求值。了解 Python 的人可以利用这种能力输入恶意指令。例如，用户可以键入记录计算机上的私人信息或删除文件的表达式。在计算机安全中，这被称为"代码注入"攻击，因为攻击者将恶意代码注入正在运行的程序中。

作为一名新程序员，编程给自己个人使用，计算机安全不是很大的问题。如果你坐在一台运行 Python 程序的计算机前面，你可能拥有对系统的完全访问权限，并且可以找到更简单的方法来删除所有文件。然而，如果一个程序的输入来自不受信任的来源，例如来自互联网上的用户，使用 eval 可能是灾难性的。幸运的是，你将在下一章看到一些更安全的替代方法。

2.5.3   同时赋值

有一个赋值语句的替代形式，允许我们同时计算几个值。它看起来像这样：

```
<var1>, <var2>, ..., <varn> = <expr1>, <expr2>, ..., <exprn>
```

这称为"同时赋值"。语义上，这告诉 Python 对右侧所有表达式求值，然后将这些值赋给左侧命名的相应变量。下面是一个例子：

```
sum, diff = x+y, x-y
```

这里，sum 得到 x 和 y 的和，diff 得到 x 和 y 的差。

这种形式的赋值初看很奇怪，但实际上非常有用。这里有一个例子：假设有两个变量 x 和 y，你希望交换它们的值。也就是说，你希望将当前存储在 x 中的值存储在 y 中，将当前存储在 y 中的值存储在 x 中。首先，你可能认为这可以通过两个简单的赋值来完成：

```
x = y
y = x
```

这不行。我们可以一步一步地跟踪这些语句的执行，看看为什么。

假设 x 和 y 开始的值是 2 和 4。让我们检查程序的逻辑，看看变量是如何变化的。以下序列用注释描述了在执行这两个语句时变量会发生什么：

```
# 变量      x y
# 初始值    2 4
x = y
# 现在是      4 4
y = x
# 最后是      4 4
```

看到第一个语句将 y 的值赋给 x，从而修改了 x 的原始值吗？当我们在第二步将 x 的值赋给 y 时，最终得到了原始 y 值的两个副本。

完成交换的一种方法是引入一个附加变量，它暂时记住 x 的原始值。

```
temp = x
x = y
y = temp
```

让我们来看看这个序列是如何工作的。

```
# 变量    x y temp
# 初始值 2 4 暂时无值
temp = x
#       2 4 2
x = y
#       4 4 2
y = temp
#       4 2 2
```

从 x 和 y 的最终值可以看出，在这个例子中，交换成功。

这种三变量交换的方式在其他编程语言中很常见。在 Python 中，同时赋值语句提供了一种优雅的选择。下面是更简单的 Python 等价写法：

```
x, y = y, x
```

因为赋值是同时的，所以它避免了擦除一个原始值。

同时赋值也可以用单个 input 从用户那里获取多个数字。请考虑下面的程序，它求出考试平均分：

```
# avg2.py
#   A simple program to average two exam scores
#   Illustrates use of multiple input
def main():
    print("This program computes the average of two exam scores.")

    score1, score2 = eval(input("Enter two scores separated by a comma: "))
    average = (score1 + score2) / 2

    print("The average of the scores is:", average)

main()
```

该程序提示用逗号分隔两个分数。假设用户键入 86，92。input 语句的效果就像进行以下赋值：

```
score1, score2 = 86, 92
```

我们已经为每个变量获得了一个值。这个例子只用了两个值，但可以扩展到任意数量的输入。

当然，我们也可以通过单独的 input 语句获得用户的输入：

```
score1 = eval(input("Enter the first score: "))
score2 = eval(input("Enter the second score: "))
```

某种程度上，这可能更好，因为单独的提示对用户来说信息更准确。在这个例子中，决定采用哪种方法在很大程度上是品位问题。有时在单个 input 中获取多个值提供了更直观的用户接口，因此在你的工具包中，这是一项好技术。但要记住，多个值的技巧不适用于字符串（非求值）输入，如果用户键入逗号，它只是输入字符串中的一个字符。逗号仅在随后对字符串求值时，才成为分隔符。

2.6 确定循环

你已经知道，程序员用循环连续多次执行一系列语句。最简单的循环称为"确定循环"。这是会执行一定次数的循环。也就是说，在程序中循环开始时，Python 就知道循环（或"迭代"）的次数。例如，第 1 章中的 chaos 程序用了一个总是执行 10 次的循环：

```
for i in range(10):
    x = 3.9 * x * (1 - x)
    print(x)
```

这个特定的循环模式称为"计数循环"，它用 Python 的 for 语句构建。在详细分析这个例子之前，让我们来看看什么是 for 循环。

Python 的 for 循环具有以下一般形式：

```
for <var> in <sequence>:
    <body>
```

循环体可以是任意 Python 语句序列。循环体的范围通过它在循环头（for <var> in

<sequence>:部分）下面的缩进来表示。

关键字 for 后面的变量称为"循环索引"。它依次取 sequence 中的每个值，并针对每个值都执行一次循环体中的语句。通常，sequence 部分由值"列表"构成。列表是 Python 中一个非常重要的概念，你将在后续章节中了解更多。现在只要知道，可以在方括号中放置一系列表达式，从而创建一个简单的列表。下列交互示例有助于说明这一点：

```
>>> for i in [0, 1, 2, 3]:
        print(i)
0
1
2
3

>>> for odd in [1, 3, 5, 7, 9]:
        print(odd * odd)
1
9
25
49
81
```

你能看到这两个例子做了什么吗？依次使用列表中的每个值执行了循环体。列表的长度决定了循环执行的次数。在第一个例子中，列表包含 4 个值，即 0 至 3，并且简单地打印了这些连续的 i 值。在第二个例子中，odd 取前 5 个奇数的值，循环体打印了这些数字的平方。

现在，让我们回到这一节开始的例子（来自 chaos.py）再看一下循环头：

```
for i in range(10):
```

将它与 for 循环的模板进行比较可以看出，最后一个部分 range(10) 必定是某种序列。事实上，range 是一个内置的 Python 函数，用于"当场"生成一个数字序列。你可以认为 range 是一种数字序列的隐性描述。要明白 range 实际上做了什么，我们可以要求 Python 用另一个内置函数 list，将 range 转换为一个简单的旧式列表：

```
>>> list(range(10))  # turns range(10) into an explicit list
[0, 1, 2, 3, 4, 5, 6, 7, 8, 9]
```

你看到这里发生了什么吗？表达式 range(10) 产生数字 0 到 9 的序列。使用 range(10) 的循环等价于使用那些数字的列表的循环。

```
for i in [0, 1, 2, 3, 4, 5, 6, 7, 8, 9]:
```

一般来说，range(<expr>) 将产生一个数字序列，从 0 开始，但不包括 <expr> 的值。如果你想一想，就会发现表达式的值确定了结果序列中的项数。在 chaos.py 中，我们甚至不关心循环索引变量使用了什么值（因为 i 没有在循环体中的任何位置引用）。我们只需要一个长度为 10 的序列，让循环体执行 10 次。

正如前面提到的，这种模式称为"计数循环"，它是使用确定循环的一种很常见的方式。如果你希望在程序中做一定次数的某些事，请用一个带有合适 range 的 for 循环。下面一个反复出现的 Python 编程习语，你需要记住：

```
for <variable> in range(<expr>):
```

表达式的值确定了循环执行的次数。索引变量的名称实际上并不重要，程序员经常使用 i 或 j 作为计数循环的循环索引变量。只要确保使用的标识符没有用于任何其他目的，否则你可能会不小心清除稍后需要的值。

循环的有趣和有用之处在于，它们改变程序"控制流"的方式。通常我们认为计算机是严格按顺序执行一系列指令。引入循环会导致 Python 退回去并重复执行一些语句。类似 for 循环的语句称为"控制结构"，因为它们控制程序其他部分的执行。

一些程序员发现，用图片的方式来思考控制结构是有帮助的，即所谓的"流程图"。流程图用一些框来表示程序的不同部分，并用框之间的箭头表示程序运行时的事件序列。图 2.3 用流程图描述了 for 循环的语义。

如果你在理解 for 循环时遇到困难，可能会发现学习流程图很有用。流程图中的菱形框表示程序中的决定。当 Python 遇到循环头时，它检查序列中是否有项。如果答案为"是"，

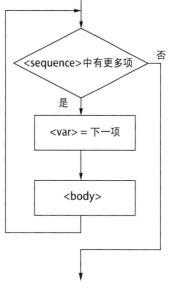

图 2.3　for 循环的流程图

则循环索引变量被赋予序列中的下一项，然后执行循环体。一旦循环体完成，程序返回到循环头并检查序列中的下一个值。如果没有更多的项，循环就退出，程序移动到循环之后的语句。

2.7　示例程序：终值

我们用另一个编程过程的例子来结束本章。我们希望开发一个程序来确定投资的终值。我们将从对问题的分析开始。你知道存入银行账户的钱会赚取利息，这个利息随着时间的推移而累积。从现在起 10 年后，一个账户将有多少钱？显然，这取决于我们开始有多少钱（本金）以及账户赚多少利息。给定本金和利率，程序应该能够计算未来 10 年投资的终值。

我们继续制定程序的确切规格说明。记住，这是程序做什么的描述。输入应该是什么？我们需要用户输入初始投资金额，即本金。我们还需要说明账户赚多少利息。这取决于利率和计复利的频率。处理此问题的一种简单方法是让用户输入年度百分比率。无论实际利率和复利频率如何，年利率告诉我们一年内的投资收益。如果年利率为 3%，那么 100 美元的投资将在一年的时间内增长到 103 美元。用户应如何表示年利率 3%？有一些合理的选择。让我们假设用户提供一个小数，因此利率将输入为 0.03。

这样就得到以下规格说明：

程序 终值
输入
    principal 投资于美元的金额。
    APR 以十进制数表示的年度百分比率。
输出 投资 10 年后的终值。
关系 一年后的价值由 principal(1 + apr) 给出。该公式需要应用 10 次。

接下来为程序设计一个算法。我们将使用伪代码，这样就可以阐明我们的想法而又不必担心 Python 的所有规则。对于我们的规格说明，算法看起来很简单。

```
打印介绍
输入本金的金额（principal）
输入年度百分比利率（apr）
重复10次:
    principal = principal * (1 + apr)
输出 principal 的值
```

如果你知道一些金融数学（或者只是一些基本代数）的知识，可能会意识到，在这个设计中并不一定要用循环。有一个公式可以利用乘幂一步算出终值。我在这里用了一个循环来展示另一个计数循环，另一个原因是这个版本适合进行一些修改，在本章末尾的编程练习中将讨论。无论如何，这个设计说明有时算法的计算方式可以让数学更容易。知道如何计算一年的利息，就让我们能计算未来任意年数的利息。

既然我们已经在伪代码中想明白了这个问题，现在该利用我们的 Python 新知识开发一个程序了。算法的每一行都转换为一条 Python 语句：

```
打印介绍（print 语句，第 2.4 节）
print("This program calculates the future value")
print("of a 10-year investment.")

输入本金的金额（数值 input，第 2.5.2 节）
principal = eval(input("Enter the initial principal: "))

输入年度百分比利率（数值 input，第 2.5.2 节）
apr = eval(input("Enter the annual interest rate: "))

重复10次:（计数循环，第 2.6 节）
for i in range(10):

计算 principal = principal * (1 + apr)（简单赋值，第 2.5.1 节）
    principal = principal * (1 + apr)

输出 principal 的值（print 语句，第 2.4 节）
print("The value in 10 years is:", principal)
```

该程序中的所有语句类型都已在本章中详细讨论过。如果有任何问题，请回头查看相关说明。特别要注意的是，计数循环模式用于应用 10 次利息公式。

就到这里了。下面是完成的程序：

```
# futval.py
#    A program to compute the value of an investment
#    carried 10 years into the future

def main():
    print("This program calculates the future value")
    print("of a 10-year investment.")

    principal = eval(input("Enter the initial principal: "))
    apr = eval(input("Enter the annual interest rate: "))

    for i in range(10):
        principal = principal * (1 + apr)
```

```
    print("The value in 10 years is:", principal)

main()
```

注意，我添加了几个空行来分隔程序的输入、处理和输出部分。策略性地放置"空行"能让程序更具有可读性。

这就是我所举的例子，测试和调试是留给你的练习。

2.8 小结

本章介绍了开发程序的过程，以及实现简单程序所需的许多 Python 细节。下面是一些要点的快速小结。

- 编写程序需要一种系统的方法来解决问题，包括以下步骤。
1. 问题分析：研究需要解决的问题。
2. 程序规格说明：确定程序要做什么。
3. 设计：用伪代码编写算法。
4. 实现：将设计翻译成编程语言。
5. 测试/调试：查找和修复程序中的错误。
6. 维护：让程序保持最新，满足不断变化的需求。
- 许多简单的程序遵循输入、处理、输出（IPO）的模式。
- 程序由标识符和表达式构成的语句组成。
- 标识符是一些名称，它们以下划线或字母开头，后跟字母、数字或下划线字符的组合。Python 中的标识符区分大小写。
- 表达式是产生数据的程序片段。表达式可以由以下部件组成：

字面量 字面量是特定值的表示。例如，3 是数字 3 的字面量表示。

变量 变量是存储值的标识符。

运算符 运算符用于将表达式组合为更复杂的表达式。例如，在 $x + 3 * y$ 中，使用了运算符+和*。

- 数字的 Python 运算符包括加法（+）、减法（-）、乘法（*）、除法（/）和乘幂（**）等常见的算术运算。
- Python 输出语句 print 将一系列表达式的值显示在屏幕上。
- 在 Python 中，使用等号（=）表示将值赋给变量。利用赋值，程序可以从键盘获得输入。Python 还允许同时赋值，这对于利用单个提示获取多个输入值很有作用。
- eval 函数可用来对用户输入求值，但它是一种安全风险，不应该用于未知或不可信来源的输入。
- 确定循环是执行次数已知的循环。Python 的 for 语句是一个循环遍历一系列值的确定循环。Python 列表通常在 for 循环中用于为循环提供一系列值。
- for 语句的一个重要用途是实现计数循环，这是专门设计的循环，以便将程序的某些部分重复特定的次数。Python 中的计数循环通过使用内置的 range 函数，来产生适当大小的数字序列。

2.9 练习

复习问题

判断对错

1. 编写程序的最好方法是立即键入一些代码，然后调试它，直到它工作。
2. 可以在不使用编程语言的情况下编写算法。
3. 程序在写入和调试后不再需要修改。
4. Python 标识符必须以字母或下划线开头。
5. 关键词是好的变量名。
6. 表达式由文字、变量和运算符构成。
7. 在 Python 中，$x = x + 1$ 是一个合法的语句。
8. Python 不允许使用单个语句输入多个值。
9. 计数循环被设计为迭代特定次数。
10. 在流程图中，菱形用于展示语句序列，矩形用于判断点。

选择题

1. 以下_____项不是软件开发过程中的一个步骤。
   a. 规格说明 　　b. 测试/调试 　　c. 决定费用 　　d. 维护
2. 将摄氏度转换为华氏度的正确公式是_____。
   a. $F = 9/5(C) + 32$ 　　　　　　b. $F = 5/9(C) - 32$
   c. $F = B^2 - 4AC$ 　　　　　　d. $F = (212 - 32)/(100 - 0)$
3. 准确描述计算机程序将做什么来解决问题的过程称为_____。
   a. 设计 　　b. 实现 　　c. 编程 　　d. 规格说明
4. 以下_____项不是合法的标识符。
   a. spam 　　b. spAm 　　c. 2spam 　　d. spam4U
5. 下列_____不在表达式中使用。
   a. 变量 　　b. 语句 　　c. 操作符 　　d. 字面量
6. 生成或计算新数据值的代码片段被称为_____。
   a. 标识符 　　b. 表达式 　　c. 生成子句 　　d. 赋值语句
7. 以下_____项不是 IPO 模式的一部分。
   a. 输入 　　b. 程序 　　c. 处理 　　d. 输出
8. 模板 `for <variable> in range(<expr>)` 描述了_____。
   a. 一般 `for` 循环 　　　　　　b. 赋值语句
   c. 流程图 　　　　　　　　　　d. 计数循环

9. 以下_____项是最准确的 Python 赋值模型。

a. 粘贴便签　　　b. 变量盒子　　　c. 同时　　　　d. 塑料尺

10. 在 Python 中，获取用户输入通过一个特殊的表达式来实现，称为_____。

a. for　　　　　b. read　　　　　c. 同时赋值　　　d. input

讨论

1. 列出并用你自己的语言描述软件开发过程中的六个步骤。

2. 写出 chaos.py 程序（第 1.6 节），并识别程序的各部分如下：

● 圈出每个标识符。

● 为每个表达式加下划线。

● 在每一行的末尾添加注释，指示该行上的语句类型（输出、赋值、输入、循环等）。

3. 解释确定循环、for 循环和计数循环几个概念之间的关系。

4. 显示以下片段的输出：

a.
```
for i in range(5):
    print(i * i)
```

b.
```
for d in [3,1,4,1,5]:
    print(d, end=" ")
```

c.
```
for i in range(4):
    print("Hello")
```

d.
```
for i in range(5):
    print(i, 2**i)
```

5. 先写出一个算法的伪代码而不是立即投入 Python 代码，为什么是一个好主意？

6. 除 end 之外，Python 的 print 函数还支持其他关键字参数。其中一个关键字参数是 sep。你认为 sep 参数是什么？（提示：sep 是分隔符的缩写。通过交互式执行或通过查阅 Python 文档来检验你的想法）。

7. 如果执行下面的代码，你认为会发生什么？

```
print("start")
for i in range(0):
    print("Hello")
print("end")
```

看看本章的 for 语句的流程图，帮助你弄明白。然后在程序中尝试这些代码，检验你的预测。

编程练习

1. 一个用户友好的程序应该打印一个介绍，告诉用户程序做什么。修改 convert.py 程序（第 2.2 节），打印介绍。

2. 在许多使用 Python 的系统上，可以通过简单地点击（或双击）程序文件的图标来运行程序。如果你能够以这种方式运行 convert.py 程序，你可能会发现另一个可用性问题。程序在新窗口中开始运行，但程序一完成，窗口就会消失，因此你无法读取结果。在程序结束时添加一个输入语句，让它暂停，给用户一个读取结果的机会。下面这样的代码应该有效：

```
input("Press the <Enter> key to quit.")
```

3．修改 avg2.py 程序（第 2.5.3 节），找出三个考试成绩的平均值。

4．使用循环修改 convert.py 程序（第 2.2 节），让它在退出前执行 5 次。每次通过循环，程序应该从用户获得另一个温度，并打印转换的值。

5．修改 convert.py 程序（第 2.2 节），让它计算并打印一个摄氏温度和华氏度的对应表，从 0℃到 100℃，每隔 10℃一个值。

6．修改 futval.py 程序（第 2.7 节），让投资的年数也由用户输入。确保更改最后的消息，以反映正确的年数。

7．假设你有一个投资计划，每年投资一定的固定金额。修改 futval.py，计算你的投资的总累积值。该程序的输入将是每年投资的金额、利率和投资的年数。

8．作为 APR 的替代方案，账户所产生的利息通常通过名义利率和复利期数来描述。例如，如果利率为 3%，利息按季度计算复利，则该账户实际上每 3 个月赚取 0.75% 的利息。请修改 futval.py 程序，用此方法输入利率。程序应提示用户每年的利率（rate）和利息每年复利的次数（periods）。要计算 10 年的价值，程序将循环 10 * periods 次，并在每次迭代中累积 rate/period 的利息。

9．编写一个程序，将温度从华氏温度转换为摄氏温度。

10．编写一个程序，将以千米为单位的距离转换为英里。1 千米约为 0.62 英里。

11．编写一个程序以执行你自己选择的单位转换。确保程序打印介绍，解释它的作用。

12．编写一个交互式 Python 计算器程序。程序应该允许用户键入数学表达式，然后打印表达式的值。加入循环，以便用户可以执行许多计算（例如，最多 100 个）。注意：要提前退出，用户可以通过键入一个错误的表达式，或简单地关闭计算器程序运行的窗口，让程序崩溃。在后续章节中，你将学习终止交互式程序的更好方法。

第3章 数字计算

学习目标

- 理解数据类型的概念。
- 熟悉 Python 中的基本数值数据类型。
- 理解数字在计算机上如何表示的基本原理。
- 能够使用 Python 的 math 库。
- 理解累积器程序模式。
- 能够阅读和编写处理数值数据的程序。

3.1 数值数据类型

计算机刚开发出来时,它们主要被视为数字处理器,现在这仍然是一个重要的应用。如你所见,涉及数学公式的问题很容易转化为 Python 程序。在本章中,我们将仔细观察一些程序,它们的目的是执行数值计算。

计算机程序存储和操作的信息通常称为"数据"。不同种类的数据以不同的方式存储和操作。请考虑这个计算零钱的程序:

```python
# change.py
#   A program to calculate the value of some change in dollars

def main():
    print("Change Counter")
    print()
    print("Please enter the count of each coin type.")
    quarters = eval(input("Quarters: "))
    dimes = eval(input("Dimes: "))
    nickels = eval(input("Nickels: "))
    pennies = eval(input("Pennies: "))
    total = quarters * .25 + dimes * .10 + nickels * .05 + pennies * .01
    print()
    print("The total value of your change is", total)

main()
```

下面是输出示例:

```
Change Counter
```

```
Please enter the count of each coin type.
Quarters: 5
Dimes: 3
Nickels: 4
Pennies: 6

The total value of your change is 1.81
```

这个程序实际上操作两种不同的数字。用户输入的值（5，3，4，6）是整数，它们没有任何小数部分。硬币的值（.25，.10，.05，.01）是分数的十进制表示。在计算机内部，整数和具有小数部分的数字以不同的方式存储。从技术上讲，这是两种不同的"数据类型"。

对象的数据类型决定了它可以具有的值以及可以对它执行的操作。整数用"integer"数据类型（简写为"int"）表示。int 类型的值可以是正数或负数。可以具有小数部分的数字表示为"floating-point（浮点）"（或"float"）值。那么我们如何判断一个数值是 int 还是 float 呢？不包含小数点的数值字面量生成一个 int 值，但是具有小数点的字面量由 float 表示（即使小数部分为 0）。

Python 提供了一个特殊函数，名为 type，它告诉我们任何值的数据类型（或"class"）。下面是与 Python 解释器的交互，显示 int 和 float 字面量之间的区别：

```
>>> type(3)
<class 'int'>
>>> type(3.14)
<class 'float'>
>>> type(3.0)
<class 'float'>
>>> myInt = -32
>>> type(myInt)
<class 'int'>
>>> myFloat = 32.0
>>> type(myFloat)
<class 'float'>
```

你可能希望知道，为什么有两种不同的数据类型。一个原因涉及程序风格。表示计数的值不能为小数，例如，我们不能有 3.12 个季度。使用 int 值告诉读者程序的值不能是一个分数。另一个原因涉及各种操作的效率。对于 int，执行计算机运算的基础算法更简单，因此可以更快，而 float 值所需的算法更通用。当然，在现代处理器上，浮点运算的硬件实现是高度优化的，可能与 int 运算一样快。

int 和 float 之间的另一个区别是，float 类型只能表示对实数的近似。我们会看到，存储值的精度（或准确度）存在限制。由于浮点值不精确，而 int 总是精确的，所以一般的经验法则应该是：如果不需要小数值，就用 int。

值的数据类型决定了可以使用的操作。如你所见，Python 支持对数值的一般数学运算。表 3.1 总结了这些操作。实际上，这个表有些误导。由于这两种类型具有不同的底层表示，所以它们各自具有不同的一组操作。例如，我只列出了一个加法操作，但请记住，对 float 值执行加法时，计算机硬件执行浮点加法，而对 int 值，计算机执行整数加法。Python 基于操作数选择合适的底层操作（int 或 float）。

表 3.1	Python 内置的数值操作
操作符	**操作**
+	加
-	减
*	乘
/	浮点除
**	指数
abs()	绝对值
//	整数除
%	取余

请考虑以下 Python 交互：

```
>>> 3 + 4
7
>>> 3.0 + 4.0
7.0
>>> 3 * 4
12
>>> 3.0 * 4.0
12.0
>>> 4 ** 3
64
>>> 4.0 ** 3
64.0
>>> 4.0 ** 3.0
64.0
>>> abs(5)
5
>>> abs(-3.5)
3.5
>>>
```

在大多数情况下，对 float 的操作产生 float，对 int 的操作产生 int。大多数时候，我们甚至不必担心正在执行什么类型的操作。例如，整数加法与浮点加法产生的结果几乎相同，我们可以相信 Python 会做正确的事情。

然而，在除法时，事情就比较有趣了。如表所列，Python（版本 3.0）提供了两种不同的运算符。通常的符号（/）用于"常规"除法，双斜线（//）用于表示整数除法。找到它们之间差异的最佳方法就是试一下。

```
>>> 10 / 3
3.3333333333333335
>>> 10.0 / 3.0
3.3333333333333335
>>> 10 / 5
2.0
>>> 10 // 3
3
>>> 10.0 // 3.0
3.0
>>> 10 % 3
1
```

```
>>> 10.0 % 3.0
1.0
```

请注意，"/" 操作符总是返回一个浮点数。常规除法通常产生分数结果，即使操作数可能是 int。Python 通过返回一个浮点数来满足这个要求。10/3 的结果最后有一个 5，你是否感到惊讶？请记住，浮点值总是近似值。该值与 Python 将 $3\frac{1}{3}$ 表示为浮点数时得到的近似值相同。

要获得返回整数结果的除法，可以使用整数除法运算 "//"。整数除法总是产生一个整数。 把整数除法看作 gozinta（进入或整除）。表达式 10 // 3 得到 3，因为 3 进入 10 共计 3 次（余数为 1）。虽然整数除法的结果总是一个整数，但结果的数据类型取决于操作数的数据类型。浮点整数整除浮点数得到一个浮点数，它的分数分量为 0。最后两个交互展示了余数运算%。请再次注意，结果的数据类型取决于操作数的类型。

由于数学背景不同，你可能没用过整数除法或余数运算。要记住的是，这两个操作是密切相关的。整数除法告诉你一个数字进入另一个数字的次数，剩余部分告诉你剩下多少。数学上你可以写为 a = (a//b)(b) + (a%b)。

作为示例应用程序，假设我们以美分来计算零钱（而不是美元）。如果我有 383 美分，那么我可以通过计算 383 // 100 = 3 找到完整美元的数量，剩余的零钱是 383%100 = 83。因此，我肯定共有 3 美元和 83 美分的零钱。

顺便说一句，虽然 Python（版本 3.0）将常规除法和整数除法作为两个独立的运算符，但是许多其他计算机语言（和早期的 Python 版本）只是使用 "/" 来表示这两种情况。当操作数是整数时，"/" 表示整数除法，当它们是浮点数时，它表示常规除法。这是一个常见的错误来源。例如，在我们的温度转换程序中，公式 9/5 * celsius + 32 不会计算正确的结果，因为 9/5 将使用整数除法计算为 1。在这些语言中，你需要小心地将此表达式编写为 9.0 / 5.0 * celsius + 32，以便使用正确的除法形式，从而得到分数结果。

3.2　类型转换和舍入

在某些情况下，值可能需要从一种数据类型转换为另一种数据类型。你已知道，int 和 int 组合（通常）产生一个 int，float 和 float 组合创建另一个 float。但是如果我们写一个混合 int 和 float 的表达式会发生什么呢？例如，在下列赋值语句之后，x 的值应该是什么：

```
x = 5.0 * 2
```

如果这是浮点乘法，则结果应为浮点值 10.0。如果执行整型乘法，结果就是 10。在继续读下去获得答案之前，请花一点时间考虑：你认为 Python 应该怎样处理这种情况。

为了理解表达式 5.0 * 2，Python 必须将 5.0 转换为 5 并执行 int 操作，或将 2 转换为 2.0 并执行浮点操作。一般来说，将 float 转换为 int 是一个危险的步骤，因为一些信息（小数部分）会丢失。另一方面，int 可以安全地转换为浮点，只需添加一个小数部分 0。因此，在"混合类型表达式"中，Python 会自动将 int 转换为浮点数，并执行浮点运算以产生浮点数结果。

有时我们可能希望自己执行类型转换。这称为显式类型转换。Python 为这些场合提供了内置函数 int 和 float。以下一些交互示例说明了它们的行为：

```
>>> int(4.5)
4
>>> int(3.9)
3
>>> float(4)
4.0
>>> float(4.5)
4.5
>>> float(int(3.3))
3.0
>>> int(float(3.3))
3
>>> int(float(3))
3
```

如你所见，转换为 int 就是丢弃浮点值的小数部分，该值将被截断，而不是舍入。如果你希望一个四舍五入的结果，假设值为正，可以在使用 int() 之前加上 0.5。对数字进行四舍五入的更一般方法是使用内置的 round 函数，它将数字四舍五入到最接近的整数值。

```
>>> round(3.14)
3
>>> round(3.5)
4
```

请注意，像这样调用 round 会产生一个 int 值。因此，对 round 的简单调用是将 float 转换为 int 的另一种方法。

如果要将浮点值舍入为另一个浮点值，则可以通过提供第二个参数来指定在小数点后的数字位数。下面的交互处理 π 的值：

```
>>> pi = 3.141592653589793
>>> round(pi, 2)
3.14
>>> round(pi,3)
3.142
```

请注意，当我们将 π 近似舍入到两位或三位小数时，我们得到一个浮点数，其显示值看起来像一个完全舍入的结果。记住，浮点值是近似。真正得到的是一个非常接近我们要求的值。实际存储的值类似于 3.140000000000000124345……，最接近的可表示的浮点值为 3.14。幸运的是，Python 是聪明的，知道我们可能不希望看到所有这些数字，所以它显示了舍入的形式。这意味着如果你编写一个程序，将一个值四舍五入到两位小数，并打印出来，就会看到两位小数，与你期望的一样。在第 5 章中，我们将看到如何更好地控制打印数字的显示方式，那时如果你希望，就能查看所有的数字。

类型转换函数 int 和 float 也可以用于将数字字符串转换为数字。

```
>>> int("32")
32
>>> float("32")
32.0
>>> float("9.8")
9.8
```

作为替代 eval 从用户获取数字数据的另一种方法，这特别有用。例如，下面是本章开始时零钱计数程序的一个改进版本：

```
# change2.py
#    A program to calculate the value of some change in dollars

def main():
    print("Change Counter")
    print()
    print("Please enter the count of each coin type.")
    quarters = int(input("Quarters: "))
    dimes = int(input("Dimes: "))
    nickels = int(input("Nickels: "))
    pennies = int(input("Pennies: "))
    total = .25*quarters + .10*dimes + .05*nickels + .01*pennies
    print()
    print("The total value of your change is", total)

main()
```

在 input 语句中使用 int 而不是 eval，可以确保用户只能输入有效的整数。任何非法（非 int）输入将导致程序崩溃和错误消息，从而避免代码注入攻击的风险（在第 2.5.2 节讨论）。另一个好处是，这个版本的程序强调输入应该是整数。

使用数字类型转换代替 eval 的唯一缺点是，它不支持同时输入（在单个输入中获取多个值），如下例所示：

```
>>> # simultaneous input using eval
>>> x,y = eval(input("Enter (x,y): "))
Enter (x,y): 3,4
>>> x
3
>>> y
4
>>> # does not work with float
>>> x,y = float(input("Enter (x,y): "))
Enter (x,y): 3,4
Traceback (most recent call last):
  File "<stdin>", line 1, in <module>
ValueError: could not convert string to float: '3,4'
```

这个代价很小，换来了额外的安全性。在第 5 章，你将学习如何克服这个限制。作为一种良好的实践，你应该尽可能使用适当的类型转换函数代替 eval。

3.3　使用 math 库

除表 3.1 中列出的操作之外，Python 还在一个特殊的 math "库" 中提供了许多其他有用的数学函数。库就是一个模块，包含了一些有用定义。我们的下一个程序展示了使用这个库来计算二次方程的根。

二次方程的形式为 $ax^2 + bx + c = 0$。这样的方程有两个解，由求根公式给出：

$$x = \frac{-b \pm \sqrt{b^2 - 4ac}}{2a}$$

让我们编写一个程序，找到二次方程的解。程序的输入将是系数 a、b 和 c 的值，输出是由求根公式给出的两个值。下面是完成这项工作的程序：

```
# quadratic.py
#    A program that computes the real roots of a quadratic equation.
#    Illustrates use of the math library.
#    Note: This program crashes if the equation has no real roots.

import math # Makes the math library available.

def main():
    print("This program finds the real solutions to a quadratic")
    print()

    a = float(input("Enter coefficient a: "))
    b = float(input("Enter coefficient b: "))
    c = float(input("Enter coefficient c: "))

    discRoot = math.sqrt(b * b - 4 * a * c)
    root1 = (-b + discRoot) / (2 * a)
    root2 = (-b - discRoot) / (2 * a)

    print()
    print("The solutions are:", root1, root2 )

main()
```

该程序使用了 math 库模块的平方根函数 sqrt。在程序的顶部，import math 告诉 Python 我们正在使用 math 模块。导入模块让程序中定义的任何内容都可用。要计算 $\sqrt{x}$，我们使用 math.sqrt(x)。这个特殊的点符号告诉 Python，使用"生存"在 math 模块中的 sqrt 函数。在二次方程程序中，我们用下面的代码行来计算 $\sqrt{b^2 - 4ac}$：

```
discRoot = math.sqrt(b * b - 4 * a * c)
```

下面是程序运行的情况：

```
This program finds the real solutions to a quadratic

Enter coefficient a: 3
Enter coefficient b: 4
Enter coefficient c: -2

The solutions are: 0.38742588672279316 -1.7207592200561266
```

只要我们要解的二次方程有实数解，这个程序就很好。但是，一些输入会导致程序崩溃。下面是另一个运行示例：

```
This program finds the real solutions to a quadratic

Enter coefficient a: 1
Enter coefficient b: 2
Enter coefficient c: 3

Traceback (most recent call last):
  File "quadratic.py", line 21, in ?
    main()
  File "quadratic.py", line 14, in main
    discRoot = math.sqrt(b * b - 4 * a * c)
ValueError: math domain error
```

这里的问题是 $b^2 - 4ac < 0$，sqrt 函数无法计算负数的平方根。Python 打印"math domain error"。这告诉我们，负数不在 sqrt 函数的定义域中。现在，我们没有工具来解决这个问题，所以我们只需要假设用户会给我们可解的方程。

实际上，quadratic.py 不需要使用 math 库。我们可以用乘方**来取平方根。（你知道怎么做吗？）使用 math.sqrt 更高效一些，而且它让我展示使用 math 库。一般来说，如果你的程序需要一个通用的数学函数，首先要看看 math 库。表 3.2 显示了 math 库中提供的一些其他函数。

表 3.2   一些 math 库函数

Python	数学	描述
pi	π	π 的近似值
e	e	e 的近似值
sqrt(x)	$\sqrt{x}$	x 的平方根
sin(x)	sin x	x 的正弦
cos(x)	cos x	x 的余弦
tan(x)	tan x	x 的正切
asin(x)	arcsin x	x 的反正弦
acos(x)	arcos x	x 的反余弦
atan(x)	arctan x	x 的反正切
log(x)	ln x	x 的自然对数（以 e 为底）
log10(x)	Log_{10} x	x 的常用对数（以 10 为底）
exp(x)	e^x	e 的 x 次方
ceil(x)	[x]	最小的>=x 的整数
floor(x)	[x]	最大的<=x 的整数

3.4   累积结果：阶乘

假设你有一个根汁饮料样品包，含有 6 种不同的根汁饮料。以不同的顺序喝各种口味可能会影响它们的味道。如果你希望尝试一切可能，有多少不同的顺序？结果答案是一个大得惊人的数字，720。你知道这个数字怎么来的吗？720 是 6 的"阶乘"。

在数学中，阶乘通常用感叹号（!）表示，整数 n 的阶乘定义为 $n! = n(n-1)(n-2)\cdots\cdots$ (1)。这恰好是 n 项的不同排列的数量。给定 6 个项，我们计算 6! = (6)(5)(4)(3)(2)(1) = 720 种可能的排列。

让我们编写一个程序，来计算用户输入数字的阶乘。程序的基本结构遵循"输入、处理、输出"模式：

```
输入要计算阶乘的数，n
计算 n 的阶乘，fact
输出 fact
```

显然，这里棘手的是第二步。

实际如何计算阶乘？让我们手工尝试一下，以便得到处理的思路。在计算 6 的阶乘时，我们首先计算 6(5) = 30。然后我们取该结果并做另一个乘法：30(4) = 120。这个结果乘以 3：120(3) = 360。这个结果乘以 2：360(2) = 720。根据定义，最后我们将这个结果乘以 1，但不会改变最终值 720。

现在让我们考虑更一般的算法。这里实际上发生了什么？我们正在做重复乘法，在做的过程中，我们记下得到的乘积。这是一种非常常见的算法模式，称为"累积器"。我们一步一步得到（或累积）最终的值。为了在程序中实现这一点，我们使用"累积器变量"和循环结构。一般模式如下：

```
初始化累积器变量
循环直到得到最终结果
    更新累积器变量的值
```

意识到这是解决阶乘问题的模式，我们只需要填写细节。我们将累积阶乘。让我们把它保存在一个名为 fact 的变量中。每次通过循环，我们需要用 fact 乘以因子序列 n、(n − 1)、……、1 中的一个。看起来我们应该用一个 for 循环，迭代这个因子序列。例如，要计算 6 的阶乘，我们需要像这样工作的循环：

```
fact = 1
for factor in [6,5,4,3,2,1]:
    fact = fact * factor
```

请花一分钟跟踪这个循环的执行，并说服自己它有效。当循环体首次执行时，fact 的值为 1，因子为 6。因此，fact 的新值为 1 * 6 = 6。下一次通过循环，因子将为 5，fact 更新为 6 * 5 = 30。该模式对后续每个因子继续，直到累积得到最终结果 720。

循环之前对 fact 赋初始值 1，是循环开始所必需的。每次通过循环体（包括第一个），fact 的当前值用于计算下一个值。初始化确保 fact 在第一次迭代时有一个值。每次使用累积器模式时，应确保包含正确的初始化。忘记这一点是新程序员的一个常见错误。

当然，我们还有很多其他的方法来编写这个循环。正如你从数学课上了解到的，乘法是可交换和结合的，所以执行乘法的顺序并不重要。我们可以很容易地走另一个方向。你可能还会注意到，在因子列表中包含 1 是不必要的，因为乘以 1 不会更改结果。下面是另一个版本，计算出相同的结果：

```
fact = 1
for factor in [2,3,4,5,6]:
    fact = fact * factor
```

不幸的是，这两个循环都不能解决原来的问题。我们手工编码了因子列表来计算 6 的阶乘。我们真正希望的是，一个可以计算任何给定输入 n 的阶乘的程序。我们需要某种方法，从 n 的值生成适当的因子序列。

好在用 Python 的 range 函数，这很容易做到。回想一下，range(n) 产生一个数字序列，从 0 开始，增长到 n，但不包括 n。range 有一些其他调用方式，可用于产生不同的序列。利用两个参数，range(start, n) 产生一个以值 start 开始的序列，增长到 n，但不包括 n。第三个版本的 range(start, n, step) 类似于双参数版本，但它使用 step 作为数字之间的增量。下面有一些例子：

```
>>> list(range(10))
[0, 1, 2, 3, 4, 5, 6, 7, 8, 9]

>>> list(range(5,10))
[5, 6, 7, 8, 9]

>>> list(range(5, 10, 3))
[5, 8]
```

给定输入值 n，我们有几种不同的 range 命令，能产生适当的因子列表，用于计算 n 的阶乘。为了从最小到最大生成它们（我们的第二种循环），我们可以使用 range(2, n + 1)。注意，我使用 n + 1 作为第二个参数，因为范围将上升到 n + 1，但不包括此值。我们需要加 1 来确保 n 本身被包括，作为最后一个因子。

另一种可能是使用三参数版本的 range 和负数步长，产生另一个方向（我们的第一种循环）的因子，导致倒计数：range(n, 1, −1)。这个循环产生一个列表，从 n 开始并向下计数（step 为−1）到 1，但不包括 1。

下面是一种可能的阶乘程序版本：

```
# factorial.py
#    Program to compute the factorial of a number
#    Illustrates for loop with an accumulator

def main():
    n = int(input("Please enter a whole number: "))
    fact = 1
    for factor in range(n,1,-1):
        fact = fact * factor
    print("The factorial of", n, "is", fact)

main()
```

当然，写这个程序还有很多其他方法。我已经提到改变因子的顺序。另一种可能是将 fact 初始化为 n，然后使用从 n−1 开始的因子（只要 n > 0）。你可以尝试这样一些变化，看看你最喜欢哪一个。

3.5 计算机算术的局限性

有时我们会联想到，用 "!" 表示阶乘是因为该函数增长非常快。例如，下面是用我们的程序求 100 的阶乘：

```
Please enter a whole number: 100
The factorial of 100 is 9332621544394415268169923885626670049071596826
4381621468592963895217599993229915608941463976156518286253679208272237
58251185210916864000000000000000000000000000
```

这是一个相当大的数字！

尽管最新版本的 Python 对此计算没有困难，但是旧版本的 Python（以及其他语言的现代版本，例如 C ++和 Java）不会如此。例如，下面是使用 Java 编写的类似程序的几次运行：

```
# run 1
Please enter a whole number: 6
```

```
The factorial is: 720

# run 2
Please enter a whole number: 12
The factorial is: 479001600

# run 3
Please enter a whole number: 13
The factorial is: 1932053504
```

这看起来不错。我们知道 6! = 720。快速检查也确认 12! = 479001600。遗憾的是，事实证明，13! = 6227020800。看起来 Java 程序给出了不正确的答案！

这里发生了什么？到目前为止，我们已经讨论了数值数据类型作为熟悉数字的表示，例如整数和小数（分数）。然而，重要的是要记住，数字的计算机表示（实际数据类型）并不总是表现得像它们所代表的数字那样。

在第 1 章中你了解到，计算机的 CPU 可以执行非常基本的操作，如两个数字相加或相乘，还记得吗？更准确地说，CPU 可以对计算机的数字的内部表示执行基本操作。这个 Java 程序的问题是它使用计算机的底层 int 数据类型来表示整数，并依赖于计算机对 int 的乘法运算。不幸的是，这些机器 int 不完全像数学整数。有无穷多个整数，但 int 的范围是有限的。在计算机内部，int 以固定大小的二进制表示存储。为了理解这一切，我们需要了解硬件层面发生了什么。

计算机存储器由电"开关"组成，每个开关可以处于两种可能状态之一，即开或关。每个开关表示一个二进制数字的信息，称为"位"。一位可以编码两种可能性，通常用数字 0（关闭）和 1（打开）表示。位序列可以用于表示更多的可能性。用两位，我们可以表示四件事：

```
bit 2 bit 1
  0     0
  0     1
  1     0
  1     1
```

三位允许我们通过对四个两位模式中的每一个添加 0 或 1，来表示八个不同的值：

```
bit 3 bit 2 bit 1
  0     0     0
  0     0     1
  0     1     0
  0     1     1
  1     0     0
  1     0     1
  1     1     0
  1     1     1
```

你可以看到这里的模式。每增加一位让不同模式的数量加倍。通常，n 位可以表示 2^n 个不同的值。

特定计算机用来表示 int 的位数取决于 CPU 的设计。现在，典型的 PC 使用 32 或 64 位。对于 32 位 CPU，这意味着有 2^{32} 个可能的值。这些值以 0 为中心，表示正整数和负整数的范围。现在 $2^{32}/2 = 2^{31}$。因此，可以在 32 位 int 值中表示的整数范围是 -2^{31} 到 $2^{31} - 1$。在上限 -1 的原因是考虑在范围的上半部分中的 0 的表示。

有了这个知识，让我们试着理解 Java 阶乘例子中发生的事情。如果 Java 程序依赖于 32 位 int 表示，它可以存储的最大数字是多少？Python 可以给我们一个快速的答案：

```
>>> 2**31-1
2147483647
```

注意，这个值（约 21 亿）在 12！（约 4.8 亿）和 13！（约 62 亿）之间。这意味着 Java 程序可以很好地计算到 12 的阶乘，但是之后，表示"溢出"，结果是垃圾。现在你知道了为什么简单的 Java 程序不能计算 13！。当然，这给我们留下了另一个谜题。为什么现代 Python 程序似乎能很好地用大整数计算？

首先，你可能认为 Python 使用浮点数据类型来绕过 int 的大小限制。然而，事实证明，浮点数并没有真正解决这个问题。下面是使用浮点数的修改后的阶乘程序的示例运行：

```
Please enter a whole number: 30
The factorial of 30 is 2.6525285981219103e+32
```

虽然这个程序运行很好，但切换到浮点数后，我们不再能得到确切的答案。

非常大（或非常小）的浮点值使用"指数"的方式打印，称为"科学记数法"。结束时的 e + 32 表示结果等于 $2.6525285981219103 * 10^{32}$。你可以把+32 作为一个标记，表示小数点的位置。在这个例子中，它必须向右移动 32 个位置以获取实际值。但是，小数点右边只有 16 位数字，因此我们已经"丢失"了最后 16 位数字。

使用浮点数，我们可以表示比 32 位 int 更大的"范围"的值，但"精度"仍然是固定的。事实上，计算机将浮点数保存为一对固定长度（二进制）整数。一个整数称为"尾数"，表示值中的数字串，第二个称为"指数"，记录整数部分结束和小数部分开始的位置（"二进制小数点"在哪里）。回忆一下，我告诉过你浮点是近似值。现在你可以看到原因。因为底层数字是二进制的，所以只有涉及 2 的幂的分数可以被精确地表示。任何其他分数产生无限重复的尾数。（就像 1/3 产生无限重复的十进制，因为 3 不是 10 的幂）。当无限长的尾数被截断到固定长度以进行存储时，结果是近似的。用于尾数的位数决定了近似值的精确程度，但绕不过它们是近似的事实。

幸运的是，Python 对于大的、精确的值有一个更好的解决方案。Python 的 int 不是固定的大小，而是扩展到适应任何值。唯一的限制是计算机可用的内存量。当值很小时，Python 就用计算机的底层 int 表示和操作。当值变大时，Python 会自动转换为使用更多位的表示。当然，为了对更大的数字执行操作，Python 必须将操作分解为计算机硬件能够处理的更小的单元，类似于你手工计算长除法的方式。这些操作不会那么有效（它们需要更多的步骤），但是它们允许 Python 的 int 增长到任意大小。这就是为什么我们的简单阶乘程序可以计算一些大的结果。这是一个非常酷的 Python 特性。

3.6   小结

本章介绍了一些有关进行数值计算的程序的重要细节。下面是一些关键概念的快速摘要。

● 计算机表示特定类型的信息的方式称为数据类型。对象的数据类型决定了它可以具有的值和它支持的操作。

- Python 有几种不同的数据类型来表示数值，包括 int 和 float。
- 整数通常使用 int 数据类型表示，小数值使用 float 表示。所有 Python 数字数据类型都支持标准的内置数学运算：加法（+）、减法（−）、乘法（*）、除法（/），整除（//），取余（%）和绝对值（abs(x)）。
- Python 在某些情况下，自动将数字从一种数据类型转换为另一种。例如，在涉及 int 和 float 的混合类型表达式中，Python 先将 int 转换为 float，然后使用浮点运算。
- 程序还可以使用函数 float()、int() 和 round() 将一个数据类型显式转换为另一个数据类型。通常应该使用类型转换函数代替 eval 来处理用户的数字输入。
- 其他数学函数在 math 库中定义。要使用这些功能，程序必须首先导入该库。
- 数值结果通常通过计算值序列的和或积来计算。循环累积器编程模式对于这种计算很有用。
- int 和 float 在底层计算机上都使用固定长度的位序列表示。这让这些表示有某些限制。在 32 位的机器上，硬件 int 必须在 $-2^{31} \sim 2^{31}-1$ 中。浮点数的精度有限，不能精确地表示大多数数字。
- Python 的 int 数据类型可以用于存储任意大小的整数。如果 int 值对于底层硬件 int 太大，就会自动转换为更长的表示。涉及这些长 int 的计算比只使用短 int 的计算效率低。

3.7 练习

复习问题

判断对错

1. 由计算机存储和操作的信息称为数据。
2. 由于浮点数是非常准确的，所以通常应该使用它们，而不是 int。
3. 像加法和减法这样的操作在 math 库中定义。
4. n 项的可能排列的数目等于 n!。
5. sqrt 函数计算数字的喷射（squirt）。
6. float 数据类型与实数的数学概念相同。
7. 计算机使用二进制表示数字。
8. 硬件 float 可以表示比硬件 int 更大范围的值。
9. 在获取数字作为用户输入时，类型转换函数（如 float）是 eval 的安全替代。
10. 在 Python 中，4 + 5 产生与 4.0 + 5.0 相同的结果类型。

选择题

1. 下列_____项不是内置的 Python 数据类型。

a. int　　　　　b. float　　　　　c. rational　　　　　d. string

2．以下＿＿＿＿＿＿＿项不是内置操作。

a. +　　　　　　b. %　　　　　　c. abs()　　　　　　d. sqrt()

3．为了使用 math 库中的函数，程序必须包括＿＿＿＿＿＿＿。

a. 注释　　　　　b. 循环　　　　　c. 操作符　　　　　d. import 语句

4．4! 的值是＿＿＿＿＿＿＿。

a. 9　　　　　　b. 24　　　　　　c. 41　　　　　　d. 120

5．用于存储 π 的值，最合适的数据类型是＿＿＿＿＿＿＿。

a. int　　　　　b. float　　　　　c. irrational　　　　　d. string

6．可以使用 5 位比特表示的不同值的数量是＿＿＿＿＿＿＿。

a. 5　　　　　　b. 10　　　　　　c. 32　　　　　　d. 50

7．在包含 int 和 float 的混合类型表达式中，Python 会进行的转换是＿＿＿＿＿＿＿。

a. 浮点数到整数　　　　　　　　b. 整数到字符串

c. 浮点数和整数到字符串　　　　d. 整数到浮点数

8．下列＿＿＿＿＿＿＿项不是 Python 类型转换函数。

a. float　　　　　b. round　　　　　c. int　　　　　d. abs

9．用于计算阶乘的模式是＿＿＿＿＿＿＿。

a. 累积器　　　　　　　　　　　b. 输入、处理、输出

c. 计数循环　　　　　　　　　　d. 格子

10．在现代 Python 中，int 值大于底层硬件 int 时，会＿＿＿＿＿＿＿。

a. 导致溢出　　　　　　　　　　b. 转换为 float

c. 打破计算机　　　　　　　　　d. 使用更多的内存

讨论

1．显示每个表达式求值的结果。确保该值以正确的形式表示其类型（int 或 float）。如果表达式是非法的，请解释为什么。

a. `4.0 / 10.0 + 3.5 * 2`　　　　　　b. `10 % 4 + 6 / 2`

b. `abs(4 - 20 // 3) ** 3`　　　　　d. `sqrt(4.5 - 5.0) + 7 * 3`

e. `3 * 10 // 3 + 10 % 3`　　　　　f. `3 ** 3`

2．将以下每个数学表达式转换为等效的 Python 表达式。你可以假定 math 库已导入（通过 import math）。

a. $(3 + 4)(5)$　　　　　　　　b. $\dfrac{n(n-1)}{2}$

c. $4\pi r^2$　　　　　　　　　d. $\sqrt{r(\cos a)^2 + r(\sin b)^2}$

e. $\dfrac{y2 - y1}{x2 - x1}$

3．显示将由以下每个 range 表达式生成的数字序列。

a. `range(5)`　　　　　　　　b. `range(3, 10)`

c. `range(4, 13, 3)`   d. `range(15, 5, -2)`

e. `range(5, 3)`

4. 显示以下每个程序片段产生的输出。

a.
```
for i in range(1, 11):
    print(i*i)
```

b.
```
for i in [1,3,5,7,9]:
    print(i, ":", i**3)
print(i)
```

c.
```
x = 2
y = 10
for j in range(0, y, x):
    print(j, end="")
    print(x + y)
print("done")
```

d.
```
ans = 0
for i in range(1, 11):
    ans = ans + i*i
    print(i)
print (ans)
```

5. 如果使用负数作为 round 函数中的第二个参数，你认为会发生什么？例如，round(314.159265，−1)的结果应该是什么？请解释答案的理由。在你写下答案后，请参阅 Python 文档或尝试一些例子，看看 Python 在这种情况下实际上做了什么。

6. 当整数除法或余数运算的操作数为负数时，你认为会发生什么？考虑以下每种情况并尝试预测结果。然后在 Python 中试试。（提示：回顾一下神奇的公式 a = (a//b)(b) + (a%b)。）

a. $-10 // 3$ b. $-10 \% 3$ c. $10 // -3$

d. $10 \% -3$ e. $-10 // -3$

编程练习

1. 编写一个程序，利用球体的半径作为输入，计算体积和表面积。以下是一些可能有用的公式：

$V = 4/3\pi r^3$

$A = 4\pi r^2$

2. 给定圆形比萨饼的直径和价格，编写一个程序，计算每平方英寸的成本。面积公式为 $A = \pi r^2$。

3. 编写一个程序，该程序基于分子中的氢、碳和氧原子的数量计算碳水化合物的分子量（以克/摩尔计）。程序应提示用户输入氢原子的数量、碳原子的数量和氧原子的数量。然后程序基于这些单独的原子量打印所有原子的总组合分子量。

原子	质量（克/摩尔）
H	1.00794
C	12.0107
O	15.9994

例如，水（H_2O）的分子量为 2（1.00794）+ 15.9994 = 18.01528。

4．编写一个程序，根据闪光和雷声之间的时间差来确定雷击的距离。声速约为 1100 英尺/秒，1 英里为 5280 英尺。

5．Konditorei 咖啡店售卖咖啡，每磅 10.50 美元加上运费。每份订单的运费为每磅 0.86 美元 +固定成本 1.50 美元。编写计算订单费用的程序。

6．使用坐标（x1，y1）和（x2，y2）指定平面中的两个点。编写一个程序，计算通过用户输入的两个（非垂直）点的直线的斜率。

$$斜率 = \frac{y2 - y1}{x2 - x1}$$

7．编写一个程序，接受两点（见上一个问题），并确定它们之间的距离。

$$距离 = \sqrt{(x2 - x1)^2 + (y2 - y1)^2}$$

8．格里高利闰余是从 1 月 1 日到前一个新月的天数。此值用于确定复活节的日期。它由下列公式计算（使用整型算术）：

C = year//100

epact = (8 + (C//4) - C + ((8C + 13)//25) + 11(year%19))%30

编写程序，提示用户输入 4 位数年份，然后输出闰余的值。

9．使用以下公式编写程序以计算三角形的面积，其三边的长度为 a、b 和 c：

$$s = \frac{a+b+c}{2}$$

$$A = \sqrt{s(s-a)(s-b)(s-c)}$$

10．编写程序，确定梯子斜靠在房子上时，达到给定高度所需的长度。梯子的高度和角度作为输入。计算长度使用公式为：

$$length = \frac{height}{\sin angle}$$

注意：角度必须以弧度表示。提示输入以度为单位的角度，并使用以下公式进行转换：

$$radians = \frac{\pi}{180} degrees$$

11．编程计算前 n 个自然数的和，其中 n 的值由用户提供。

12．编程计算前 n 个自然数的立方和，其中 n 的值由用户提供。

13．编程对用户输入的一系列数字求和。 程序应该首先提示用户有多少数字要求和，然后依次提示用户输入每个数字，并在输入所有数字后打印出总和。（提示：在循环体中使用输入语句。）

14．编程计算用户输入的一系列数字的平均值。与前面的问题一样，程序会首先询问用户有多少个数字。注意：平均值应该始终为 float，即使用户输入都是 int。

15．编写程序，通过对这个级数的项进行求和来求近似的 π 值：4/1 − 4/3 + 4/5 − 4/7 + 4/9 − 4/11 +……程序应该提示用户输入 n，要求和的项数，然后输出该级数的前 n 个项的和。让你的程序从 math.pi 的值中减去近似值，看看它的准确性。

16．斐波那契序列是数字序列，其中每个连续数字是前两个数字的和。经典的斐波那契序列开始于 1，1，2，3，5，8，13，……。编写计算第 n 个斐波纳契数的程序，其中 n 是用户输入的值。例如，如果 n = 6，则结果为 8。

17．你已经看到 math 库包含了一个计算数字平方根的函数。在本练习中，你将编写自己的算法来计算平方根。解决这个问题的一种方法是使用猜测和检查。你首先猜测平方根可能是什么，然后看看你的猜测是多么接近。你可以使用此信息进行另一个猜测，并继续猜测，直到找到平方根（或其近似）。一个特别好的猜测方法是使用牛顿法。假设 x 是我们希望的根，$guess$ 是当前猜测的答案。猜测可以通过使用计算下一个猜测来改进：

$$\frac{guess+\dfrac{x}{guess}}{2}$$

编程实现牛顿方法。程序应提示用户找到值的平方根（x）和改进猜测的次数。从猜测值 x / 2 开始，你的程序应该循环指定的次数，应用牛顿的方法，并报告猜测的最终值。你还应该从 math.sqrt(x) 的值中减去你的估计值，以显示它的接近程度。

第 4 章　对象和图形

学习目标

- 理解对象的概念以及如何用它们来简化编程。
- 熟悉 graphics 库中可用的各种对象。
- 能够在程序中创建对象并调用适当的方法来进行图形计算。
- 了解计算机图形学的基本概念，特别是坐标系统和坐标变换的作用。
- 了解如何在图形编程语境中使用基于鼠标和基于文本的输入。
- 能够使用 graphics 库编写简单的交互式图形程序。

4.1　概述

到目前为止，我们一直在使用 Python 内置的数字和字符串数据类型来编写程序。我们看到，每个数据类型可以表示一组特定的值，并且每个数据类型都有一组相关的操作。基本上，我们将数据视为一些被动实体，通过主动操作来控制和组合它们。这是一种传统的看待计算的视角。然而，为了构建复杂的系统，采用更丰富的视角来看待数据和操作之间的关系是有帮助的。

大多数现代计算机程序是用"面向对象"（OO）方法构建的。面向对象不容易定义。它包含了许多设计和实现软件的原则，我们将在本书的整个过程中反复提到。本章通过一些计算机图形提供了对象概念的基本介绍。

图形编程很有乐趣，并提供了一种极好的方式来学习对象。在此过程中，你还将学习计算机图形学的一些原理，它们是许多现代计算机应用程序的基础。你熟悉的大多数应用程序可能有一个所谓的"图形用户界面"（GUI），提供了诸如窗口、图标（代表性图片）、按钮和菜单等可视元素。

交互式图形编程可以非常复杂，有一些教科书整本书都在讲复杂的图形和图形界面。工业级的 GUI 应用程序通常使用专用的图形编程框架来开发。Python 自带的标准 GUI 模块名为 Tkinter。Tkinter 是最易用的 GUI 框架之一，Python 是开发真实世界 GUI 的极好语言。然而，在你的编程生涯中，此时学习任何 GUI 框架的复杂细节都将是一个挑战，而且这样做不会对达成本章的主要目标有所帮助。本章的主要目标是向你介绍对象和计算机图形学的基本原则。

为了让这些基本概念更容易学习，我们将使用专门为本教材编写的图形库（graphics.py）。

这个库是 Tkinter 的一层包装,让它更适合新程序员。它是作为一个 Python 模块文件免费提供的①,欢迎你使用它,只要你认为合适。最终,你可能希望研究该库本身的代码,作为学习如何直接用 Tkinter 编程的垫脚石。

4.2 对象的目标

面向对象开发的基本思想,是将一个复杂的系统视为一些较简单"对象"的交互。这里使用的"对象"一词有特定的技术意义。OO 编程的一部分挑战是弄清楚词汇表。你可以将 OO 对象视为一种结合数据和操作的主动数据类型。简单来说,对象"知道一些事情"(它们包含数据),并且可以"做一些事情"(它们有操作)。对象通过彼此发送消息来交互。消息就是请求,让对象执行它的一个操作。

请考虑一个简单的例子。假设我们希望为学院或大学开发数据处理系统。我们需要记录相当多的信息。首先,必须记录入学的学生。每个学生都可以在程序中表示为一个对象。学生对象将包含一些特定数据,如姓名、ID 号、所选的课程、校园地址、家庭地址、GPA 等。每个学生对象也能够响应某些请求。例如,要发送邮件,我们需要为每个学生打印一个地址。此任务可能由 printCampusAddress 操作处理。如果向一个特定的学生对象发送 printCampusAddress 消息,它就打印出自己的地址。要打印出所有的地址,程序将循环遍历学生对象的集合,并依次发送 printCampusAddress 消息。

对象可以引用其他对象。在我们的示例中,学院中的每门课程也可能由一个对象表示。课程对象将知道一些信息,如教师是谁、课程中有哪些学生、先决条件是什么以及课程的时间地点。一个操作的例子可能是 addStudent,它导致学生在课程中注册。正在注册的学生将由适当的学生对象表示。教师将是另一种对象,房间也是,甚至时间也是。你可以看到这些想法如何不断细化,从而得到一个相当复杂的大学信息结构模型。

作为一名新程序员,你可能还没有准备好处理大学信息系统。现在,我们将在一些简单的图形编程的语境中研究对象。

4.3 简单图形编程

为了在本章(以及本书的其余部分)中运行图形程序和示例,你需要 graphics.py 的拷贝,它与补充材料一起提供。使用 graphics 库很简单,只要将 graphics.py 文件的拷贝与图形程序放在同一文件夹中。或者,你可以将它放在存储其他 Python 库的系统目录中,以便能够在系统的任何文件夹中使用它。

graphics 库让我们可以轻松地体验交互方式图形,编写简单的图形程序。在做的过程中,你将学习面向对象编程和计算机图形学的原理,可以在更复杂的图形编程环境中应用。graphics 模块的细节将在后面的部分探讨。在这里,我们将专注于基本实战介绍,让你有点感觉。

---

① graphics 模块可从本书的支持网站获得。

像往常一样,开始学习新概念的最好方法是尝试一些例子。第一步是导入 graphics 模块。假设你已将 graphics.py 放置在适当的位置,可以将 graphics 的命令导入到交互式 Python 会话中。如果你在使用 IDLE,可能必须首先将 IDLE "指向" 保存 graphics.py 的文件夹。实现这一点的简单方法,是从该文件夹加载并运行一个原有的程序。然后你应该能够将 graphics 导入 shell 窗口:

```
>>> import graphics
>>>
```

如果这个导入失败,就意味着 Python 找不到 graphics 模块。应确保文件放在正确的文件夹中,然后重试。

接下来,我们需要在屏幕上创建一个地方来显示图形。这个地方是一个 "图形窗口",即 GraphWin,它由 graphics 模块提供:

```
>>> win = graphics.GraphWin()
>>>
```

注意,使用点符号来调用位于 graphics 库中的 GraphWin 函数。这类似于用 math.sqrt(x) 从 math 库模块中调用平方根函数。GraphWin()函数在屏幕上创建一个新窗口。该窗口的标题是 "Graphics Window"。GraphWin 可能遮住你的 Python shell 窗口,因此你可能要调整大小或移动 shell,让两个窗口完全可见。图 4.1 展示了一个屏幕视图的样子。

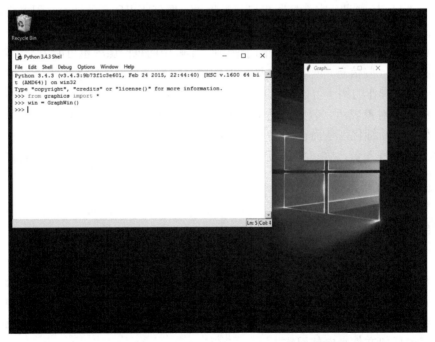

图 4.1　带有 Python shell 和 GraphWin 的屏幕截图

GraphWin 是一个对象,我们将它赋给变量 win。我们现在可以通过这个变量来操作窗口对象。例如,我们用完窗口后,可以销毁它。这可以通过发出 close 命令来做到:

```
>>> win.close()
>>>
```

键入此命令将导致窗口从屏幕中消失。

注意，我们再次使用了点表示法，但现在使用它时，在点的左侧用了变量名称，而不是模块名称。回想一下，win 早先被赋为 GraphWin 类型的对象。GraphWin 对象可以做的事情之一是关闭自己。你可以将该命令视为调用与这个窗口相关联的 close 操作。结果是窗口从屏幕上消失。

顺便说一句，我应该在这里提到，像这样交互式尝试图形命令，在一些环境中可能很棘手。如果你在 IDE 中使用 shell（如 IDLE），则有可能在你的特定平台上图形窗口表现为无响应。例如，当你将鼠标悬停在窗口上时，可能会看到"忙"光标，你可能无法拖动窗口来定位它。在某些情况下，你的图形窗口可能完全隐藏在 IDE 下面，你必须去搜索它。这些故障是由于 IDE 和图形窗口都努力控制你的交互。尽管你在玩交互式图形时可能遇到困难，但请放心，使用 graphics 库的程序在大多数标准环境中应该运行良好。它们肯定能在 Windows、macOS 和 Linux 下工作。

我们将使用来自 graphics 库的许多命令，每次我们使用一个命令就不得不键入"graphics"符号，这很无趣。Python 的另一种导入方式有所帮助：

```
from graphics import *
```

from 语句允许你从库模块加载特定的定义。你可以列出要导入定义的名称，也可以使用星号（如上）导入模块中定义的所有内容。导入的命令可直接使用，而无需使用模块名称前缀。完成这个导入后，我们可以更简单地创建 GraphWin：

```
win = GraphWin()
```

接下来所有的 graphics 示例将假设整个 graphics 模块已用 from 导入。

让我们动手尝试绘制一些图形。图形窗口实际上是一些小点的集合，这些小点称为"像素"（"图像元素"的缩写）。通过控制每个像素的颜色，我们控制窗口中显示的内容。默认情况下，GraphWin 的高度为 200 像素，宽度为 200 像素。这意味着 GraphWin 中有 4 万像素。通过为每个单独的像素分配颜色来绘制图像将是一个艰巨的挑战。作为替代，我们将依赖一个图形对象库。每种类型的对象都记录自己的信息，并知道如何将自己绘制到 GraphWin 中。

图形模块中最简单的对象是 Point（点）。在几何中，点是空间中的位置。通过参考坐标系来定位点。我们的图形对象 Point 是类似的，它可以表示 GraphWin 中的一个位置。我们通过提供 x 和 y 坐标 (x, y) 来定义一个点。x 值表示点的水平位置，y 值表示点的垂直位置。

传统上，图形程序员将点(0, 0)定位在窗口的左上角。因此，x 值从左到右增加，y 值从上到下增加。在默认的 200×200 GraphWin 中，右下角坐标为(199, 199)。绘制点将设置 GraphWin 中对应像素的颜色。绘图的默认颜色为黑色。

下面是一个与 Python 交互的示例，展示了 Point 的用法：

```
>>> p = Point(50,60)
>>> p.getX()
50
>>> p.getY()
60
>>> win = GraphWin()
>>> p.draw(win)
>>> p2 = Point(140,100)
```

```
>>> p2.draw(win)
```

第一行创建了一个位于（50, 60）的 Point。创建 Point 后，它的坐标值可以通过 getX 和 getY 操作来访问。与所有函数调用一样，在尝试使用操作时，应确保将括号放在末尾。用 draw 操作将点绘制到窗口中。这个例子创建了两个不同的 Point 对象（p 和 p2），并绘制到 GraphWin 对象中，其名为 win。图 4.2 展示了生成的图形输出。

除了点，graphics 库还包含了一些命令，用于绘制线段、圆、矩形、椭圆、多边形和文本。这些对象中的每一个都以类似的方式创建和绘制。下面的示例交互将各种形状绘制到 GraphWin 中：

```
>>> #### Open a graphics window
>>> win = GraphWin('Shapes')
>>> #### Draw a red circle centered at point (100,100) with radius 30
>>> center = Point(100,100)
>>> circ = Circle(center, 30)
>>> circ.setFill('red')
>>> circ.draw(win)
>>> #### Put a textual label in the center of the circle
>>> label = Text(center, "Red Circle")
>>> label.draw(win)
>>> #### Draw a square using a Rectangle object
>>> rect = Rectangle(Point(30,30), Point(70,70))
>>> rect.draw(win)
>>> #### Draw a line segment using a Line object
>>> line = Line(Point(20,30), Point(180, 165))
>>> line.draw(win)
>>> #### Draw an oval using the Oval object
>>> oval = Oval(Point(20,120), Point(180,199))
>>> oval.draw(win)
```

请尝试弄清楚其中每个语句所做的事。如果你照样输入它们，最终的结果如图 4.3 所示。

图 4.2　绘制两个点的图形窗口

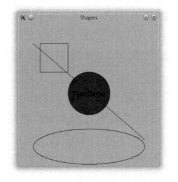

图 4.3　graphics 模块的各种形状

4.4　使用图形对象

以上交互中的一些示例可能看起来有点奇怪。为了真正理解 graphics 模块，我们需要采取面向对象的视角。记住，对象让数据与操作相结合。要求对象执行它的一个操作，就执行了计算。为了使用对象，你需要知道如何创建它们以及如何请求操作。

在上面的交互示例中，我们处理了 GraphWin、Point、Circle、Oval、Line、Text 和 Rectangle 等几种不同类型的对象。这些是"类"的示例。每个对象都是某个类的"实例"，类描述了实例将具有的属性。

借用一个生物学的隐喻，如果我们说 Fido 是一只狗，实际上是说，Fido 是所有狗构成的大类中的一个特定个体。用 OO 术语来说，Fido 是狗类的一个实例。因为 Fido 是这个类的一个实例，我们有某些预期。Fido 有四条腿，一条尾巴，冷而湿润的鼻子，会吠叫。如果 Rex 是狗，我们预期它会有类似的属性，即使 Fido 和 Rex 可能在具体细节上不同，如大小或颜色。

同样的想法对我们的计算对象也成立。我们可以创建两个单独的 Point 实例，例如 p 和 p2。每个点都有 x 和 y 值，它们都支持相同的操作集，如 getX 和 draw。这些属性成立，因为对象是 Point。然而，不同的实例可以在特定细节（诸如它们的坐标值）上变化。

要创建一个类的新实例，我们使用一个特殊操作，称为"构造函数"。对构造函数的调用是一个表达式，它创建了一个全新的对象。一般形式如下：

```
<class-name>(<param1>, <param2>, ...)
```

这里<class-name>是我们要创建一个新实例的类的名称，例如 Circle 或 Point。括号中的表达式是初始化对象所需的任何参数。参数的数量和类型取决于该类。Point 需要两个数字值，而 GraphWin 可以不使用任何参数。通常，在赋值语句的右侧使用构造函数，生成的对象立即赋给左侧的变量，然后用它来操作该对象。

举一个具体的例子，让我们来看看创建一个图形点时会发生什么。下面是来自上面的交互示例的构造函数语句：

```
p = Point(50,60)
```

Point 类的构造函数需要两个参数，给出新点的 x 和 y 坐标。这些值作为"实例变量"存储在对象内。在这种情况下，Python 创建一个 Point 的实例，其 x 值为 50，y 值为 60。然后将生成的点赋给变量 p。

结果的概念图如图 4.4 所示。注意，在该图以及类似的图中，仅示出最突出的细节。点还包含其他信息，如它们的颜色以及它们绘制在哪个窗口（如果有的话）。在创建点时，大多数信息设置为默认值。

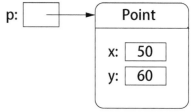

图 4.4　变量 p 指的是一个新的 Point

为了让对象执行操作，我们向对象发送一条消息。对象响应的消息集称为对象的"方法"。你可以将方法看作是存在于对象中的函数。使用点表示法来调用方法。

```
<object>.<method-name>(<param1>, <param2>, ...)
```

参数的数量和类型由所用的方法决定。一些方法根本不需要参数。你可以在上面的交互示例中找到许多方法调用的例子。

作为无参数方法的示例，请考虑下面两个表达式：

```
p.getX()
p.getY()
```

getX 和 getY 方法分别返回点的 x 和 y 值。这些方法有时被称为"取值方法",因为它们允许我们从对象的实例变量访问信息。

其他方法改变了对象的实例变量的值,因此改变了对象的"状态"。所有图形对象都有一个 move 方法。下面是规格说明:

move(dx,dy):让对象在 x 方向上移动 dx 单位,在 y 方向上移动 dy 单位。

要将点 p 移动到右边 10 个单位,我们可以用下列语句:

```
p.move(10,0)
```

这改变了 p 的 x 实例变量,添加了 10 个单位。如果该点当前在 GraphWin 中绘制,则 move 将负责擦除旧图像并在新位置绘制。改变对象状态的方法有时称为"设值方法"。

move 方法必须提供两个简单的数字参数,指示沿每个维度移动对象的距离。一些方法需要的参数本身也是复杂对象。例如,将 Circle 绘制到 GraphWin 中涉及两个对象。让我们来看一个命令序列:

```
circ = Circle(Point(100,100), 30)
win = GraphWin()
circ.draw(win)
```

第一行创建一个圆,其中心位于 Point(100, 100),半径为 30。请注意,我们使用 Point 构造函数为 Circle 构造函数创建了第一个参数的位置。第二行创建一个 GraphWin。你看到第三行发生了什么吗?这是对 Circle 对象的请求,用于将自己绘制到 GraphWin 对象中。该语句的可视效果就是 GraphWin 中的一个圆,中心在(100, 100),半径为 30。在幕后,发生了更多事情。

记住,draw 方法存在于 circ 对象内部。使用来自实例变量的关于圆的中心和半径的信息,draw 方法向 GraphWin 发出适当的低级绘图命令序列(一系列方法调用)。Point、Circle 和 GraphWin 对象之间的交互的概念图如图 4.5 所示。幸运的是,我们通常不必担心这些细节,它们都由图形对象来处理。我们只是创建对象、调用适当的方法,让它们完成工作。这就是面向对象编程的力量。

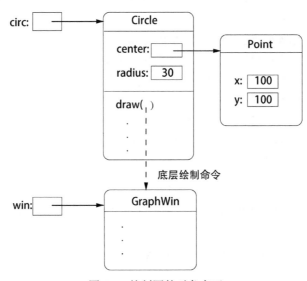

图 4.5 绘制圆的对象交互

在使用对象时，需要记住一点微妙的"领悟"。两个不同的变量指的对象可能完全相同，通过一个变量对对象所做的更改也会对另一个变量可见。例如，假设我们试图写一段绘制笑脸的代码。我们希望创建两个相距 20 个单位的眼睛。下面是画眼睛的代码序列：

```
## Incorrect way to create two circles.
leftEye = Circle(Point(80, 50), 5)
leftEye.setFill('yellow')
leftEye.setOutline('red')
rightEye = leftEye
rightEye.move(20,0)
```

基本思想是创建左眼，然后将其复制到右眼，再移动 20 个单位。

这不行。这里的问题是只创建了一个 Circle 对象。赋值 rightEye = leftEye 只是让 rightEye 指向与 leftEye 完全相同的圆。图 4.6 展示了这种情况。在最后一行代码中移动圆时，rightEye 和 leftEye 都在它右边的新位置引用它。这种情况下，两个变量引用同一个对象称为"别名"，它有时会产生意想不到的结果。

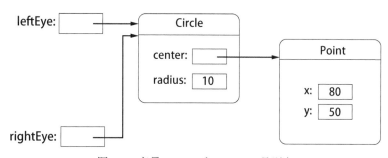

图 4.6　变量 leftEye 和 rightEye 是别名

这个问题的一个解决方案是为每只眼睛创建一个单独的圆：

```
## A correct way to create two circles.
leftEye = Circle(Point(80, 50), 5)
leftEye.setFill('yellow')
leftEye.setOutline('red')
rightEye = Circle(Point(100, 50), 5)
rightEye.setFill('yellow')
rightEye.setOutline('red')
```

这肯定行，但它很麻烦。我们不得为双眼写重复的代码。虽然用"剪切"和"粘贴"的方法很容易做到，但它不是很优雅。如果我们决定改变眼睛的外观，我们必须确保在两个地方进行更改。

graphics 库提供了更好的解决方案，所有图形对象都支持复制对象的 clone 方法。利用 clone，我们可以挽救原来的方法：

```
## Correct way to create two circles, using clone.
leftEye = Circle(Point(80, 50), 5)
leftEye.setFill('yellow')
leftEye.setOutline('red')
rightEye = leftEye.clone() # rightEye is an exact copy of the left
rightEye.move(20,0)
```

有策略地使用 clone 可以让一些图形任务更容易。

4.5　绘制终值

在对如何使用 graphics 的对象有了一些概念之后，我们就可以尝试一些真正的图形编程。图形的最重要的用途之一是提供数据的可视表示。人们说一张图值一千字，它几乎肯定比一千个数字更好。任何操作数字数据的程序都可以通过输出一点图形来改进。还记得第 2 章中计算十年投资终值的程序吗？让我们试着创建一个图形汇总。

使用图形编程需要仔细规划。在规划时，你可能需要铅笔和纸张，绘制一些图表并勾画一些计算草图。像往常一样，我们首先考虑程序要做什么的规格说明。

原来的程序 futval.py 有投资金额和年利率两个输入。利用这些输入，该程序用公式 principal = principal * (1 + apr) 计算逐年的本金变化，共 10 年。然后打印出本金的最终值。在图形版本中，输出将是十年的条形图，其中连续条形的高度表示连续几年中本金的值。

让我们用一个具体的例子来说明。假设我们以 10% 的利率投资 2000 美元。表 4.1 展示了十年期间投资的增长情况。我们的程序将在条形图中显示此信息。图 4.7 以图形方式显示了相同的数据。该图形包含十一个柱形，第一个柱形显示本金的原始值。为了引用方便，让我们根据累计利息的年数对这些柱形进行编号，从 0 到 10。

表 4.1　　　　　　　　以 10% 利率计算的 2000 美元增长的情况

年	值/美元
0	2000.00
1	2200.00
2	2420.00
3	2662.00
4	2928.20
5	3221.02
6	3542.12
7	3897.43
8	4287.18
9	4715.90
10	5187.49

下面是程序的大致设计：

```
打印简介
从用户处获取 principal 和 apr
创建一个 GraphWin
在窗口的左侧绘制刻度标签
在位置 0 处绘制柱形，高度对应 principal
对接下来的 1 到 10 年
计算 principal = principal * (1 + apr)
绘制该年的柱形，高度对应 principal
等待用户按下回车键。
```

最后一步产生的暂停对于保持图形窗口显示是必要的，这样我们就可以解读结果。没有这样的暂停，程序将结束，GraphWin 会消失。

虽然这个设计为我们的算法提供了粗线条的描述，但有一些非常重要的细节被掩藏了。我们必须确定图形窗口将有多大，以及如何定位出现在此窗口中的对象。例如，"绘制第五年的柱形，对应高度为 3221.02 美元"是什么意思？

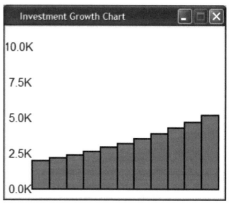

图 4.7　柱状图显示在 10% 利率时 2000 美元的增长

让我们从 GraphWin 的大小开始。回想一下，窗口的大小是根据每个维度中的像素数量给出的。计算机屏幕也以像素为单位度量。屏幕的像素数或分辨率由你用的计算机中的显示器和显卡决定。最近在个人计算机上可能遇到的最低分辨率屏幕是所谓的扩展 VGA 屏幕，是 1024 像素×768 像素。大多数屏幕相当大。我们默认的 200 像素×200 像素窗口可能看起来有点小。我们让 GraphWin 的大小为 320 像素×240 像素，这使它大约占 1/8 的小屏幕大小。

鉴于这种分析，我们可以让设计具体一点。设计的第三行现在应该是：

创建一个 320 像素×240 像素的 GraphWin，标题为"Investment Growth Chart"

你可能希望知道如何将它转换为 Python 代码。你已经看到 GraphWin 构造函数允许一个可选参数指定窗口的标题。你还可以提供 width 和 height 参数来控制窗口的大小。因此，创建输出窗口的命令将是：

```
win = GraphWin("Investment Growth Chart", 320, 240)
```

接下来我们讨论沿着窗口左侧边缘显示标签的问题。为了简化问题，我们假设图形的刻度最大总是 10000 美元，带有五个标签"0.0K"到"10.0K"，如示例窗口所示。问题是如何绘制标签？我们需要一些 Text 对象。创建 Text 时，我们指定锚点（文本居中的点）以及用作标签的字符串。

标签字符串很容易。最长的标签是五个字符，标签应该都在列的右侧排列，因此较短字符串的左侧将用空格填充。选择标签的位置需要一点计算和试错。通过一些交互尝试，水平方向上长度为 5 的字符串，将中心放在从左边缘开始 20 个像素的位置，这样看起来很好。在边缘只留下一点空白。

在垂直方向，有超过 200 像素。简单的刻度将是用 100 像素代表 5000 美元。这意味着我们的五个标签应该间隔 50 像素。用 200 像素表示范围 0～10000，留下 240 % 200 = 40 像素，分开来作为顶部和底部边距。我们可能希望在顶部多留一点边距，以容纳超过 10000 美元的值。通过一个小的实验表明，将"0.0K"标签放在离底部 10 像素（位置 230），看起来挺好。

细化我们的算法，包括这些细节，"在窗口的左侧绘制刻度标签"这一步变成一系列步骤：

```
在(20, 230)绘制标签" 0.0K"
在(20, 180)绘制标签" 2.5K"
在(20, 130)绘制标签" 5.0K"
在(20, 80)绘制标签" 7.5K"
在(20, 30)绘制标签"10.0K"
```

最初设计中的下一步需要绘制对应于本金初始值的柱形。很容易看到这个柱形的左下角应该在哪里。0.0 美元的值垂直位置在像素 230 处，标签的中心距离左边缘 20 像素。再加上 20 个像素就是标签的右边缘。因此，第 0 个柱形的左下角应该在位置（40，230）。

现在我们只需要弄清楚柱形的对角（右上角）应该在哪里，就可以绘制一个合适的矩形。在垂直方向上，柱形的高度由本金的值确定。在绘制刻度时，我们决定 100 像素等于 5000 美元。这意味着我们有 100 / 5000 = 0.02 像素对应 1 美元。这告诉我们，例如，2000 美元的本金应该产生高度 2000(.02)= 40 像素的柱形。一般来说，右上角的 y 位置将由 230 − (principal)(0.02)给出。（记住，230 是 0 点，y 坐标向上减小。）

柱形应该有多宽？该窗口宽 320 像素，但 40 个像素被左边的标签占据。这让我们有 280 像素画 11 个柱形：280 ÷ 11 = 25.4545。我们给每个柱形 25 像素，这会在右边留出一点边距。因此，我们的第一个柱形的右边缘将在位置 40 + 25 = 65 像素处。

我们现在可以将绘制第一个柱形的细节填充到算法中：

从`(40, 230)`至`(65, 230 - principal * 0.02)`绘制一个矩形

此时，我们已经做出了完成这个问题需要的所有主要决定和计算，剩下的就是将这些细节渗透到算法的其余部分。图 4.8 展示了带有我们选择的一些尺寸的窗口一般布局。

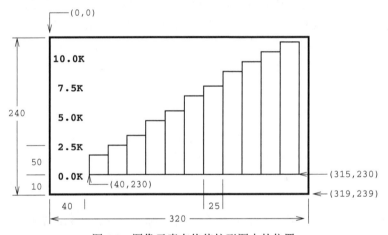

图 4.8　图像元素在终值柱形图中的位置

让我们弄清楚每个柱形的左下角在哪里。我们选择的柱形宽度是 25，因此每一个连续年份的柱形将从上一年右边 25 像素开始。我们可以使用变量 year 代表年份数，计算左下角的 x 坐标为(year)(25) + 40。（+ 40 为标签留下左边缘的空间。）当然，这个点的 y 坐标仍然是 230（图的底部）。

要找到柱形的右上角，我们将左下角的 x 值加上 25（柱形的宽度）。右上角的 y 值通过（更新的）本金值来确定，像我们确定第一个柱形一样。下面是细化的算法：

```
对于 year 从 1 增长 10：
计算 principal = principal * (1 + apr)
计算 xll = 25 * year + 40
计算 height = principal * 0.02
从(xll, 230) 至 (xll+25, 230 - height)绘制一个矩形
```

变量 xll 表示 x 左下角（x lower-left）：柱形左下角的 x 值。

综上所述，得到详细的算法如下：

打印简介
从用户处获取 principal 和 apr
创建一个 320x240 的 GraphWin，标题为"Investment Growth Chart"
在(20, 230)绘制标签" 0.0K"
在(20, 180)绘制标签" 2.5K"
在(20, 130)绘制标签" 5.0K"
在(20, 80)绘制标签" 7.5K"
在(20, 30)绘制标签"10.0K"
从(40, 230) 至 (65, 230 - principal * 0.02)绘制一个矩形
对于 year 从 1 增长 10：
  计算 principal = principal * (1 + apr)
  计算 xll = 25 * year + 40
  计算 height = principal * 0.02
  从(xll, 230) 至 (xll+25, 230 - height)绘制一个矩形
等待用户按下回车键。

哇！工作量不小，但我们终于准备好将这个算法翻译成实际的 Python 代码了。利用 graphics 库中的对象可以直接进行翻译。下面是程序：

```python
# futval_graph.py

from graphics import *

def main():
    # Introduction
    print("This program plots the growth of a 10-year investment.")

    # Get principal and interest rate
    principal = float(input("Enter the initial principal: "))
    apr = float(input("Enter the annualized interest rate: "))
    # Create a graphics window with labels on left edge
    win = GraphWin("Investment Growth Chart", 320, 240)
    win.setBackground("white")
    Text(Point(20, 230), ' 0.0K').draw(win)
    Text(Point(20, 180), ' 2.5K').draw(win)
    Text(Point(20, 130), ' 5.0K').draw(win)
    Text(Point(20, 80), ' 7.5K').draw(win)
    Text(Point(20, 30), '10.0K').draw(win)

    # Draw bar for initial principal
    height = principal * 0.02
    bar = Rectangle(Point(40, 230), Point(65, 230-height))
    bar.setFill("green")
    bar.setWidth(2)
    bar.draw(win)

    # Draw bars for successive years
    for year in range(1,11):
        # calculate value for the next year
        principal = principal * (1 + apr)
        # draw bar for this value
        xll = year * 25 + 40
        height = principal * 0.02
        bar = Rectangle(Point(xll, 230), Point(xll+25, 230-height))
        bar.setFill("green")
        bar.setWidth(2)
        bar.draw(win)
```

```
        input("Press <Enter> to quit")
        win.close()

    main()
```

如果仔细研究这个程序，就会看到，我添加了一些功能，让它更漂亮一些。所有图形对象都支持更改颜色的方法。我将窗口的背景颜色设为白色：

```
win.setBackground("white")
```

我也改变了 bar 对象的颜色。下面一行要求 bar 将内部填充为绿色（因为它是钱，你懂的）：

```
bar.setFill("green")
```

你还可以用 setOutline 方法更改形状轮廓的颜色。在这种情况下，我选择让轮廓保持默认的黑色，这样柱形能彼此分离。为了增强这种效果，以下代码让轮廓更宽（2 像素，而不是默认的 1）：

```
bar.setWidth(2)
```

你可能还注意到在绘制标签时，对符号的节约使用。由于我们不更改标签，因此不必将它们赋给变量。我们可以创建一个 Text 对象，告诉它绘制自己，然后就完了。下面是一个例子：

```
Text(Point(20,230), ' 0.0K').draw(win)
```

最后，请仔细看看循环中 year 变量的使用：

```
for year in range(1,11):
```

表达式 range(1,11)产生 1～10 的整数序列。循环索引变量 year 在循环的连续迭代中遍历该序列。因此，第一次迭代时 year 是 1，然后是 2，然后是 3，依此类推，最多到 10。year 的值然后用于计算每个柱形左下角的合适位置：

```
xll = year * 25 + 40
```

我希望你开始掌握图形编程的窍门。这有点困难，但很容易上瘾。

4.6　选择坐标

在设计终值图形程序的工作中，大部分的工作是确定控件放在屏幕上的精确坐标。大多数图形编程问题需要某种“坐标变换”，将来自真实世界问题的值变成窗口坐标，映射到计算机屏幕上。在我们的示例中，问题域要求 x 值表示年份（0～10），y 值表示货币金额（0～10000 美元）。我们不得不将这些值转换，展现在 320 像素×240 像素的窗口中。通过一两个例子来看看这种转换如何发生，这很好，但它使得编程变得冗长乏味。

坐标变换是计算机图形学中一个完整的、深入研究过的组成部分。不需要太多的数学知识就能看到，转换过程总是遵循相同的一般模式。任何遵循模式的事情都可以自动完成。为了节省在坐标系之间来回显式转换的麻烦，graphics 库提供了一种简单的机制，替你完成。创建 GraphWin 时，可以用 setCoords 方法为窗口指定坐标系。该方法需要分别指定左下角和右上角的坐标的四个参数。然后可以用此坐标系将图形对象放在窗口中。

举一个简单的例子，假设我们只是希望将窗口分成九个相等的正方形，像井字游戏那样。用默认的 200 像素×200 像素窗口也没有太多的麻烦，但需要一点算术。如果我们先在两个维度上将窗口的坐标改为从 0 到 3，问题就简单了：

```
# create a default 200x200 window
win = GraphWin("Tic-Tac-Toe")

# set coordinates to go from (0,0) in the lower left
#     to (3,3) in the upper right.
win.setCoords(0.0, 0.0, 3.0, 3.0)

# Draw vertical lines
Line(Point(1,0), Point(1,3)).draw(win)
Line(Point(2,0), Point(2,3)).draw(win)

# Draw horizontal lines
Line(Point(0,1), Point(3,1)).draw(win)
Line(Point(0,2), Point(3,2)).draw(win)
```

这种方法的另一个好处在于，可以通过简单地改变创建窗口时使用的尺寸来改变窗口的大小（例如 win = GraphWin("Tic-Tac-Toe", 300, 300)）。因为该窗口使用相同的坐标（由于 setCoords），所以对象将适当地缩放到新的窗口大小。使用"原始的"窗口坐标，则需要改变这些线的定义。

我们可以用这个想法来简化图形终值程序。基本上，我们希望图形窗口在 x 维度上从 0～10（代表年），在 y 维度上从 0～10000（代表美元）。我们可以创建一个这样的窗口：

```
win = GraphWin("Investment Growth Chart", 320, 240)
win.setCoords(0.0, 0.0, 10.0, 10000.0)
```

然后为任何年份和本金的值创建一个柱形就简单了。每个柱形开始于给定年份，基线为 0，并且增长到下一年，高度等于本金。

```
bar = Rectangle(Point(year, 0), Point(year+1, principal))
```

这个方案有一个小问题。你能发现我忘了什么吗？十一个柱形将填充整个窗口，我们没有在边缘留下任何空间给标签或边距。这很容易修正，只要稍微扩展窗口的坐标。由于柱形从 0 开始，我们可以定位左侧的标签为–1。我们可以让坐标稍微超出图形所需的坐标，从而在图形周围添加一些空白。通过一个小实验，这个窗口定义如下：

```
win = GraphWin("Investment Growth Chart", 320, 240)
win.setCoords(-1.75,-200, 11.5, 10400)
```

下面再次列出程序，它使用了替代坐标系：

```
# futval_graph2.py

from graphics import *

def main():
    # Introduction
    print("This program plots the growth of a 10-year investment.")

    # Get principal and interest rate
    principal = float(input("Enter the initial principal: "))
    apr = float(input("Enter the annualized interest rate: "))
    # Create a graphics window with labels on left edge
```

```
win = GraphWin("Investment Growth Chart", 320, 240)
win.setBackground("white")
win.setCoords(-1.75,-200, 11.5, 10400)
Text(Point(-1, 0), ' 0.0K').draw(win)
Text(Point(-1, 2500), ' 2.5K').draw(win)
Text(Point(-1, 5000), ' 5.0K').draw(win)
Text(Point(-1, 7500), ' 7.5k').draw(win)
Text(Point(-1, 10000), '10.0K').draw(win)

# Draw bar for initial principal
bar = Rectangle(Point(0, 0), Point(1, principal))
bar.setFill("green")
bar.setWidth(2)
bar.draw(win)

# Draw a bar for each subsequent year
for year in range(1, 11):
    principal = principal * (1 + apr)
    bar = Rectangle(Point(year, 0), Point(year+1, principal))
    bar.setFill("green")
    bar.setWidth(2)
    bar.draw(win)

input("Press <Enter> to quit.")
win.close()

main()
```

请注意，它如何消除了繁琐的坐标计算。此版本也让更改 GraphWin 的大小变得容易。将窗口大小更改为 640 像素×480 像素会生成更大但正确绘制的柱形图。在原来的程序中，必须重新进行所有计算以适应较大窗口中的新缩放因子。

显然，程序的第二个版本更容易开发和理解。进行图形编程时，应考虑选择一个坐标系，这将使你的任务尽可能简单。

4.7 交互式图形

图形界面可用于输入和输出。在 GUI 环境中，用户通常通过点击按钮，从菜单中选择菜单项，并在屏幕文本框中键入信息来与应用交互。这些应用程序使用一种称为"事件驱动"编程的技术。基本上，程序在屏幕上绘制一组界面元素（通常称为"控件"），然后等待用户做某事。

如果用户移动鼠标、单击按钮或在键盘上键入一个键，就会生成一个"事件"。基本上，事件是一个对象，封装了刚刚发生的事情的数据。然后事件对象被发送到程序的适当部分，进行处理。例如，点击按钮可能产生"按钮事件"。该事件将被传递到按钮处理代码，然后这段代码将执行按钮对应的适当动作。

事件驱动编程对于新程序员可能有点棘手，因为在任意给定时刻很难弄清楚"谁负责"。graphics 模块隐藏了底层事件处理机制，并提供了一些在 GraphWin 中获取用户输入的简单方法。

4.7.1 获取鼠标点击

我们可以通过 GraphWin 类的 getMouse 方法从用户获取图形信息。如果在 GraphWin 上调用 getMouse，程序将暂停，并等待用户在图形窗口中某处单击鼠标。用户单击的位置作为一个 Point 返回给程序。下面是一段代码，报告十次连续鼠标点击的坐标：

```
# click.py
from graphics import *

def main():
    win = GraphWin("Click Me!")
    for i in range(10):
        p = win.getMouse()
        print("You clicked at:", p.getX(), p.getY())

main()
```

getMouse() 返回的值是一个现成的 Point。我们可以像使用任何其他 Point 一样使用它，使用 getX 和 getY 等取值方法，或 draw 和 move 等其他方法。

下面是一个交互式程序的例子，允许用户通过点击图形窗口中的三个点来绘制一个三角形。该示例完全是图形化的，使用 Text 对象作为提示。不需要与 Python 文本窗口进行交互。如果你在 Microsoft Windows 环境中编程，可以使用.pyw 扩展名命名此程序。然后在程序运行时，甚至不会显示 Python 的 shell 窗口。

```
# triangle.pyw
from graphics import *

def main():
    win = GraphWin("Draw a Triangle")
    win.setCoords(0.0, 0.0, 10.0, 10.0)
    message = Text(Point(5, 0.5), "Click on three points")
    message.draw(win)

    # Get and draw three vertices of triangle
    p1 = win.getMouse()
    p1.draw(win)
    p2 = win.getMouse()
    p2.draw(win)
    p3 = win.getMouse()
    p3.draw(win)

    # Use Polygon object to draw the triangle
    triangle = Polygon(p1,p2,p3)
    triangle.setFill("peachpuff")
    triangle.setOutline("cyan")
    triangle.draw(win)

    # Wait for another click to exit
    message.setText("Click anywhere to quit.")
    win.getMouse()

main()
```

点击三个点绘制三角形展示了 graphics 模块的一些新功能。但是，没有三角形类，只有一个一般类 Polygon 可以用于任意封闭的多边形。Polygon 的构造函数接受任意数量的点，用线段按给定顺序连接点，并将最后一个点连接回第一个点，从而创建多边形。三角形就是有三条边的多边形。一旦我们有了三个 Point（p1，p2 和 p3），就可以立即创建三角形：

```
triangle = Polygon(p1, p2, p3)
```

你还应该学习如何使用 Text 对象来提供提示。在接近程序开始处创建并绘制了单个 Text 对象：

```
message = Text(Point(5, 0.5), "Click on three points")
message.draw(win)
```

要更改提示，我们不需要创建一个新的 Text 对象，可以只改变显示的文本。这在接近程序结束处用 setText 方法实现：

```
message.setText("Click anywhere to quit.")
```

可以看到，GraphWin 的 getMouse 方法提供了一种在面向图形的程序中与用户交互的简单方法。

4.7.2　处理文本输入

在三角形示例中，所有输入都通过鼠标点击提供。通常我们将允许用户通过键盘与图形窗口进行交互。GraphWin 对象提供了一个 getKey() 方法，其工作方式非常类似于 getMouse 方法。这是一个简单的点击程序的扩展，允许用户在每个鼠标点击后键入一个按键，在窗口中标记位置：

```
# clickntype.py

from graphics import *

def main():
    win = GraphWin("Click and Type", 400, 400)
    for i in range(10):
        pt = win.getMouse()
        key = win.getKey()
        label = Text(pt, key)
        label.draw(win)
main()
```

请注意循环体中发生了什么。首先，它等待鼠标单击，并将生成的点保存为变量 pt。然后程序等待用户在键盘上键入一个键。 被按下的键作为字符串返回，并保存为变量 key。例如，如果用户按下键盘上的 g，那么 key 将是字符串 “g”。点和字符串然后用于创建文本对象（称为标签），被绘制到窗口中。

你应该尝试这个程序，感受 getKey 方法的作用。特别是，查看键入一些比较奇怪的键（如<Shift>、<Ctrl>或光标移动键）时返回的字符串。

虽然 getKey 方法肯定有用，但它并不是从用户获取任意字符串（例如数字或名称）的非常实用的方法。幸运的是，图形库提供了一个 Entry 对象，允许用户实际输入到 GraphWin 中。

Entry 对象在屏幕上绘制一个可以包含文本的框。它就像 Text 对象一样理解 setText 和 getText 方法，区别在于用户可以编辑 Entry 的内容。下面是来自第 2 章的温度转换程序的一个版本，带有图形用户界面：

```
# convert_gui.pyw
# Program to convert Celsius to Fahrenheit using a simple
#   graphical interface.

from graphics import *

def main():
    win = GraphWin("Celsius Converter", 400, 300)
    win.setCoords(0.0, 0.0, 3.0, 4.0)

    # Draw the interface
    Text(Point(1,3), "Celsius Temperature:").draw(win)
    Text(Point(1,1), "Fahrenheit Temperature:").draw(win)
    inputText = Entry(Point(2.25, 3), 5)
    inputText.setText("0.0")
    inputText.draw(win)
    outputText = Text(Point(2.25,1),"")
    outputText.draw(win)
    button = Text(Point(1.5,2.0),"Convert It")
    button.draw(win)
    Rectangle(Point(1,1.5), Point(2,2.5)).draw(win)

    # wait for a mouse click
    win.getMouse()

    # convert input
    celsius = float(inputText.getText())
    fahrenheit = 9.0/5.0 * celsius + 32

    # display output and change button
    outputText.setText(round(fahrenheit,2))
    button.setText("Quit")

    # wait for click and then quit
    win.getMouse()
    win.close()

main()
```

运行时，会生成一个窗口，其中包含用于输入摄氏温度的输入框和用于执行转换的"按钮"。按钮只是为了显示。程序实际上只是暂停，等待在窗口中的任何位置点击鼠标。图 4.9 展示了程序启动时窗口的样子。

最初，输入框设置为包含值 0.0。用户可以删除此值并键入另一个温度。程序暂停，直到用户单击鼠标。注意，用户点击的点甚至没有保存，getMouse 方法仅用于暂停程序，直到用户有机会在输入框中输入值。

然后程序用 3 个步骤处理输入。首先，输入框中的文本被转换为数字（通过 float）。然后将此数字转换为华氏度。最后，结果数字显示在输出文本区域中。虽然 fahrenheit 是一个 float 值，但 setText 方法会自动将其转换为字符串，以便在输出文本框中显示。

图 4.10 展示了用户键入输入并点击鼠标后窗口的样子。请注意，转换后的温度显示在输出区域，按钮上的标签已变更为"Quit"，表示再次单击将退出程序。使用 graphics 库中的一些选项，改变各种控件的颜色、大小和线宽，可以让这个示例变得更漂亮。该程序的代码有意采用简洁的方式，只展示 GUI 设计的基本要素。

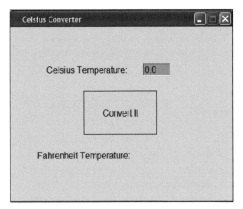 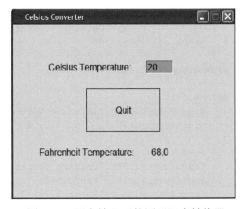

图 4.9　图形温度转换器的初始屏幕　　　　图 4.10　用户输入后的图形温度转换器

虽然基本工具 getMouse、getKey 和 Entry 没有提供一个完整的 GUI 环境，但我们将在后面的章节看到，这些简单的机制是如何支持令人惊讶的丰富交互的。

4.8　graphics 模块参考

本章中的示例涉及了 graphics 模块中的大多数元素。本节提供了 graphics 中的对象和功能的完整参考。由模块提供的对象和函数集有时称为"应用编程接口"或"API"。有经验的程序员研究 API 以了解新库。你也应该读一遍本小节，看看 graphics 库提供了什么。

以后，当你编写自己的图形程序时，可能会经常参考这个部分。

学习 API 的最大障碍之一，就是熟悉所使用的各种数据类型。在阅读参考文档时，应仔细注意各种方法的参数类型和返回值。例如，创建一个圆时，需要提供的第一个参数必须是一个 Point 对象（作为圆心），第二个参数必须是一个数字（半径）。使用不正确的类型有时会立即得到错误消息，但另外一些时候，问题可能到后来才会突然出现，比如绘制对象的时候。每个方法描述末尾的示例结合了 Python 字面量，来说明参数的适当数据类型。

4.8.1　GraphWin 对象

GraphWin 对象表示屏幕上可绘制图形图像的窗口。程序可以定义任意数量的 GraphWins。GraphWin 包含以下方法。

GraphWin(title, width, height) 构造一个新的图形窗口，用于在屏幕上绘图。参数是可选的，默认标题为"Graphics Window"，默认大小为 200 像素×200 像素。

示例：win = GraphWin("Investment Growth", 640, 480)

plot(x, y, color) 在窗口中(x, y)处绘制像素。颜色是可选的，黑色是默认值。

示例：win.plot(35, 128, "blue")

plotPixel(x, y, color) 在"原始"位置（x, y）处绘制像素，忽略 setCoords 设置的任何坐标变换。

示例：win.plotPixel(35, 128, "blue")

setBackground(color)将窗口背景设置为给定的颜色。默认背景颜色取决于系统。有关指定颜色的信息，请参见第 4.8.5 节。

示例：win.setBackground("white")

close() 关闭屏幕窗口。

示例：win.close()

getMouse() 暂停等待用户在窗口中单击鼠标，并用 Point 对象返回鼠标单击的位置。

示例：clickPoint = win.getMouse()

checkMouse()与 getMouse()类似，但不会暂停等待用户单击。返回鼠标点击的最后一个点，如果自上次调用 checkMouse 或 getMouse 后未点击窗口，则返回 None[①]。这对于控制动画循环特别有用（参见第 8 章）。

示例：clickPoint = win.checkMouse()

注意：clickPoint 可能为 None。

getKey() 暂停等待用户在键盘上键入一个键，并返回一个表示被按下键的字符串。

示例：keyString = win.getKey()

checkKey()与 getKey()类似，但不会暂停等待用户按下一个键。返回被按下的最后一个键，如果从上一次调用 checkKey 或 getKey 后没有按下任何键，则返回""。这对于控制简单的动画循环特别有用（参见第 8 章）。

示例：keyString = win.checkKey()

注意：keyString 可能是空字符串""。

setCoords(xll, yll, xur, yur)设置窗口的坐标系。左下角是（xll, yll），右上角是（xur, yur）。当前绘制的对象被重绘，而后续的绘制将相对于新的坐标系统（除 plotPixel 以外）。

示例：win.setCoords(0，0，200，100)

4.8.2 图形对象

该模块提供了类 Point、Line、Circle、Oval、Rectangle、Polygon 和 Text 的可绘制对象。最初创建的所有对象都有未填充的黑色轮廓。所有图形对象都支持以下通用的方法集。

setFill(color)将对象的内部设置为给定的颜色。

示例：someObject.setFill("red")

setOutline(color) 将对象的轮廓设置为给定的颜色。

示例：someObject.setOutline("yellow")

setWidth(pixels) 将对象的轮廓宽度设置为所需的像素数。（不适用于 Point。）

示例：someObject.setWidth(3)

draw(aGraphWin) 将对象绘制到给定的 GraphWin 中并返回绘制对象。

示例：someObject.draw(someGraphWin)

undraw() 从图形窗口中擦除对象。如果对象当前未绘制，则不采取任何操作。

示例：someObject.undraw()

move(dx,dy) 在 x 方向上移动对象 dx 单位，在 y 方向上移动 dy 单位。如果对象当前已

[①] None 是一个特殊的 Python 对象，常用于表示一个变量没有值。我们在第 6 章中讨论 None。

绘制，则将图像调整到新位置。

示例：someObject.move(10，15.5)

clone() 返回对象的副本。克隆始终以未绘制状态创建。除此之外，它们与被克隆的对象一样。

示例：objectCopy = someObject.clone()

Point 方法

Point(x,y) 构造具有给定坐标的点。

示例：aPoint = Point(3.5, 8)

getX() 返回点的 x 坐标。

示例：xValue = aPoint.getX()

getY() 返回点的 y 坐标。

示例：yValue = aPoint.getY()

Line 方法

Line(point1, point2) 构造从 point1 到 point2 的线段。

示例：aLine = Line(Point(1,3), Point(7,4))

setArrow(endString) 设置线段的箭头状态。箭头可以在第一端点、最后端点或两个端点上绘制。endString 的可能值为"first"、"last"、"both"和"none"。默认设置为"none"。

示例：aLine.setArrow("both")

getCenter() 返回线段中点的克隆。

示例：midPoint = aLine.getCenter()

getP1()、getP2() 返回线段的对应端点的克隆。

示例：startPoint = aLine.getP1()

Circle 方法

Circle(centerPoint, radius)构造具有给定圆心和半径的圆。

示例：a Circle = Circle(Point(3,4), 10.5)

getCenter() 返回圆心的克隆。

示例：centerPoint = aCircle.getCenter()

getRadius() 返回圆的半径。

示例：radius = aCircle.getRadius()

getP1()，getP2()返回圆的边界框的对应角落的克隆。它们是围绕圆的正方形的对角点。

示例：cornerPoint = aCircle.getP1()

Rectangle 方法

Rectangle(point1, point2) 构造一个对角点在 point1 和 point2 的矩形。

示例：aRectangle = Rectangle(Point(1,3), Point(4,7))

getCenter() 返回矩形中心点的克隆。

示例：centerPoint = aRectangle.getCenter()

getP1()、getP2() 返回用于构造矩形的对应点的克隆。

示例：cornerPoint = aRectangle.getP1()

Oval 方法

Oval(point1, point2) 在由 point1 和 point2 确定的边界框中构造一个椭圆。

示例：anOval = Oval(Point(1,2), Point(3,4))

getCenter() 返回椭圆形中心点的克隆。

示例：centerPoint = anOval.getCenter()

getP1()、getP2() 返回用于构造椭圆的对应点的克隆。

示例：cornerPoint = anOval.getP1()

Polygon 方法

Polygon(point1, point2, point3, ...) 构造一个以给定点为顶点的多边形。也接受单个参数，即顶点的列表。

示例：aPolygon = Polygon(Point(1,2), Point(3,4), Point(5,6))

示例：aPolygon = Polygon([Point(1,2), Point(3,4), Point(5,6)])

getPoints() 返回一个列表，包含用于构造多边形的点的克隆。

示例：pointList = aPolygon.getPoints()

Text 方法

Text(anchorPoint, textString) 构造一个文本对象，显示以 anchorPoint 为中心的文本字符串。文本水平显示。

示例：message = Text(Point(3,4), "Hello!")

setText(string) 将对象的文本设置为字符串。

示例：message.setText("Goodbye!")

getText() 返回当前字符串。

示例：msgString = message.getText()

getAnchor() 返回锚点的克隆。

示例：centerPoint = message.getAnchor()

setFace(family) 将字体更改为给定的系列。可能的值是"helvetica"、"courier"、"times roman"和"arial"。

示例：message.setFace("arial")

setSize(point) 将字体大小更改为给定的点大小。从 5 点到 36 点是合法的。

示例：message.setSize(18)

setStyle(style) 将字体更改为给定的样式。可能的值有"normal"、"bold"、"italic"和"bold italic"。

示例：message.setStyle("bold")

setTextColor(color) 将文本的颜色设置为彩色。注意：setFill 有同样的效果。

示例：message.setTextColor("pink")

4.8.3　Entry 对象

Entry 类型的对象显示为一个文本输入框，可由程序的用户编辑。Entry 对象支持通用的图形方法 move()、draw(graphwin)、undraw()、setFill(color)和 clone()。Entry 特有的方法如下。

Entry(centerPoint, width) 构造具有给定中心点和宽度的 Entry。宽度用可显示的文本字符数指定。

示例：inputBox = Entry(Point(3,4), 5)

getAnchor() 返回输入框居中点的克隆。

示例：centerPoint = inputBox.getAnchor()

getText() 返回当前在输入框中的文本字符串。

示例：inputStr = inputBox.getText()

setText(string) 将输入框中的文本设置为给定字符串。

示例：inputBox.setText("32.0")

setFace(family) 将字体更改为给定的系列。可能的值是"helvetica"、"courier"、"times roman"和"arial"。

示例：inputBox.setFace("courier")

setSize(point) 将字体大小更改为给定的点大小。从 5 点到 36 点是合法的。

示例：inputBox.setSize(12)

setStyle(style) 将字体更改为给定的样式。可能的值有"normal"、"bold"、"italic"和"bold italic"。

示例：inputBox.setStyle("italic")

setTextColor(color) 设置文本的颜色。

示例：inputBox.setTextColor("green")

4.8.4　显示图像

graphics 模块还提供了在 GraphWin 中显示和操作图像的最小支持。大多数平台至少支持 PPM 和 GIF 图像。显示是使用 Image 对象完成的。图像支持通用方法 move(dx,dy)、draw(graphwin)、undraw()和 clone()。Image 特有的方法如下。

Image(anchorPoint, filename) 利用给定文件的内容构造图像，以给定锚点为中心。也可以使用 width 和 height 参数而不是 filename 来调用。在这种情况下，将创建给定宽度和高度（以像素为单位）的空白（透明）图像。

示例：flowerImage = Image(Point(100,100), "flower.gif")

示例：blankImage = Image(320, 240)

getAnchor() 返回图像居中点的克隆。

示例：centerPoint = flowerImage.getAnchor()

getWidth() 返回图像的宽度。

示例：widthInPixels = flowerImage.getWidth()

getHeight() 返回图像的高度。

示例：heightInPixels = flowerImage.getHeight()

getPixel(x, y) 返回位置（x，y）处的像素的 RGB 值的列表[红，绿，蓝]。每个值都是 0～255 范围内的数字，表示相应 RGB 颜色的强度。这些数字可以用 color_rgb 函数转换为颜色字符串（参见下一节）。注意，像素位置是相对于图像本身的，而不是绘制图像的窗口。图像的左上角始终是像素（0,0）。

示例：red，green，blue = flowerImage.getPixel(32,18)

setPixel(x, y, color) 将位置（x,y）处的像素设置为给定颜色。

注意：这是一个缓慢的操作。

示例：flowerImage.setPixel(32, 18, "blue")

save(filename) 将图像保存为文件。所得文件的类型（如 GIF 或 PPM）由文件名的扩展名确定。

示例：flowerImage.save("mypic.ppm")

4.8.5 生成颜色

颜色由字符串表示。最常见的颜色，如"red"、"purple"、"green"、"cyan"等，应该直接可用。许多颜色具有各种色调，例如"red1"、"red2"、"red3"、"red4"，这是越来越暗的红色。关于完整列表，可在网络上查找 X11 颜色名称。

grahpics 模块还提供了一个函数，以数字方式混合你自己的颜色。函数 color_rgb(red, green, blue)将返回一个表示颜色的字符串，该颜色是指定的红色、绿色和蓝色的强度的混合。它们应该是在 0～255 范围内的 int。因此，color_rgb(255, 0, 0)是亮红色，而 color_rgb(130, 0, 130)是中等品红色。

示例：aCircle.setFill(color_rgb(130, 0, 130))

4.8.6 控制显示更新（高级）

通常，每当任何图形对象的可见状态以某种方式改变时，GraphWin 的可视显示就会更新。然而，在某些情况下，例如在一些交互式 shell 中使用 graphics 库时，可能需要强制窗口更新以便看到改变。update()函数用于执行此操作。

update() 导致所有挂起的图形操作得到执行，并显示结果。

出于效率的原因，有时期望关闭每当一个对象改变时窗口所进行的自动更新。例如，在动画中，你可能需要在显示动画的下一"帧"之前更改多个对象的外观。GraphWin 构造函数包括了一个名为 autoflush 的特殊额外参数，用于控制这种自动更新。默认情况下，创建窗口时，自动更新将打开。要关闭它，autoflush 参数应该设置为 False，像这样：

```
win = GraphWin("My Animation", 400, 400, autoflush=False)
```

现在对 win 中对象的更改只会在图形系统有一些空闲时间或者通过调用 update()强制更

改时显示。

　　update()方法还接受一个可选参数，指定可以进行更新的最大速率（每秒）。这对于以独立于硬件的方式控制动画的速度是有用的。例如，将命令 update(30)放置在循环的底部，确保循环将每秒"回转"最多 30 次。update 命令将每次插入一个适当的暂停，以保持相对恒定的速率。当然，只在循环本身的执行少于 1/30 秒时，速率调节才起作用。

　　示例：1000 帧，每秒 30 帧

```
win = GraphWin("Update Example", 320, 200, autoflush=False)
for i in range(1000):
    # <drawing commands for ith frame>
    update(30)
```

4.9　小结

本章介绍了计算机图形学和基于对象的编程。下面是一些重要概念的摘要。

● 对象是结合了数据和操作的计算实体。对象知道一些信息，可以执行一些操作。对象的数据存储在实例变量中，其操作称为方法。

● 每个对象都是某个类的实例。类确定对象将具有什么方法。通过调用构造函数方法创建实例。

● 对象的属性通过点符号访问。通常，通过调用对象的方法来执行对象的计算。取值方法返回有关对象的实例变量的信息。设置方法更改实例变量的值。

● 本书提供的 graphics 模块提供了许多对图形编程有用的类。GraphWin 表示用于显示图形的屏幕上的窗口的对象。Point、Line、Circle、Rectangle、Oval、Polygon 和 Text 等各种图形对象可以在 GraphWin 中绘制。用户可以通过单击鼠标或在 Entry 框中输入，与 GraphWin 进行交互。

● 图形编程中的一个重要考虑是选择适当的坐标系。graphics 库提供了自动化某些坐标变换的方法。

● 两个变量引用同一对象的情况称为别名。别名有时会导致意外的结果。在图形库中使用克隆方法有助于防止这些情况出现。

4.10　练习

复习问题

判断对错

1. 利用 graphics.py 可以在 Python 的 shell 窗口中绘制图形。
2. 传统上，图形窗口的左上角坐标为（0,0）。

3．图形屏幕上的单个点称为像素。

4．创建类的新实例的函数称为取值方法。

5．实例变量用于在对象内存储数据。

6．语句 myShape.move(10,20)将 myShape 移动到点（10,20）。

7．如果两个变量引用同一个对象，就产生了别名。

8．提供 copy 方法是用于生成图形对象的副本。

9．图形窗口的标题总是"Graphics Window"。

10．graphics 库中，用于获取鼠标点击的方法是 readMouse。

选择题

1．返回对象的实例变量的值的方法称为_____。

a．设值方法　　　b．函数　　　　c．构造方法　　　d．取值方法

2．改变对象状态的方法称为_____。

a．状态方法　　　b．设值方法　　　c．构造方法　　　d．变更方法

3．_____图形类最适合绘制一个正方形。

a．Square　　　　b．Polygon　　　c．Line　　　　d．Rectangle

4．_____命令会将 win 的坐标设置变为左下角是（0,0），右上角是（10,10）。

a．win.setCoords(Point(0,0), Point(10,10))

b．win.setCoords((0,0), (10,10))

c．win.setCoords(0, 0, 10, 10)

d．win.setCoords(Point(10,10), Point(0,0))

5．表达式_____将创建从（2,3）到（4,5）的线段。

a．Line(2, 3, 4, 5)　　　　　b．Line((2,3), (4,5))

c．Line(2, 4, 3, 5)　　　　　d．Line(Point(2,3), Point(4,5))

6．命令_____可以将图形对象 shape 绘制到图形窗口 win 中。

a．win.draw(shape)　　　　　b．win.show(shape)

c．shape.draw()　　　　　　　d．shape.draw(win)

7．表达式_____计算点 p1 和 p2 之间的水平距离。

a．abs(p1-p2)

b．p2.getX() - p1.getX()

c．abs(p1.getY() - p2.getY())

d．abs(p1.getX() - p2.getX())

8．对象_____可以用来在图形窗口中获取文本输入。

a．Text　　　　　b．Entry　　　　c．Input　　　　d．Keyboard

9．围绕视觉元素和用户动作组织的用户界面被称为_____。

a．GUI　　　　　b．application　　c．windower　　　d．API

10．color_rgb(0,255,255)是_____。

a．黄色　　　　　b．青色　　　　　c．品红色　　　　d．橙色

讨论

1. 选择一个有趣的现实世界对象的例子，通过列出它的数据（属性，它"知道什么"）及方法（行为，它可以"做什么"），将它描述为一个编程对象。

2. 用你自己的话描述 graphics 模块的下列操作产生的每个对象，尽可能精确。务必描述各种对象的大小、位置和外观等。如果需要，可以画草图。

a. `Point(130,130)`

b. `c = Circle(Point(30,40),25)`

   `c.setFill("blue")`

   `c.setOutline("red")`

c. `r = Rectangle(Point(20,20), Point(40,40))`

   `r.setFill(color_rgb(0,255,150))`

   `r.setWidth(3)`

d. `l = Line(Point(100,100), Point(100,200))`

   `l.setOutline("red4")`

   `l.setArrow("first")`

e. `Oval(Point(50,50), Point(60,100))`

f. `shape = Polygon(Point(5,5), Point(10,10), Point(5,10), Point(10,5))`

   `shape.setFill("orange")`

g. `t = Text(Point(100,100), "Hello World!")`

   `t.setFace("courier")`

   `t.setSize(16)`

   `t.setStyle("italic")`

3. 描述以下交互式图形程序运行时会发生什么：

```
from graphics import *

def main():
    win = GraphWin()
    shape = Circle(Point(50,50), 20)
    shape.setOutline("red")
    shape.setFill("red")
    shape.draw(win)
    for i in range(10):
        p = win.getMouse()
        c = shape.getCenter()
        dx = p.getX() - c.getX()
        dy = p.getY() - c.getY()
        shape.move(dx,dy)
    win.close()
main()
```

编程练习

1. 修改上一个讨论问题的程序，做到：

a. 使它绘制正方形而不是圆。

b．每次连续点击在屏幕上绘制一个额外的方块（而不是移动已有的方块）。

c．循环之后在窗口上打印消息"Click again to quit"，等待最后一次点击，然后关闭窗口。

2．箭靶的中心圆为黄色，围绕着红色、蓝色、黑色和白色的同心环。每个环具有相同的宽度，与黄色圆的半径相同。编写一个绘制这种箭靶的程序。（提示：稍后绘制的对象将出现在先前绘制的对象的上面。）

3．编写一个绘制某种面孔的程序。

4．编写一个用圣诞树和雪人绘制冬季场景的程序。

5．编写一个程序，在屏幕上绘制 5 个骰子，是一把顺子（1,2,3,4,5 或 2,3,4,5,6）。

6．修改图形终值程序，让输入（本金和 APR）也用 Entry 对象以图形方式完成。

7．圆的交点。

编写一个计算圆与水平线的交点的程序，并以文本和图形方式显示信息。

输入：圆的半径和线的 y 截距。

输出：在坐标为从（–10，–10）到（10,10）的窗口中，以(0, 0)为中心,以给定半径绘制的圆。

用给定的 y 轴截取一根水平线穿过窗口。

以红色绘制两个交点。

打印出交叉点的 x 值。

公式：$x = \pm\sqrt{r^2 - y^2}$

8．线段信息。

该程序允许用户绘制线段，然后显示关于线段的一些图形和文本信息。

输入：两次鼠标点击线段的终点。

输出：以青色绘制线段的中点。

绘制线段。

打印线的长度和斜率。

公式：
$$dx = x_2 - x_1$$
$$dy = y_2 - y_1$$
$$slope = dy/dx$$
$$length = \sqrt{dx^2 + dy^2}$$

9．矩形信息。

此程序显示有关用户绘制的矩形的信息。

输入：两次鼠标点击作为矩形的对角。

输出：绘制矩形。

打印矩形的周长和面积。

公式：面积=（长度）（宽度）
$$周长 = 2（长度+宽度）$$

10．三角形信息。

与上一个问题相同，但三角形的顶点有三次点击。

公式：关于周长，可参阅线段问题中的长度。

面积 $= \sqrt{s(s-a)(s-b)(s-c)}$，其中 a、b、c 是边长，$s = \dfrac{a+b+c}{2}$

11．五次点击的房子。

编写一个程序，允许用户通过五次鼠标点击，绘制一个简单的房子。前两次点击是房子的矩形框架的对角。第三次点击指出矩形门的顶部边缘的中心。门的宽度应为房屋框架宽度的 1/5。门的边框应从顶部的转角延伸到框架的底部。第四次点击指出正方形窗口的中心。窗口的宽度是门的一半。最后一次点击指出屋顶的顶点。屋顶的边缘将从顶点延伸到房屋框架的顶部边缘的转角。

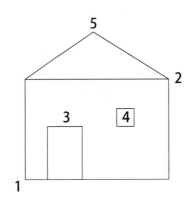

第 5 章　序列：字符串、列表和文件

学习目标

- 了解字符串数据类型以及如何在计算机中表示字符串。
- 熟悉通过内置函数和字符串方法对字符串执行的各种操作。
- 理解序列和索引的基本概念，因为它们适用于 Python 的字符串和列表。
- 能够用字符串格式化来产生有吸引力的、富含信息的程序输出。
- 了解在 Python 中读取和写入文本文件的基本文件处理概念和技术。
- 了解加密的基本概念。
- 理解和编写处理文本信息的程序。

5.1　字符串数据类型

到目前为止，我们一直在讨论用于操作数字和图形的程序。但你知道，计算机对于存储和操作文本信息也很重要。事实上，个人计算机最常见的用途之一就是文字处理。本章关注文本应用程序，介绍一些关于文本如何存储在计算机上的重要思想。你可能不觉得基于文字的应用程序令人兴奋，但你很快会看到，这里提到的基本思想几乎应用于所有计算领域，也支撑着万维网。

文本在程序中由字符串数据类型表示。你可以将字符串视为一个字符序列。在第 2 章中你已了解到，通过用引号将一些字符括起来形成字符串字面量。Python 还允许字符串由单引号（撇号）分隔。它们没有区别，但用时一定要配对。字符串也可以保存在变量中，像其他数据一样。下面有一些例子，说明了两种形式的字符串字面量：

```
>>> str1 = "Hello"
>>> str2 = 'spam'
>>> print(str1, str2)
Hello spam
>>> type(str1)
<class 'str'>
>>> type(str2)
<class 'str'>
```

你已经知道如何打印字符串。你也看到了如何从用户获取字符串输入。回想一下，input 函数返回用户键入的任何字符串对象。这意味着如果你希望得到一个字符串，可以使用其"原始"（未转换）形式的输入。下面的简单交互说明了这一点：

```
>>> firstName = input("Please enter your name: ")
Please enter your name: John
>>> print("Hello", firstName)
Hello John
```

请注意，我们如何用变量来保存用户名称，然后用该变量将名称打印出来。

到目前为止，我们已经看到了如何获取字符串作为输入，将它们分配给变量，以及如何将它们打印出来。这足以写一个鹦鹉学舌式的程序，但不能做任何严肃的基于文本的计算。因此，我们需要一些字符串操作。本节的其余部分将带你了解更重要的 Python 字符串操作。在下一节中，我们会在一些示例程序中，将这些想法付诸实践。

我们可以用字符串做怎样的事？对于初学者，要记住一个字符串是什么：一个字符序列。我们可能希望做的一件事是访问组成字符串的单个字符。在 Python 中，这可以通过"索引"操作来完成。我们可以认为字符串中的位置被编号，从左边开始为 0。图 5.1 用字符串"Hello Bob"加以说明。索引在字符串表达式中用于访问字符串中的特定字符位置。索引的一般形式是<string> [<expr>]。表达式的值确定从字符串中选择哪个字符。

图 5.1　字符串"Hello Bob"的索引

以下是一些交互式的索引示例：

```
>>> greet = "Hello Bob"
>>> greet[0]
'H'
>>> print(greet[0], greet[2], greet[4])
H l o
>>> x = 8
>>> print(greet[x-2])
B
```

请注意，在 n 个字符的字符串中，最后一个字符位于位置 n−1，因为索引从 0 开始。现在也许应该提醒你，字符串对象与实际打印输出之间的差异。在上面的交互中，Python shell 通过将字符串的值放在单引号中来显示值，这是 Python 的沟通方式，告诉我们正在看一个字符串对象。实际打印字符串时，Python 不会在字符序列周围添加任何引号。我们只是得到包含在字符串中的文本。

顺便说一下，Python 还允许使用负索引，从字符串的右端索引。

```
>>> greet[-1]
'b'
>>> greet[-3]
'B'
```

这对于获取字符串的最后一个字符特别有用。

索引返回包含较大字符串中单个字符的字符串。也可以从字符串中访问连续的字符序列或"子字符串"。在 Python 中，这是通过一个名为"切片"的操作来实现的。你可以把切片想象成在字符串中索引一系列位置的方法。切片的形式是<string> [<start>：<end>]。start 和 end 都应该是 int 值表达式。切片产生从 start 直到（但不包括）end 位置给出的子串。

继续我们的交互示例，下面是一些切片：

```
>>> greet[0:3]
'Hel'
>>> greet[5:9]
' Bob'
>>> greet[:5]
'Hello'
>>> greet[5:]
' Bob'
>>> greet[:]
'Hello Bob'
```

最后三个示例表明，如果任何一个表达式缺失，字符串的开始和结束都是假定的默认值。最后的表达式实际上给出整个字符串。

索引和切片是将字符串切成更小片段的有用操作。字符串数据类型还支持将字符串放在一起的操作。连接（+）和重复（*）是两个方便的运算符。连接通过将两个字符串"粘合"在一起来构建字符串；重复通过字符串与多个自身连接，来构建字符串。另一个有用的函数是 len，它告诉你字符串中有多少个字符。最后，由于字符串是字符序列，因此可以使用 Python 的 for 循环遍历这些字符。

以下是各种字符串操作的一些示例：

```
>>> "spam" + "eggs"
'spameggs'
>>> "Spam" + "And" + "Eggs"
'SpamAndEggs'
>>> 3 * "spam"
'spamspamspam'
>>> "spam" * 5
'spamspamspamspamspam'
>>> (3 * "spam") + ("eggs" * 5)
'spamspamspameggseggseggseggseggs'
>>> len("spam")
4
>>> len("SpamAndEggs")
11
>>> for ch in "Spam!":
        print(ch, end=" ")
S p a m !
```

基本的字符串操作总结在表 5.1 中。

表 5.1   Python 字符串操作

操作符	含义
+	连接
*	重复
\<string\>[ ]	索引
\<string\>[:]	切片
len(\<string\>)	长度
for \<var\> in \<string\>	迭代遍历字符串

5.2　简单字符串处理

既然明白了各种字符串操作可以做什么，那我们就准备好编写一些程序了。我们的第一个例子是计算一个计算机系统的用户名的程序。

许多计算机系统使用用户名和密码组合来认证系统用户。系统管理员必须为每个用户分配唯一的用户名。通常，用户名来自用户的实际姓名。一种用于生成用户名的方案是使用用户的第一个首字母，然后是用户姓氏的最多七个字母。利用这种方法，Zaphod Beeblebrox 的用户名将是"zbeebleb"，而 John Smith 就是"jsmith"。

我们希望编写一个程序，读取一个人的名字并计算相应的用户名。我们的程序将遵循基本的输入、处理、输出模式。为简洁起见，我将跳过对算法开发的讨论，并跳到代码。算法的概要作为注释包含在最终程序中。

```
# username.py
#    Simple string processing program to generate usernames.

def main():
    print("This program generates computer usernames.\n")

    # get user's first and last names
    first = input("Please enter your first name (all lowercase): ")
    last = input("Please enter your last name (all lowercase): ")

    # concatenate first initial with 7 chars of the last name.
    uname = first[0] + last[:7]

    # output the username
    print("Your username is:", uname)

main()
```

这个程序首先利用 input 从用户获取字符串，然后组合使用索引、切片和连接来生成用户名。下面是运行示例：

```
This program generates computer usernames.

Please enter your first name (all lowercase): zaphod
Please enter your last name (all lowercase): beeblebrox
Your username is: zbeebleb
```

你知道介绍和名字的提示之间的空白行是从哪里来的吗？在第一个 print 语句中将换行符（\n）放在字符串的末尾，这导致输出跳过一个额外的行。这是一个简单的技巧，输出一些额外的空白，更好看一些。

下面是另一个问题，我们可以用字符串操作解决。假设要打印给定月份数对应的月份缩写。程序的输入是一个 int，代表一个月份（1～12），输出是相应月份的缩写。例如，如果输入为 3，则输出应为 Mar，即 3 月。

初看，这个程序似乎超出了你目前的能力。经验丰富的程序员明白，这是一个判断问题。也就是说，我们必须根据用户给出的数字，决定 12 种不同输出中哪一种合适。我们以后再介绍判断结构。但是，我们可以通过一些巧妙的字符串切片来编写程序。

基本思想是将所有月份名称存储在一个大字符串中：

```
months = "JanFebMarAprMayJunJulAugSepOctNovDec"
```

我们可以通过切出适当的子字符串来查找特定的月份，诀窍是计算在哪里切片。由于每个月由三个字母表示，如果知道一个给定的月份在字符串中开始的位置，就可以很容易地提取缩写：

```
monthAbbrev = months[pos:pos+3]
```

这将获得从 pos 指示位置开始的长度为 3 的子串。

如何计算这个位置？让我们试试几个例子（如表 5.2 所列），看看有什么发现。记住，字符串索引从 0 开始。

表 5.2   月份缩写字符串中的位置关系

月份	数字	位置
Jan	1	0
Feb	2	3
Mar	3	6
Apr	4	9

当然，这些位置都是 3 的倍数。为了得到正确的倍数，我们从月数中减去 1，然后乘以 3。所以对于 1，我们得到（1-1）* 3 = 0 * 3 = 0，对于 12，我们有（12-1）* 3 = 11 * 3 = 33。

现在我们准备好对程序进行编码了。同样，最终结果又短又好。注释记录了我们开发的算法。

```python
# month.py
#   A program to print the abbreviation of a month, given its number
def main():
    # months is used as a lookup table
    months = "JanFebMarAprMayJunJulAugSepOctNovDec"

    n = int(input("Enter a month number (1-12): "))

    # compute starting position of month n in months
    pos = (n-1) * 3

    # Grab the appropriate slice from months
    monthAbbrev = months[pos:pos+3]

    # print the result
    print("The month abbreviation is", monthAbbrev + ".")

main()
```

请注意，该程序的最后一行利用字符串连接，将句点放在月份缩写的末尾。

下面是程序输出的示例：

```
Enter a month number (1-12): 4
The month abbreviation is Apr.
```

这个例子使用"字符串作为查找表"方法，它有一个弱点，即仅当子串都有相同的长度（在本例中，是 3）时才有效。假设我们希望编写一个程序，输出给定数字的完整月份名称，该如何实现呢？

5.3　列表作为序列

严格地说，表 5.1 中的操作实际上并不是字符串操作。它们是应用于序列的操作。正如你从第 2 章的讨论中知道的，Python 列表也是一种序列。这意味着我们也可以索引、切片和连接列表，如下面的会话所示：

```
>>> [1,2] + [3,4]
[1, 2, 3, 4]
>>> [1,2]*3
 [1, 2, 1, 2, 1, 2]
>>> grades = ['A','B','C','D','F']
>>> grades[0]
'A'
>>> grades[2:4]
['C', 'D']
>>> len(grades)
5
```

列表的一个好处是它们比字符串更通用。字符串总是字符序列，而列表可以是任意对象的序列。你可以创建数字列表或字符串列表。事实上，你甚至可以混合它们，创建一个包含数字和字符串的列表：

```
myList = [1, "Spam", 4, "U"]
```

在后面的章节中，我们将把所有的东西放到列表中，如点、矩形、骰子、按钮甚至学生！使用字符串列表，我们可以重写上一节中的月份缩写程序，使其更简单：

```
# month2.py
#  A program to print the month abbreviation, given its number.

def main():
    # months is a list used as a lookup table
    months = ["Jan", "Feb", "Mar", "Apr", "May", "Jun",
              "Jul", "Aug", "Sep", "Oct", "Nov", "Dec"]

    n = int(input("Enter a month number (1-12): "))

    print("The month abbreviation is", months[n-1] + ".")

main()
```

关于这个程序，应该注意几点。我创建了一个名为 months 的字符串列表作为查找表。创建列表的代码分为两行。通常，Python 语句写在一行上，但在这种情况下 Python 知道列表没有结束，直到遇到结束括号"]"。将这条语句分成两行让代码更可读。

列表就像字符串一样，从 0 开始索引，因此在此列表中，值[0]是字符串"Jan"。一般来说，第 *n* 个月在位置 *n*-1。因为这个计算很简单，我甚至不打算把它作为一个单独的步骤，而是在 print 语句中直接用表达式 months[n-1]。

这个缩写问题的解决方案不仅更简单，而且更灵活。例如，改变程序以便打印出整个月份的名称会很容易。我们只需要重新定义查找列表。

```
months = ["January", "February", "March", "April",
          "May", "June", "July", "August",
          "September", "October", "November", "December"]
```

虽然字符串和列表都是序列，但两者之间有一个重要的区别。列表是可变的。这意味着列表中项的值可以使用赋值语句修改。另一方面，字符串不能在"适当位置"改变。下面是一个示例交互，说明了区别：

```
>>> myList = [34, 26, 15, 10]
>>> myList[2]
15
>>> myList[2] = 0
>>> myList
[34, 26, 0, 10]
>>> myString = "Hello World"
>>> myString[2]
'l'
>>> myString[2] = 'z'
Traceback (most recent call last):
File "<stdin>", line 1, in <module>
TypeError: 'str' object does not support item assignment
```

第一行创建了一个包含 4 个数字的列表。索引位置 2 返回值 15（同样，索引从 0 开始）。下一个命令将值 0 赋给位置 2 中的项目。赋值后，对列表求值显示新值已替换旧值。在字符串上尝试类似的操作会产生错误。字符串不可变，但列表可以变。

5.4 字符串表示和消息编码

5.4.1 字符串表示

希望你已经开始掌握文本（字符串）数据计算的窍门。但是，我们还没有讨论计算机实际如何操作字符串。在第 3 章，你看到数字以二进制符号（0 和 1 组成的序列）存储。计算机 CPU 包含用这种表示进行运算的电路。文本信息以完全相同的方式表示。在底层，计算机操作文本时，与数字运算真的没有什么不同。

要理解这一点，你可以想想消息和密码。请考虑"老年小学困境"。你坐在课堂上，希望把一张纸条传给房间里的一个朋友。不幸的是，纸条在到达最终目的地之前，必须经过许多同学的手以及许多好奇的眼睛。而且，当然总有这样的风险，纸条可能落入敌人（老师）之手。所以你和你的朋友需要设计一个方案来编码消息的内容。

一种方法是简单地将消息转换为数字序列。你可以选择一个数字对应于字母表中的每个字母，并用数字代替字母。不需要太多想象力，你可能用数字 1~26 来表示字母 a~z。"sourpuss"这个词，你会写成"18，14，20，17，15，20，18，18"。对于那些不知道代码的人，这看起来像一个无意义的数字串。但对于你和你的朋友，它代表一个词。

这就是计算机表示字符串的方式。每个字符都被翻译成一个数字，整个字符串作为（二进制）数字序列存储在计算机存储器中。只要计算机的编码/解码过程一致，用什么数字表示任何给定字符并不重要。在计算的早期，不同的设计者和制造商使用不同的编码。你可以想象，人们在不同系统之间传输数据时，有多头痛。

请考虑一种情况，如果 PC 和 Macintosh 计算机各自使用自己的编码，会有什么结果。如果在 PC 上键入学期论文并将它另存为文本文件，论文中的字符将表示为特定的数字序列。然后，如果文件被读入你的老师的 Macintosh 计算机，数字在屏幕上显示时，与你键入的字符不同。结果会乱七八糟！

为了避免这种问题，今天的计算机系统使用工业标准编码。一个重要的标准名为 ASCII（美国信息交换标准代码）。ASCII 用数字 0～127 来表示通常（美国）计算机键盘上有的字符以及被称为控制代码的某些特殊值，用于协调信息的发送和接收。例如，大写字母 A～Z 由值 65～90 表示，小写字母的代码为 97～122。

ASCII 编码的一个问题，顾名思义，就是它是以美国为中心的。它没有许多其他语言需要的符号。国际标准组织已经开发了扩展 ASCII 编码来纠正这种情况。大多数现代系统正在向 Unicode 转移，这是一个更大的标准，旨在包括几乎所有书面语言的字符。Python 字符串支持 Unicode 标准，因此，只要你的操作系统有适当的字体来显示字符，就可以处理来自任何语言的字符。

Python 提供了几个内置函数，允许我们在字符和字符串中表示它们的数字值之间来回切换。ord 函数返回单字符串的数字（"ordinal"）编码，而 chr 相反。下面是一些交互的例子：

```
>>> ord("a")
97
>>> ord("A")
65
>>> chr(97)
'a'
>>> chr(90)
'Z'
```

如果仔细阅读，你可能会注意到这些结果与我上面提到的字符的 ASCII 编码一致。按照设计，Unicode 使用的相应代码与 ASCII 最初定义 128 个字符的相同。但 Unicode 还包括更多的异国字符。例如，希腊字母 pi 是字符 960，欧元的符号是字符 8364。

在计算机存储器中如何存储字符的谜题中，还有一个部分。正如你从第 3 章了解的，底层 CPU 处理固定大小的内存。最小可寻址段通常为 8 位，称为存储器字节。单个字节可以存储 $2^8 = 256$ 个不同的值。这足以代表每个可能的 ASCII 字符（事实上，ASCII 只是一个 7 位的代码）。但是单个字节远远不足以存储所有 10 万个可能的 Unicode 字符。为了解决这个问题，Unicode 标准定义了将 Unicode 字符打包成字节序列的各种编码方案。最常见的编码称为 UTF-8。UTF-8 是一种可变长度编码方案，用单个字节存储 ASCII 子集中的字符，但可能需要最多四个字节来表示一些更为深奥的字符。这意味着长度为 10 个字符的字符串最终将以 10～40 个字节的序列存储在内存中，具体取决于字符串中使用的实际字符。然而，作为拉丁字母（通常的西方字符）的经验法则，估计字符平均需要大约一个字节的存储是相当安全的。

5.4.2 编写编码器

让我们回到传纸条的例子。利用 Python 的 ord 和 chr 函数，我们可以编写一些简单的程序，将消息转换为数字序列的过程自动化，再转换回来。用于编码消息的算法很简单：

```
get the message to encode
for each character in the message:
    print the letter number of the character
```

从用户处获得消息很容易，一个 input 就行了。

```
message = input("Please enter the message to encode: ")
```

实现循环需要更多工作。我们需要针对消息的每个字符做一些事情。回想一下，for 循环遍历一系列对象。由于字符串是一种序列，我们可以用 for 循环遍历消息的所有字符：

```
for ch in message:
```

最后，我们需要将每个字符转换为数字。最简单的方法是对消息中的每个字符采用 Unicode 数字（由 ord 提供）。

下面是编码消息的最终程序：

```
# text2numbers.py
#    A program to convert a textual message into a sequence of
#        numbers, utilizing the underlying Unicode encoding.

def main():
    print("This program converts a textual message into a sequence")
    print("of numbers representing the Unicode encoding of the message.\n")

    # Get the message to encode
    message = input("Please enter the message to encode: ")

    print("\nHere are the Unicode codes:")

    # Loop through the message and print out the Unicode values
    for ch in message:
        print(ord(ch), end=" ")

    print() # blank line before prompt

main()
```

我们可以用程序来编码重要的消息，像这样：

```
This program converts a textual message into a sequence
of numbers representing the Unicode encoding of the message.

Please enter the message to encode: What a Sourpuss!

Here are the Unicode codes:
87 104 97 116 32 97 32 83 111 117 114 112 117 115 115 33
```

关于这个结果，有一个问题要注意：即使空格字符也有相应的 Unicode 编码。它由值 32 表示。

5.5 字符串方法

5.5.1 编写解码器

既然我们有了一个程序将消息转换为数字序列，那么如果我们的朋友在另一端有一个类似的程序，将数字转回为可读的消息，那就好了。让我们来解决这个问题。我们的解码器程序将提示用户输入一系列 Unicode 数字，然后打印出带有相应字符的文本消息。这个程序给我们带来了几个挑战，我们将一起解决这些问题。

解码器程序的总体轮廓看起来与编码器程序非常类似。一个结构上的变化是解码版本将在字符串中收集消息的字符，并在程序结束时打印出整条消息。为此，我们需要用一个累积器变量，即我们在第 3 章的阶乘程序中看到的模式。下面是解码算法：

```
get the sequence of numbers to decode
message = ""
for each number in the input:
    convert the number to the corresponding Unicode character
    add the character to the end of message
print message
```

在循环之前，累加器变量消息被初始化为空字符串，即不包含字符的字符串（""）。每次通过循环，来自输入的数字被转换为适当的字符，并附加到之前构造的消息末尾。

算法看起来很简单，但即使第一步也向我们提出一个问题：如何得到要解码的数字序列？我们甚至不知道会有多少数字。为了解决这个问题，我们将依靠更多的字符串操作。

首先，我们利用输入将整个数字序列读入为单个字符串。其次，我们将大字符串拆分为一系列较小的字符串，每个字符串代表一个数字。最后，我们可以遍历更小的字符串列表，将每个字符串转换为一个数字，并使用该数字来产生相应的 Unicode 字符。下面是完整的算法：

```
get the sequence of numbers as a string, inString
split inString into a sequence of smaller strings
message = ""
for each of the smaller strings:
    change the string of digits into the number it represents
    append the Unicode character for that number to message
print message
```

这看起来很复杂，但 Python 提供了一些函数，正是我们需要的。

你可能已经注意到，我一直在谈论字符串对象。记得在前一章开始，对象有数据和操作（它们"知道一些事情"并"做一些事情"）。由于是对象，除了我们前面使用的通用序列操作之外，字符串还有一些内置的方法。我们将使用其中一些能力来解决我们的解码器问题。

对于解码器，我们将使用 split 方法。此方法将字符串拆分为子串列表。默认情况下，它会在遇到空格时拆分字符串。下面是一个例子：

```
>>> myString = "Hello, string methods!"
>>> myString.split()
['Hello,', 'string', 'methods!']
```

当然，调用 split 操作按惯例使用点符号，即调用对象的一个方法。在结果中，你可以看到 split 如何将原始字符串"Hello, string methods!"转换为"Hello,"、"string"和"methods!"三个子串的列表。

顺便说一下，通过提供要拆分的字符作为参数，split 可以在空格之外的其他地方拆分字符串。例如，如果有一个逗号分隔的数字串，我们可以按逗号拆分：

```
>>> "32,24,25,57".split(",")
['32', '24', '25', '57']
```

如果希望不用 eval 而从用户获取多个输入，这非常有用。例如，我们可以获取单个输入字符串中的一个点的 x 和 y 值，使用 split 方法将其转换为列表，然后索引得到的列表，获取单个字符串部分，像下面这样：

```
>>> coords = input("Enter the point coordinates (x,y): ").split(",")
Enter the point coordinates (x,y): 3.4, 6.25
>>> coords
['3.4', '6.25']
>>> coords[0]
'3.4'
>>coords[1]
'6.25'
```

当然，我们仍然需要将这些字符串转换为相应的数字。回想一下第 3 章，我们可以用类型转换函数 int 和 float 将字符串转换为适当的数字类型。在这个例子中，我们使用 float 并将这一切合并成两行代码：

```
coords = input("Enter the point coordinates (x,y): ").split(",")
x,y = float(coords[0]), float(coords[1])
```

回到解码器，我们可以使用类似的技术。由于我们的程序应该接受编码器程序产生的相同格式，即一系列具有空格的 Unicode 数字，所以默认版本的 split 工作得很好：

```
>>> "87 104 97 116 32 97 32 83 111 117 114 112 117 115 115 33".split()
['87', '104', '97', '116', '32', '97', '32', '83', '111', '117',
'114', '112', '117', '115', '115', '33']
```

同样，结果不是数字列表，而是字符串列表。只是碰巧这些字符串只包含数字，"可以"解释为数字。在这个例子中，这些字符串是 int 字面量，因此我们将 int 函数应用于每一个字符串，将其转换为数字。

使用 split 和 int，我们可以编写解码器程序：

```
# numbers2text.py
#     A program to convert a sequence of Unicode numbers into
#          a string of text.

def main():
    print("This program converts a sequence of Unicode numbers into")
    print("the string of text that it represents.\n")

    # Get the message to encode
    inString = input("Please enter the Unicode-encoded message: ")

    # Loop through each substring and build Unicode message
    message = ""
    for numStr in inString.split():
        codeNum = int(numStr)             # convert digits to a number
        message = message + chr(codeNum) # concatentate character to message
    print("\nThe decoded message is:", message)

main()
```

稍微研究下这个程序，你应该能够了解它是如何完成它的任务的。程序的核心是循环：

```
for numStr in inString.split():
    codeNum = int(numStr)
    message = message + chr(codeNum)
```

split 方法生成（子）字符串的列表，numStr 接受列表中的每个连续字符串。我将循环变量称为 numStr，强调它的值是一个数字串，表示一些数字。每次通过循环，下一个子字符串被转换为一个数字。此数字通过 chr 转换为相应的 Unicode 字符，并附加到累积器 message 的末尾。循环完成时，inString 中的每个数字都得到处理，message 包含了解码的文本。

下面是该程序执行的示例：

```
This program converts a sequence of Unicode numbers into
the string of text that it represents.

Please enter the Unicode-encoded message:
83 116 114 105 110 103 115 32 97 114 101 32 70 117 110 33

The decoded message is: Strings are Fun!
```

5.5.2　更多字符串方法

现在我们有两个程序，可以编码和解码消息，即 Unicode 值的序列。由于 Python 的字符串数据类型以及内置的序列操作和字符串方法的强大，这些程序变得相当简单。

要编写操作文本数据的程序，Python 是很好的语言。表 5.3 列出了一些其他有用的字符串方法。了解这些操作的好方法是交互地尝试。

表 5.3　　　　　　　　　　　　　一些字符串方法

函数	含义
s.capitalize()	只有第一个字符大写的 s 的副本
s.center(width)	在给定宽度的字段中居中的 s 的副本
s.count(sub)	计算 s 中 sub 的出现次数
s.find(sub)	找到 sub 出现在 s 中的第一个位置
s.join(list)	将列表连接到字符串中，使用 s 作为分隔符
s.ljust(width)	类似 center，但 s 是左对齐
s.lower()	所有字符小写的 s 的副本
s.lstrip()	删除前导空格的副本
s.replace(oldsub,newsub)	使用 newsub 替换 s 中的所有出现的 oldsub
s.rfind(sub)	类似 find，但返回最右边的位置
s.rjust(width)	类似 center，但 s 是右对齐
s.rstrip()	删除尾部空格的 s 的副本
s.split()	将 s 分割成子字符串列表
s.title()	s 的每个单词的第一个字符大写的副本
s.upper()	所有字符都转换为大写的 s 的副本

```
>>> s = "hello, I came here for an argument"
>>> s.capitalize()
'Hello, i came here for an argument'
>>> s.title()
'Hello, I Came Here For An Argument'
```

```
>>> s.lower()
'hello, i came here for an argument'
>>> s.upper()
'HELLO, I CAME HERE FOR AN ARGUMENT'
>>> s.replace("I", "you")
'hello, you came here for an argument'
>>> s.center(30)
'hello, I came here for an argument'
>>> s.center(50)
'    hello, I came here for an argument    '
>>> s.count('e')
5
>>> s.find(',')
5
>>> " ".join(["Number", "one,", "the", "Larch"])
'Number one, the Larch'
>>> "spam".join(["Number", "one,", "the", "Larch"])
'Numberspamone,spamthespamLarch'
```

我应该指出，许多这些方法，如 split，可以接受其他一些参数，从而定制它们的操作。Python 还有一些其他标准库文本处理，这里没有介绍。你可以参考在线文档或 Python 参考文档，了解更多信息。

5.6 列表也有方法

在上一节中，我们看到了一些操纵字符串对象的方法。像字符串一样，列表也是对象，并且带有自己的一组"额外"操作。由于本章主要涉及文本处理，因此我们将在后面章节中详细讨论各种列表方法。但是，我希望在这里介绍一个重要的列表方法，只是为了让你有点感觉。

append 方法可以在列表末尾添加一项。这通常用于每次一项地构建列表。下面是一段代码，创建了前 100 个自然数的平方的列表：

```
squares = []
for x in range(1,101):
    squares.append(x*x)
```

在这个例子中，我们从空列表（[]）开始，每个从 1～100 的数字计算平方并附加到列表中。循环完成时，squares 将是列表[1,4,9，……，10000]。这实际上就是累积器模式在发挥作用，这次与我们的累积值是一个列表。

使用 append 方法，我们可以回头看看小解码器程序的替代方法。之前的程序使用字符串变量作为解码输出消息的累积器。语句 message = message + chr(codeNum)本质上创建了到目前为止的完整的 message 副本，并在一端再加一个字符。我们建立消息时，不断重复复制一个越来越长的字符串，只是为了在末尾添加一个新的字符。在旧版本的 Python 中，字符串连接可能是一个缓慢的操作，而程序员经常使用其他技术来累积一个长字符串。

避免不断重复复制消息的一种方法是使用列表。消息可以作为字符列表来累积，其中每个新字符附加到已有列表的末尾。记住，列表是可变的，所以在列表的末尾添加将"当场"改变列表，而不必将已有内容复制到一个新的对象中[①]。一旦我们累积了列表中的所有字符，就可以用 join 操作将这些字符一下子连接成一个字符串。

下面是使用这种方法的解码器：

```
# numbers2text2.py
#     A program to convert a sequence of Unicode numbers into
#         a string of text. Efficient version using a list accumulator.

def main():
    print("This program converts a sequence of Unicode numbers into")
    print("the string of text that it represents.\n")

    # Get the message to encode
    inString = input("Please enter the Unicode-encoded message: ")

    # Loop through each substring and build Unicode message
    chars = []
    for numStr in inString.split():
        codeNum = int(numStr)             # convert digits to a number
        chars.append(chr(codeNum))        # accumulate new character

    message = "".join(chars)
    print("\nThe decoded message is:", message)

main()
```

在这段代码中，我们将字符附加到名为 chars 的列表中，从而收集字符。最终消息是通过用空字符串作为分隔符将这些字符连接在一起获得的。因此，原始字符连接在一起，之间没有任何额外的空格。

字符串连接和 append/join 技术在现代 Python 中是相当高效的，它们之间的选择在很大程度上是一个品味的问题。列表技术更灵活一些，因为如果需要的话，连接方法可以容易地在连接项之间使用特殊分隔符（如制表符、逗号或空格）来构建字符串。

5.7　从编码到加密

我们已经了解了计算机如何将字符串表示为一种编码问题。字符串中的每个字符由一个数字表示，该数字作为二进制表示存储在计算机中。你应该意识到，这个代码根本没有什么真正的秘密。事实上，我们只是简单地使用字符到数字的行业标准映射。任何有一点计算机科学知识的人都能轻易破解我们的代码。

为了保密或秘密传输而对信息进行编码的过程称为"加密"。加密方法的研究是一个日益重要的数学和计算机科学子领域，称为"密码学"。例如，如果你在互联网上购物，重要的是你的个人信息（如你的姓名和信用卡号码）采用安全的编码来传输，防止网络上潜在的窃听者。

我们的简单编码/解码程序使用非常弱的加密形式，称为"替换密码"。原始消息的每个字符（称为"明文"）被来自"密码字母表"的相应符号（在我们的例子中是数字）替换。

[①] 实际上，如果 Python 没有空间放置新的项，列表确实需要在幕后重新复制，但这是罕见的情况。

生成的代码称为"密文"。

即使我们的密码不是基于著名的 Unicode 编码，仍然很容易发现原始消息。由于每个字母总是由相同的符号编码，因此解码器可以使用关于各种字母频率的统计信息和一些简单的试错法测试来发现原始消息。这种简单的加密方法可能对小学的纸条传递已足够，但是显然不能完成在全球网络上确保通信的任务。

加密的现代方法是先将消息转换为数字，就像我们的编码程序，然后采用复杂的数学算法将这些数字转换为其他数字。通常，变换基本上是将消息与一些特殊值组合，这称为"密钥"。为了解密消息，接收方需要具有适当的密钥，以便反转编码，恢复原始消息。

加密方法有"私钥"和"公钥"两种风格。在私钥（也称为"共享密钥"）系统中，相同的密钥用于加密和解密消息。希望通信的各方需要知道密钥，但它必须对外界保密。这是人们在考虑密码时通常考虑到的系统。

在公钥系统中，存在用于加密和解密的不同但相关的密钥。知道加密密钥不允许你解密消息或发现解密密钥。在公钥系统中，加密密钥可以公开获得，而解密密钥保持私有。任何人都可以用公钥安全地发送消息进行加密。只有持有解密密钥的一方才能够解密。例如，安全网站可以向 Web 浏览器发送其公共密钥，浏览器可以用它对信用卡信息进行编码，再在因特网上发送。然后只有请求信息的公司才能够用正确的私钥来解密和读取它。

5.8　输入/输出作为字符串操作

有些程序，即使我们认为主要不是进行文本操作，但也经常需要使用字符串操作。例如，考虑一个进行财务分析的程序。某些信息（如日期）必须以字符串形式输入。在进行一些数字处理之后，分析的结果通常是一个格式良好的报告，包括用于标记和解释数字、图表、表格和图形的文本信息。我们需要字符串操作来处理这些基本的输入和输出任务。

5.8.1　示例应用程序：日期转换

作为一个具体的例子，让我们将月份缩写程序扩展成日期转换。用户将输入一个日期，例如"05/24/2020"，程序将显示日期为"May 24, 2020"。下面是该程序的算法：

```
Input the date in mm/dd/yyyy format (dateStr)
Split dateStr into month, day and year strings
Convert the month string into a month number
Use the month number to look up the month name
Create a new date string in form Month Day, Year
Output the new date string
```

我们可以用讨论过的字符串操作，在代码中直接实现算法的前两行：

```
dateStr = input("Enter a date (mm/dd/yyyy): ")
monthStr, dayStr, yearStr = dateStr.split("/")
```

这里我得到了一个字符串的日期，并以斜杠分隔。然后利用同时赋值，将三个字符串的列表"分拆"到变量 monthStr、dayStr 和 yearStr 中。

接下来是将 monthStr 转换为适当的数字（再次使用 int），然后用该值查找正确的月份名称。下面是代码：

```
months = ["January", "February", "March", "April",
          "May", "June", "July", "August",
          "September", "October", "November", "December"]
monthStr = months[int(monthStr)-1]
```

回忆一下，使用索引表达式 int(monthStr)-1 是因为列表索引从 0 开始。

程序的最后一步是以新格式拼出日期：

```
print("The converted date is:", monthStr, dayStr+",", yearStr)
```

注意我如何使用连接实现紧跟日期的逗号。

下面是完整的程序：

```
# dateconvert.py
#    Converts a date in form "mm/dd/yyyy" to "month day, year"

def main():
    # get the date
    dateStr = input("Enter a date (mm/dd/yyyy): ")

    # split into components
    monthStr, dayStr, yearStr = dateStr.split("/")

    # convert monthStr to the month name
    months = ["January", "February", "March", "April",
              "May", "June", "July", "August",
              "September", "October", "November", "December"]
    monthStr = months[int(monthStr)-1]

    # output result in month day, year format
    print("The converted date is:", monthStr, dayStr+",", yearStr)

main()
```

运行时，输出如下所示：

```
Enter a date (mm/dd/yyyy): 05/24/2020
The converted date is: May 24, 2020
```

虽然这个例子没有展示，但我们常常也需要将数字转成字符串。在 Python 中，大多数数据类型可以用 str 函数转换为字符串。下面是几个简单的例子：

```
>>> str(500)
'500'
>>> value = 3.14
>>> str(value)
'3.14'
>>> print("The value is", str(value) + ".")
The value is 3.14.
```

特别注意最后一个例子。通过将值转换为字符串，我们可以用字符串连接在句子的结尾处放置句点。如果我们不首先将值转换为字符串，Python 会将"+"解释为数字运算并产生错误，因为"."不是数字。

我们现在有了一套完整的操作，用于在各种 Python 数据类型之间转换值。表 5.4 总结了这四种 Python 类型转换函数。

表 5.4	类型转换函数
函数	含义
float(\<expr>)	将 expr 转换为浮点值
int(\<expr>)	将 expr 转换为整数值
str(\<expr>)	返回 expr 的字符串表示形式
eval(\<string>)	将字符串作为表达式求值

将数字转换为字符串有一个常见原因，即字符串操作可用于控制值的打印方式。例如，执行日期计算的程序必须将月、日和年作为数字操作。对于格式化的输出，这些数字将被转换回字符串。

5.8.2 字符串格式化

如你所见，基本的字符串操作可以用来构建格式正确的输出。这种技术对于简单的格式化是有用的，但是通过较小字符串的切片和连接来构建复杂的输出可能是无趣的。Python 提供了一个强大的字符串格式化操作，让事情更容易。

让我们从一个简单的例子开始。下面是第 3 章中的零钱计数程序的运行：

```
Change Counter

Please enter the count of each coin type.
How many quarters do you have? 6
How many dimes do you have? 0
How many nickels do you have? 0
How many pennies do you have? 0
The total value of your change is 1.5
```

注意，最终值是以只有一个小数位的小数形式给出的。这看起来有点怪，因为我们期望输出是 1.50 美元。

可以通过更改程序的最后一行来解决这个问题，如下所示：

```
print("The total value of your change is ${0:0.2f}".format(total))
```

现在程序打印以下消息：

```
The total value of your change is $1.50
```

让我们试着解释一下其中的含义。format 方法是内置的 Python 字符串方法。想法是用字符串作为一种模板，值作为参数提供，插入到该模板中，从而形成一个新的字符串。所以字符串格式化的形式为：

```
<template-string>.format(<values>)
```

模板字符串中的花括号（{}）标记出"插槽"，提供的值将插入该位置。花括号中的信息指示插槽中的值以及值应如何格式化。Python 格式化操作符非常灵活。我们将在这里介绍一些基础知识。如果你希望了解所有的细节，可以参考 Python 文档。在本书中，插槽说明总是具有以下形式：

```
{<index>:<format-specifier>}
```

　　索引告诉哪个参数被插入到插槽中[①]。像 Python 中的惯例一样，索引从 0 开始。在上面的例子中，有一个插槽，索引 0 用于表示第一个（也是唯一的）参数插入该插槽。

　　冒号后的描述部分指定值插入插槽时该值的外观。再次回到示例，格式说明符为 0.2f。此说明符的格式为<宽度>.<精度><类型>。宽度指明值应占用多少"空间"。如果值小于指定的宽度，则用额外的字符填充（空格是默认值）。如果值需要的空间比分配的更多，它会占据显示该值所需的空间。所以在这里放置一个 0 基本上是说"使用你需要的空间"。精度是 2，这告诉 Python 将值舍入到两个小数位。最后，类型字符 f 表示该值应显示为定点数。这意味着，将始终显示指定的小数位数，即使它们为 0。

　　对格式说明符的完整描述相当难理解，但你可以通过查看几个例子较好地掌握它。最简单的模板字符串只是指定在哪里插入参数。

```
>>> "Hello {0} {1}, you may have won ${2}".format("Mr.", "Smith", 10000)
'Hello Mr. Smith, you may have won $10000'
```

通常，我们想要控制一个数学值的宽度和精度。

```
>>> "This int, {0:5}, was placed in a field of width 5".format(7)
'This int,     7, was placed in a field of width 5'

>>> "This int, {0:10}, was placed in a field of width 10".format(7)
'This int,          7, was placed in a field of width 10'

>>> "This float, {0:10.5}, has width 10 and precision 5".format(3.1415926)
'This float,    3.1416, has width 10 and precision 5'

>>> "This float, {0:10.5f}, is fixed at 5 decimal places".format(3.1415926)
'This float,    3.14159, is fixed at 5 decimal places'

>>> "This float, {0:0.5}, has width 0 and precision 5".format(3.1415926)
'This float, 3.1416, has width 0 and precision 5'

>>> "Compare {0} and {0:0.20}".format(3.14)
'Compare 3.14 and 3.1400000000000001243'
```

　　请注意，对于正常（非定点）浮点数，精度指明要打印的有效数字的个数。对于定点（由指定符末尾的 f 表示），精度表示小数位数。在最后一个示例中，相同的数字以两种不同的格式打印出来。这说明，如果打印一个浮点数的足够数字，你几乎总是会发现"惊喜"。计算机不能将 3.14 准确表示为一个浮点数。它可以表示的最接近的值稍大于 3.14。如果没有给出明确的精度，Python 会把数字打印到几个小数位。如果打印许多数字，稍多出来的数量就会显示出来。一般来说，Python 只显示一个接近的、舍入的浮点型。使用显式格式化可以查看到完整结果，直到最后一位。

　　你可能会注意到，默认情况下，数值是右对齐的。这有助于在列中排列数字。另一方面，字符串在其字段中是左对齐的。通过在格式说明符的开头包含显式调整字符，你可以更改默认行为。对于左、右和中心对齐，所需的字符分别为<、>和^。

```
>>> "left justification: {0:<5}".format("Hi!")
'left justification: Hi!  '

>>> "right justification: {0:>5}".format("Hi!")
'right justification:   Hi!'
```

[①] 在 Python 3.1 中，插槽描述的索引部分是可选的。省略索引时，参数仅以从左到右的方式填充到插槽中。

```
>>> "centered: {0:^5}".format("Hi!")
'centered:  Hi! '
```

5.8.3 更好的零钱计数器

让我们用一个示例程序结束格式化的讨论。考虑到你对浮点数的了解，你可能对用它们表示货币有点不安。

假设你正在为一家银行编写一个计算机系统。你的客户得知收费是"非常接近 107.56 美元"的金额，恐怕不会太高兴。他们希望知道银行正在精确记录他们的钱。即使给定值中的误差量非常小，如果进行大量计算，小误差也可能复杂化，而且导致的误差可能累积为真实的金额。这不是令人满意的经营方式。

更好的方法是确保程序用确切的值来表示钱。我们可以用美分来记录货币，并用 int 来存储它。然后我们可以在输出步骤中将它转换为美元和美分。假设我们处理正数，如果 total 代表以分为单位的值，那么我们可以通过整数除法 total // 100 得到美元数，通过 total % 100 得到美分数。这两个都是整数计算，因此会给出确切的结果。下面是更新的程序：

```
# change2.py
#   A program to calculate the value of some change in dollars
#   This version represents the total cash in cents.

def main():
    print("Change Counter\n")
    print("Please enter the count of each coin type.")
    quarters = int(input("Quarters: "))
    dimes = int(input("Dimes: "))
    nickels = int(input("Nickels: "))
    pennies = int(input("Pennies: "))

    total = quarters * 25 + dimes * 10 + nickels * 5 + pennies

    print("The total value of your change is ${0}.{1:0>2}"
          .format(total//100, total%100))

main()
```

我已经把最后的打印语句分成两行。通常一个语句在行末结束，但有时将较长的语句分成较小的部分更好。因为这行在打印函数的中间断开，Python 知道，语句在完成最后一个闭括号之前没有结束。在这个例子中，将语句跨两行，而不是很长的一行，这是可以的，而且更好。

print 语句中的字符串格式化包含两个插槽，一个用于美元，是 int，另一个用于美分。美分插槽说明了格式说明符的另一种变化。美分的值用格式说明符"0>2"打印。前面的调整字符 0 告诉 Python 用 0 来填充字段（如果必要），而不是空格。这确保 10 美元 5 美分这样的值打印为 10.05 美元，而不是 10.5 美元。

5.9 文件处理

本章开始时，我说字处理是字符串数据类型的应用程序。所有字处理程序都有一个关键特征，即能够保存和读取文档，作为磁盘上的文件。在本节中，我们来看一下文件的输入和输出。结果表明，这只是另一种形式的字符串处理。

5.9.1　多行字符串

在概念上，文件是存储在辅助存储器（通常在磁盘驱动器上）的数据序列。文件可以包含任何数据类型，但最简单的文件是包含文本的文件。文本文件的优点是可以被人阅读和理解，并且它们可以容易地使用通用文本编辑器（诸如 IDLE）和字处理程序来创建和编辑。在 Python 中，文本文件可以非常灵活，因为它很容易在字符串和其他类型之间来回转换。

你可以将文本文件看成一个（可能很长的）字符串，恰好存储在磁盘上。当然，典型的文件通常包含多于一行的文本。特殊字符或字符序列用于标记每行的结尾。对于行结束标记有许多约定。Python 为我们处理这些不同的约定，只要使用常规换行符（\n）来表示换行符即可。

让我们来看一个具体的例子。假设你在文本编辑器中键入以下行：

```
Hello
World

Goodbye 32
```

如果存储到文件，你会得到以下字符序列：

```
Hello\nWorld\n\nGoodbye 32\n
```

请注意，在得到的文件/字符串中，空行变为一个换行符。

顺便说一下，这真的没有什么不同，就像我们将换行字符嵌入到输出字符串，用一个打印语句生成多行输出一样。下面是上面例子的交互式打印：

```
>>> print("Hello\nWorld\n\nGoodbye 32\n")
Hello
World

Goodbye 32

>>>
```

记住，如果只是在 shell 中对一个包含换行符的字符串求值，将再次得到嵌入换行符的表示形式：

```
>>>"Hello\nWorld\n\nGoodbye 32\n"
'Hello\nWorld\n\nGoodbye 32\n'
```

只有当打印字符串时，特殊字符才会影响字符串的显示方式。

5.9.2　文件处理

文件处理的确切细节在编程语言之间有很大不同，但实际上所有语言都共享某些底层的文件操作概念。首先，我们需要一些方法将磁盘上的文件与程序中的对象相关联。这个过程称为"打开"文件。一旦文件被打开，其内容即可通过相关联的文件对象来访问。

其次，我们需要一组可以操作文件对象的操作。这至少包括允许我们从文件中读取信息并将新信息写入文件的操作。通常，文本文件的读取和写入操作类似于基于文本的交互式输入和输出的操作。

最后，当我们完成文件操作，它会被"关闭"。关闭文件确保所有必需的记录工作都已完成，从而保持磁盘上的文件和文件对象之间的一致。例如，如果将信息写入文件对象，则在文件关闭之前，更改可能不会显示在磁盘版本上。

这种打开和关闭文件的思想，与字处理程序这样的应用程序中处理文件的方式密切相关。但是，概念不完全相同。当你在 Microsoft Word 这样的程序中打开文件时，该文件实际上是从磁盘读取并存储到 RAM 中。用编程术语来说，打开文件以进行读取，然后通过文件读取操作将文件的内容读入内存。此时，文件被关闭（也是在编程意义上）。当你"编辑文件"时，真正改变的是内存中的数据，而不是文件本身。这些更改不会显示在磁盘上的文件中，除非你通知应用程序"保存"。

保存文件还涉及多步骤过程。首先，磁盘上的原始文件被重新打开，这一次用允许它存储信息的模式：磁盘上的文件被打开以进行写入。这样做实际上会擦除文件的旧内容。然后用文件写入操作将内存中版本的当前内容复制到磁盘上的新文件中。从你的角度来看，你似乎编辑了已有文件。从程序的角度来看，你实际上打开了一个文件，读取它的内容到内存，关闭文件，创建一个新文件（具有相同的名称），将内存中的（修改的）内容写入新文件，并关闭这个新文件。

在 Python 中使用文本文件很容易。第一步是创建一个与磁盘上的文件相对应的文件对象。这是用 open 函数完成的。通常，文件对象立即分配给变量，如下所示：

```
<variable> = open(<name>, <mode>)
```

这里的 name 是一个字符串，它提供了磁盘上文件的名称。mode 参数是字符串 "r" 或 "w"，这取决于我们打算从文件中读取还是写入文件。

例如，要打开一个名为 "numbers.dat" 的文件进行读取，可以使用如下语句：

```
infile = open("numbers.dat", "r")
```

现在我们可以利用文件对象 infile 从磁盘读取 numbers.dat 的内容。

Python 提供了三个相关操作从文件中读取信息：

<file>.read()将文件的全部剩余内容作为单个（可能是大的、多行的）字符串返回。

<file>.readline()返回文件的下一行。即所有文本，直到并包括下一个换行符。

<file>.readlines()返回文件中剩余行的列表。每个列表项都是一行，包括结尾处的换行符。

下面是用 read 操作将文件内容打印到屏幕上的示例程序：

```
# printfile.py
#     Prints a file to the screen.

def main():
    fname = input("Enter filename: ")
    infile = open(fname,"r")
    data = infile.read()
    print(data)

main()
```

　　程序首先提示用户输入文件名，然后打开文件以便读取变量 infile。你可以使用任意名称作为变量，我使用 infile 强调该文件正在用于输入。然后将文件的全部内容读取为一个大字符串并存储在变量 data 中。打印 data 从而显示内容。

　　readline 操作可用于从文件读取下一行。对 readline 的连续调用从文件中获取连续的行。这类似于输入，它以交互方式读取字符，直到用户按下<Enter>键。每个对输入的调用从用户获取另一行。但要记住一件事，readline 返回的字符串总是以换行符结束，而 input 会丢弃换行符。

　　作为一个快速示例，这段代码打印出文件的前五行：

```
infile = open(someFile, "r")
for i in range(5):
    line = infile.readline()
    print(line[:-1])
```

　　请注意，利用切片去掉行尾的换行符。由于 print 自动跳转到下一行（即它输出一个换行符），打印在末尾带有显式换行符时，将在文件行之间多加一个空行输出。或者，你可以打印整行，但告诉 print 不添加自己的换行符。

```
print(line, end="")
```

　　循环遍历文件全部内容的一种方法，是使用 readlines 读取所有文件，然后循环遍历结果列表：

```
infile = open(someFile, "r")
for line in infile.readlines():
    # process the line here
infile.close()
```

　　当然，这种方法的潜在缺点是文件可能非常大，并且一次将其读入列表可能占用太多的 RAM。

　　幸运的是，有一种简单的替代方法。Python 将文件本身视为一系列行。所以循环遍历文件的行可以直接如下进行：

```
infile = open(someFile, "r")
for line in infile:
    # process the line here
infile.close()
```

　　这是一种特别方便的方法，每次处理文件的一行。

　　打开用于写入的文件，让该文件准备好接收数据。如果给定名称的文件不存在，就会创建一个新文件。注意：如果存在给定名称的文件，Python 将删除它并创建一个新的空文件。写入文件时，应确保不要破坏你以后需要的任何文件！下面是打开文件用作输出的示例：

```
outfile = open("mydata.out", "w")
```

　　将信息写入文本文件最简单的方法是用已经熟悉的 print 函数。要打印到文件，只需要添加一个指定文件的额外关键字参数：

```
print(..., file=<outputFile>)
```

　　这个行为与正常打印完全相同，只是结果被发送到输出文件而不是显示在屏幕上。

5.9.3 示例程序：批处理用户名

为了看看这些部分是如何组合在一起的，我们重写用户名生成程序。以前的版本通过让用户输入姓名来交互地创建用户名。如果为大量用户设置账户，则该过程可能不会以交互方式完成，而是以"批处理"方式进行。在批处理时，程序输入和输出通过文件完成。

我们的新程序设计用于处理一个包含名称的文件。输入文件的每一行将包含一个新用户的名字和姓氏，用一个或多个空格分隔。该程序产生一个输出文件，其中包含每个生成的用户名的行：

```python
# userfile.py
#    Program to create a file of usernames in batch mode.

def main():
    print("This program creates a file of usernames from a")
    print("file of names.")

    # get the file names
    infileName = input("What file are the names in? ")
    outfileName = input("What file should the usernames go in? ")

    # open the files
    infile = open(infileName, "r")
    outfile = open(outfileName, "w")

    # process each line of the input file
    for line in infile:
        # get the first and last names from line
        first, last = line.split()
        # create the username
        uname = (first[0]+last[:7]).lower()
        # write it to the output file
        print(uname, file=outfile)

    # close both files
    infile.close()
    outfile.close()

    print("Usernames have been written to", outfileName)

main()
```

这个程序中有一些值得注意的事情。我同时打开两个文件，一个用于输入（infile），一个用于输出（outfile）。一个程序同时操作几个文件并不奇怪。另外，当创建用户名时，我使用字符串方法 lower。请注意，该方法应用于连接产生的字符串。这确保用户名全部是小写，即使输入名称大小写混合。

5.9.4 文件对话框（可选）

使用文件操作程序经常出现一个问题，即决定如何指定要使用的文件。如果数据文件与你的程序位于同一目录（文件夹），那么只需键入正确的文件名称。没有其他信息，Python 将在"当前"目录中查找文件。然而，有时很难知道文件的完整名称是什么。大多数现代操作系统使用具有类似<name>.<type>形式的文件名，其中 type 部分是描述文件包含什么类型数据的短扩展名（三个或四个字母）。例如，我们的用户名可能存储在名为 "users.txt" 的文件中，其中 ".txt" 扩展名表示文本文件。困难是，一些操作系统（如 Windows 和 macOS）默认情况下只显示在点之前名称的部分，所以很难找出完整的文件名。

当文件存在于除当前目录之外的某处时，情况更加困难。文件处理程序可能用于辅助存储器中任何位置存储的文件。为了找到这些远程文件，我们必须指定完整路径在用户的计算机系统中定位文件。路径的确切形式因系统而异。在 Windows 系统上，带有路径的完整文件名可能如下所示：

```
C:/users/susan/Documents/Python_Programs/users.txt
```

这不仅需要打很多字，而且大多数用户甚至可能不知道如何找出其系统上任何给定文件的完整路径+文件名。

这个问题的解决方案是允许用户可视地浏览文件系统，并导航到特定的目录/文件。向用户请求打开或保存文件名是许多应用程序的常见任务，底层操作系统通常提供一种标准的、熟悉的方式来执行此操作。通常的技术包括对话框（用于用户交互的特殊窗口），它允许用户使用鼠标在文件系统中点击并且选择或键入文件的名称。幸运的是，包含在（大多数）标准 Python 安装中的 tkinter GUI 库提供了一些简单易用的函数，用于创建用于获取文件名的对话框。

要询问用户打开文件的名称，可以使用 askopenfilename 函数。它在 tkinter.filedialog 模块中。在程序的顶部，需要导入该函数：

```
from tkinter.filedialog import askopenfilename
```

在导入中使用点符号，是因为 tkinter 是由多个模块组成的包。在这个例子中，我们从 tkinter 中指定 filedialog 模块。而不是从这个模块导入一切，我指定了在这里使用的一个函数。调用 askopenfilename 将弹出一个系统对应的文件对话框。

例如，要获取用户名文件的名称，我们可以使用一行代码，如下所示：

```
infileName = askopenfilename()
```

在 Windows 中执行此行的结果如图 5.2 所示。该对话框允许用户键入文件的名称或简单地用鼠标选择它。当用户单击"打开"按钮时，文件的完整路径名称将作为字符串返回并保存到变量 infileName 中。如果用户单击"取消"按钮，该函数将简单地返回一个空字符串。在第 7 章中，你将了解如何测试结果值，并根据用户选择的按钮采取不同的操作。

Python 的 tkinter 提供了一个类似的函数 asksaveasfilename，用于保存文件。它的用法非常相似。

```
from tkinter.filedialog import asksaveasfilename
...
outfileName = asksaveasfilename()
```

asksaveasfilename 的示例对话框如图 5.3 所示。当然，你可以使用导入同时导入这两个函数，如：

```
from tkinter.filedialog import askopenfilename, asksaveasfilename
```

这两个函数还有许多可选参数，让程序可以定制得到的对话框，例如改变标题或建议默认文件名。如果你对这些细节感兴趣，可以参考 Python 文档。

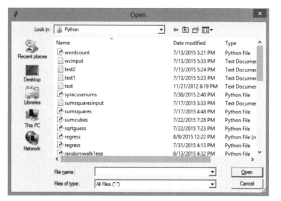

图 5.2 来自 askopenfilename 的文件对话框

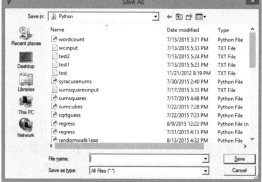

图 5.3 来自 asksaveasfilename 的文件对话框

5.10 小结

本章介绍了 Python 字符串、列表和文件对象的重要元素。下面是要点的小结。

- 字符串是字符序列。字符串文字可以用单引号或双引号分隔。
- 可以用内置的序列操作来处理字符串和列表：连接（+）、重复（*）、索引（[]），切片（[:]）和长度（len()）。可以用 for 循环遍历字符串的字符、列表中的项或文件的行。
- 将数字信息转换为字符串信息的一种方法是用字符串或列表作为查找表。
- 列表比字符串更通用。
- 字符串总是字符序列，而列表可以包含任何类型的值。
- 列表是可变的，这意味着可以通过赋新值来修改列表中的项。
- 字符串在计算机中表示为数字代码。ASCII 和 Unicode 是用于指定字符和底层代码之间的对应关系的兼容标准。Python 提供 ord 和 chr 函数，用于在 Unicode 代码和字符之间进行转换。
- Python 字符串和列表对象包括许多有用的内置方法，用于字符串和列表处理。
- 将数据编码以保持私密的过程称为加密。有私钥和公钥两种不同类型的加密系统。
- 程序输入和输出通常涉及字符串处理。Python 提供了许多运算符在数字和字符串之间来回转换。字符串格式化方法（format）对于生成格式良好的输出特别有用。
- 文本文件是存储在辅助存储器中的多行字符串。可以打开文本文件进行读取或写入。打开进行写入时，文件的原有内容将被删除。Python 提供了 read()、readline() 和 readlines() 三种文件读取方法。也可以用 for 循环遍历文件的行。用 print 函数将数据写入文件。处理完成后，应关闭文件。

5.11　练习

复习问题

判断对错

1．Python 字符串字面量总是用双引号括起来。
2．字符串 s 的最后一个字符在位置 len(s)-1。
3．一个字符串总是包含一行文本。
4．在 Python 中，"4" + "5"是"45"。
5．Python 列表是可变的，但字符串不是。
6．ASCII 是使用数字代码表示字符的标准。
7．split 方法将一个字符串拆分为一个子字符串列表，而 join 则相反。
8．替换加密是保持敏感信息安全的好方法。
9．可以用 add 方法在列表末尾添加一项。
10．将文件与程序中的对象相关联的过程称为"读取"该文件。

选择题

1．访问字符串中的单个字符称为_____。
a．切片　　　　　b．连接　　　　　c．赋值　　　　　d．索引
2．以下_____项与 s[0:-1]相同。
a．s [-1]　　　　b．s [：]　　　　c．s [： len(s)-1]　　d．s [0：
3．_____函数给出了字符的 Unicode 值。
a．ord　　　　　b．ascii　　　　　c．chr　　　　　d．eval
4．以下_____项不能用于将数字字符串转换为数字。
a．int　　　　　b．float　　　　　c．str　　　　　d．eval
5．包括（几乎）所有书面语言的字符的、ASCII 的后继标准是_____。
a．TELLI　　　　b．ASCII ++　　　c．Unicode　　　　d．ISO
6．_____字符串方法将字符串的所有字符转换为大写。
a．capitalize　　b．capwords　　　c．uppercase　　　d．upper
7．format 方法中填充的字符串"插槽"标记为_____。
a．%　　　　　　b．$　　　　　　　c．[]　　　　　　d．{}
8．下列_____不是 Python 中的文件读取方法。
a．read　　　　　b．readline　　　c．readall　　　　d．readlines
9．使用文件进行输入和输出的程序的术语是_____。
a．面向文件的　　b．多行　　　　　c．批处理　　　　d．lame

10. 在读取或写入文件之前，必须创建文件对象_____。

a. open   b. create   c. File   d. Folder

讨论

1. 给定初始化语句：

```
s1 = "spam"
s2 = "ni!"
```

写出以下每个字符串表达式求值的结果。

a. `"The Knights who say, " + s2`

b. `3 * s1 + 2 * s2`

c. `s1[1]`

d. `s1[1:3]`

e. `s1[2] + s2[:2]`

f. `s1 + s2[-1]`

g. `s1.upper()`

h. `s2.upper().ljust(4) * 3`

2. 给定与上一个问题相同的初始化语句，写出一个 Python 表达式，可以通过对 s1 和 s2 执行字符串操作构造以下每个结果。

a. `"NI"`

b. `"ni!spamni!"`

c. `"Spam Ni! Spam Ni! Spam Ni!"`

d. `"spam"`

e. `["sp","m"]`

f. `"spm"`

3. 显示以下每个程序片段产生的输出：

a.
```
for ch in "aardvark":
    print(ch)
```

b.
```
for w in "Now is the winter of our discontent...".split():
    print(w)
```

c.
```
for w in "Mississippi".split("i"):
    print(w, end=" ")
```

d.
```
msg = ""
for s in "secret".split("e"):
    msg = msg + s
print(msg)
```

e.
```
msg = ""
for ch in "secret":
    msg = msg + chr(ord(ch)+1)
print(msg)
```

4. 写出以下每个字符串格式化操作产生的字符串。如果操作不合法，请解释原因。

a. `"Looks like {1} and {0} for breakfast".format("eggs", "spam")`

b. `"There is {0} {1} {2} {3}".format(1,"spam", 4, "you")`

c. `"Hello {0}".format("Susan", "Computewell")`

d. `"{0:0.2f} {0:0.2f}".format(2.3, 2.3468)`

e. `"{7.5f} {7.5f}".format(2.3, 2.3468)`

f. `"Time left {0:02}:{1:05.2f}".format(1, 37.374)`

g. `"{1:3}".format("14")`

5. 解释为什么公钥加密比私人（共享）密钥加密更有利于保护因特网上的通信。

编程练习

1. 字符串格式化可以用来简化 dateconvert2.py 程序（该程序在本章示例代码中，可下载获得）。用字符串格式化方法重写该程序。

2. 某个 CS 教授给出了 5 分测验，等级为 5-A、4-B、3-C、2-D、1-E、0-F。编写一个程序，接受测验分数作为输入，并打印出相应的等级。

3. 某个 CS 教授给出 100 分的考试，分数等级为 90～100：A、80～89：B、70～79：C、60～69：D、<60：F。编写一个程序，接受考试成绩作为输入，并打印出相应的等级。

4. 首字母缩略词是一个单词，是从短语中的单词取第一个字母形成的。例如，RAM 是 "random access memory" 的缩写。编写一个程序，允许用户键入一个短语，然后输出该短语的首字母缩略词。注意：首字母缩略词应该全部为大写，即使短语中的单词没有大写。

5. 数字命理学家声称能够基于名字的 "数值" 来确定一个人的性格特征。名字的值的确定方法是名字中字母的值之和，其中 "a" 为 1、"b" 为 2、"c" 为 3，直到 "z" 为 26。例如，名字 "Zelle" 具有的值为 $26 + 5 + 12 + 12 + 5 = 60$（顺便说一下，这恰好是一个非常吉利的数字）。编写一个程序，计算输入的单个名字的数值。

6. 扩展前一个问题的解决方案，允许计算完整的名字，如 "John Marvin Zelle" 或 "John Jacob Jingleheimer Smith"。总值就是所有名字的数值之和。

7. 凯撒密码是一种简单的替换密码，其思路是将明文消息的每个字母在字母表中移动固定数字（称为密钥）。例如，如果键值为 2，则单词 "Sourpuss" 将被编码为 "Uqwtrwuu"。原始消息可以通过使用密钥的负值 "重新编码" 来恢复。编写一个可以编码和解码凯撒密码的程序。对程序的输入将是明文的字符串和密钥的值。输出将是一个编码消息，其中原始消息中的每个字符都将被替换为 Unicode 字符集中后移密钥个字符。例如，如果 ch 是字符串中的字符，key 是要移位的量，则替换 ch 的字符可以计算为 chr（ord（ch）+ key）。

8. 上一个练习有一个问题，它不处理 "超出字母表末端" 的情况。真正的凯撒密码以循环方式移动，其中 "z" 之后的下一个字符是 "a"。修改上一个问题的解决方案，让它循环。你可以假定输入只包含字母和空格。（提示：创建一个包含字母表所有字符的字符串，并使用此字符串中的位置作为代码。你不必将 "z" 转换成 "a"，只需确保在字母表字符串中对整个字符序列中使用循环移位。）

9．编写一个程序，计算用户输入的句子中的单词数。

10．编写一个程序，计算用户输入的句子中的平均单词长度。

11．编写第 1 章中的 chaos.py 程序的改进版本，允许用户输入两个初始值和迭代次数，然后打印一个格式很好的表格，显示这些值随时间的变化情况。例如，如果初始值为 0.25 和 0.26（10 次迭代），表格可能如下所示：

```
index   0.25        0.26
---------------------------
1       0.731250    0.750360
2       0.766441    0.730547
3       0.698135    0.767707
4       0.821896    0.695499
5       0.570894    0.825942
6       0.955399    0.560671
7       0.166187    0.960644
8       0.540418    0.147447
9       0.968629    0.490255
10      0.118509    0.974630
```

12．编写第 2 章中的 futval.py 程序的改进版本。程序将提示用户投资金额、年化利率和投资年数。然后程序将输出一个格式正确的表，以年为单位跟踪投资的价值。输出可能如下所示：

```
Year    Value
----------------
0       $2000.00
1       $2200.00
2       $2420.00
3       $2662.00
4       $2928.20
5       $3221.02
6       $3542.12
7       $3897.43
```

13．重做所有以前的编程问题，让它们采用批处理（使用文本文件进行输入和输出）。

14．单词计数。UNIX/Linux 系统上有一个通用实用程序，名为“wc”。该程序分析一个文件以确定其中包含的行数、单词数和字符数。编写你自己的 wc 版本。程序应接受文件名作为输入，然后打印三个数字，显示文件的行数、单词数和字符数。

15．编写一个程序来绘制学生考试成绩的水平柱状图。你的程序应该从文件获取输入。文件的第一行包含文件中学生数量的计数，后续每行包含学生的姓氏，后跟一个 0～100 范围内的分数。你的程序应为每个学生绘制一个水平柱形，其中柱形的长度表示学生的分数。柱形应该对齐左边缘排列。（提示：使用学生的人数来确定窗口的大小及其坐标。加分需求：在柱形左边标注学生姓名。）

16．编写一个程序来绘制测验分数直方图。程序应从文件读取数据。该文件的每一行包含一个在 0~10 范围内的数字。程序必须计算每个分数的出现次数，然后为每个可能分数（0~10）绘制具有柱形的垂直柱形图，其高度对应于该分数。例如，如果 15 个学生得到 8，那么 8 的柱的高度应该是 15。（提示：使用一个列表来存储每个可能得分的计数。）直方图的示例如下。

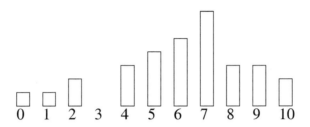

第6章 定义函数

学习目标

- 了解程序员为什么将程序分成多组合作的函数。
- 能够在 Python 中定义新的函数。
- 理解 Python 中函数调用和参数传递的细节。
- 利用函数来编程，减少代码重复并增加程序的模块性。

6.1 函数的功能

我们之前编写的程序只包含一个函数，通常称为 main。我们还使用了预先编写的函数和方法，包括内置的 Python 函数（如 print、abs）、来自 Python 标准库的函数和方法（如 math.sqrt）以及来自 graphics 模块的方法（如 myPoint.getX()）。函数是构建复杂程序的重要工具。本章介绍如何设计自己的函数，让程序更容易编写和理解。

在第 4 章中，我们研究了终值问题的图形解决方案。回想一下，这个程序利用 graphics 库来绘制显示投资增长的柱形图。下面是之前的程序：

```python
# futval_graph2.py

from graphics import *
def main():
    # Introduction
    print("This program plots the growth of a 10-year investment.")

    # Get principal and interest rate
    principal = float(input("Enter the initial principal: "))
    apr = float(input("Enter the annualized interest rate: "))

    # Create a graphics window with labels on left edge
    win = GraphWin("Investment Growth Chart", 320, 240)
    win.setBackground("white")
    win.setCoords(-1.75,-200, 11.5, 10400)
    Text(Point(-1, 0), ' 0.0K').draw(win)
    Text(Point(-1, 2500), ' 2.5K').draw(win)
    Text(Point(-1, 5000), ' 5.0K').draw(win)
    Text(Point(-1, 7500), ' 7.5k').draw(win)
    Text(Point(-1, 10000), '10.0K').draw(win)

    # Draw bar for initial principal
    bar = Rectangle(Point(0, 0), Point(1, principal))
```

```
        bar.setFill("green")
        bar.setWidth(2)
        bar.draw(win)

        # Draw a bar for each subsequent year
        for year in range(1, 11):
            principal = principal * (1 + apr)
            bar = Rectangle(Point(year, 0), Point(year+1, principal))
            bar.setFill("green")
            bar.setWidth(2)
            bar.draw(win)

        input("Press <Enter> to quit.")
        win.close()

    main()
```

这当然是一个可行的程序，但是在程序风格方面有点啰嗦，确实应该解决。注意，这个程序在两个不同的地方绘制柱形。初始柱形在循环之前绘制，而随后的柱形在循环内绘制。

两个地方有类似的代码，这有一些问题。显然，一个问题是不得不写两次代码。另一个更微妙的问题是代码必须在两个不同的地方维护。如果我们决定改变柱形的颜色或其他方面，就必须确保这些变化在两个地方发生。未能保持代码的相关部分同步是程序维护中的常见问题。

函数可用于减少代码重复，并使程序更易于理解和维护。在修正终值程序之前，我们来看看函数必须提供什么。

6.2 函数的非正式讨论

你可以将函数想象成一个"子程序"：程序里面的一个小程序。函数的基本思想是写一个语句序列，并给这个序列取一个名字，然后可以通过引用函数名称，在程序中的任何位置执行这些指令。

创建函数的程序部分称为"函数定义"。当函数随后在程序中使用时，我们称该定义被"调用"。单个函数定义可以在程序的许多不同位置被调用。

让我们举个具体的例子。假设你希望编写一个程序，打印"Happy Birthday"的歌词。标准歌词看起来像这样：

```
Happy birthday to you!
Happy birthday to you!
Happy birthday, dear <insert-name>.
Happy birthday to you!
```

我们将在交互式 Python 环境中展示这个例子。你可以启动 Python 并自己尝试一下。

这个问题的一个简单方法是使用四个 print 语句。下面的交互式会话创建了一个程序，对 Fred 唱"Happy Birthday"。

```
>>> def main():
        print("Happy birthday to you!")
        print("Happy birthday to you!")
```

```
print("Happy birthday, dear Fred.")
print("Happy birthday to you!")
```

我们可以运行这个程序，得到歌词：

```
>>> main()
Happy birthday to you!
Happy birthday to you!
Happy birthday, dear Fred.
Happy birthday to you!
```

显然，这个程序中有一些重复的代码。对于这样一个简单的程序，这不是大问题，但即使在这里也有点烦人，要不断键入同一行内容。让我们引入一个函数，打印第一行、第二行和第四行歌词。

```
>>> def happy():
        print("Happy birthday to you!")
```

我们定义了一个名为 happy 的新函数。下面的例子说明了它的作用：

```
>>> happy()
Happy birthday to you!
```

调用 happy 命令会使 Python 打印一行歌词。

现在我们可以用 happy 为 Fred 重写歌词。我们把新版本称为 singFred。

```
>>> def singFred():
        happy()
        happy()
        print("Happy birthday, dear Fred.")
        happy()
```

这个版本打的字要少得多，感谢 happy 命令。让我们试着打印给 Fred 的歌词，只是为了确保它能工作。

```
>>> singFred()
Happy birthday to you!
Happy birthday to you!
Happy birthday, dear Fred.
Happy birthday to you!
```

到现在为止还挺好。现在假设今天也是 Lucy 的生日，我们希望为 Fred 唱一首歌，接下来为 Lucy 再唱一首。我们已经得到了 Fred 的歌词，可以为 Lucy 也准备一个。

```
>>> def singLucy():
        happy()
        happy()
        print("Happy birthday, dear Lucy.")
        happy()
```

现在我们可以写一个主程序，唱给 Fred 和 Lucy：

```
>>> def main():
        singFred()
        print()
        singLucy()
```

两个函数调用之间的 print 在输出的歌词之间留出空行。下面是最终产品的效果：

```
>>> main()
Happy birthday to you!
```

```
Happy birthday to you!
Happy birthday, dear Fred.
Happy birthday to you!

Happy birthday to you!
Happy birthday to you!
Happy birthday, dear Lucy.
Happy birthday to you!
```

现在，这似乎肯定能工作，我们已通过定义 happy 函数消除了一些重复。然而，还是感觉有点不对。我们有 singFred 和 singLucy 两个函数，它们几乎相同。按照这种方法，为 Elmer 添加歌词需要我们创建一个 singElmer 函数，看起来就像为 Fred 和 Lucy 的那样。我们能对歌词的增长做点什么吗？

请注意，singFred 和 singLucy 之间的唯一区别是第三个 print 语句结束时的名称。除了这一个变化的部分以外，这些歌词完全相同。我们可以通过使用"参数"，将这两个函数合并在一起。让我们写一个名为 sing 的通用函数：

```
>>> def sing(person):
        happy()
        happy()
        print("Happy Birthday, dear", person + ".")
        happy()
```

此函数利用名为 person 的参数。参数是在调用函数时初始化的变量。我们可以用 sing 函数为 Fred 或 Lucy 打印歌词。只需要在调用函数时提供名称作为参数：

```
>>> sing("Fred")
Happy birthday to you!
Happy birthday to you!
Happy Birthday, dear Fred.
Happy birthday to you!

>>> sing("Lucy")
Happy birthday to you!
Happy birthday to you!
Happy Birthday, dear Lucy.
Happy birthday to you!
```

让我们用一个程序结束，这个程序对所有三个过生日的人唱歌：

```
>>> def main():
        sing("Fred")
        print()
        sing("Lucy")
        print()
        sing("Elmer")
```

这非常容易了。

下面是作为模块文件的完整程序：

```
# happy.py

def happy():
    print("Happy Birthday to you!")
def sing(person):
    happy()
    happy()
    print("Happy birthday, dear", person + ".")
```

```
    happy()

def main():
    sing("Fred")
    print()
    sing("Lucy")
    print()
    sing("Elmer")

main()
```

6.3 带有函数的终值程序

既然你已经了解了定义函数如何有助于解决代码重复问题，让我们回到终值的图。记住，问题是图中的柱形在程序中的两个不同的地方绘制。循环之前的代码如下：

```
# Draw bar for initial principal
bar = Rectangle(Point(0, 0), Point(1, principal))
bar.setFill("green")
bar.setWidth(2)
bar.draw(win)
```

而循环中的代码如下：

```
bar = Rectangle(Point(year, 0), Point(year+1, principal))
bar.setFill("green")
bar.setWidth(2)
bar.draw(win)
```

让我们尝试将这两段代码合并成一个函数，在屏幕上绘制柱形。

为了画柱形，我们需要一些信息。具体来说，我们需要知道柱形的年份、柱形的高度以及绘制柱形图的窗口。这三个值将作为函数的参数提供。下面是函数定义：

```
def drawBar(window, year, height):
    # Draw a bar in window for given year with given height
    bar = Rectangle(Point(year, 0), Point(year+1, height))
    bar.setFill("green")
    bar.setWidth(2)
    bar.draw(window)
```

要使用该函数，只要为三个参数提供值。例如，如果 win 是 GraphWin，我们可以通过调用 drawBar 来绘制第 0 年的柱形，本金为 2000 美元，如下所示：

```
drawBar(win, 0, 2000)
```

利用 drawBar 函数，下面是终值程序的最新版本：

```
# futval_graph3.py
from graphics import *

def drawBar(window, year, height):
    # Draw a bar in window starting at year with given height
    bar = Rectangle(Point(year, 0), Point(year+1, height))
    bar.setFill("green")
    bar.setWidth(2)
    bar.draw(window)
```

```
def main():
    # Introduction
    print("This program plots the growth of a 10-year investment.")

    # Get principal and interest rate
    principal = float(input("Enter the initial principal: "))
    apr = float(input("Enter the annualized interest rate: "))

    # Create a graphics window with labels on left edge
    win = GraphWin("Investment Growth Chart", 320, 240)
    win.setBackground("white")
    win.setCoords(-1.75,-200, 11.5, 10400)
    Text(Point(-1, 0), ' 0.0K').draw(win)
    Text(Point(-1, 2500), ' 2.5K').draw(win)
    Text(Point(-1, 5000), ' 5.0K').draw(win)
    Text(Point(-1, 7500), ' 7.5k').draw(win)
    Text(Point(-1, 10000), '10.0K').draw(win)

    drawBar(win, 0, principal)
    for year in range(1, 11):
        principal = principal * (1 + apr)
        drawBar(win, year, principal)

    input("Press <Enter> to quit.")
    win.close()
main()
```

你可以看到 drawBar 如何消除了重复的代码。如果我们希望改变图形中柱形的外观，只需要在一个地方改变 drawBar 的定义。如果你不明白这个例子的每一个细节，不要担心。关于函数，你还有一些事情要了解。

6.4　函数和参数：令人兴奋的细节

你可能对 drawBar 函数的参数选择感到好奇。显然，绘制柱形的年份和柱形的高度是柱形图的可变部分。但是为什么 window 也是这个函数的参数呢？毕竟，我们将在同一个窗口中绘制所有的柱形，它似乎没有改变。

使用 window 参数的原因与函数定义中变量的"范围"有关。范围是指在程序中可以引用给定变量的位置。记住，每个函数本身都是一个小子程序。在一个函数内部使用的变量是该函数的"局部"变量，即使它们碰巧与另一个函数中的变量具有相同的名称。

函数要看到另一个函数中的变量，唯一方法是将该变量作为参数传入[1]。由于 GraphWin（分配给变量 win）是在 main 内部创建的，因此不能在 drawBar 中直接访问。但是，当 drawBar 被调用时，drawBar 中的 window 参数被赋值为 win 的值。要理解这种情况，我们需要更详细地了解函数调用的过程。

函数定义如下：

```
def <name>(<formal-parameters>):
    <body>
```

---

[1] 技术上，可以在嵌套在另一个函数内的函数中引用变量，但是函数嵌套超出了本书讨论的范围。

　　函数的 name 必须是标识符，而 formal-parameters（"形参"）是变量名（也是标识符）的序列（可能为空）。形参与函数中使用的所有变量一样，只能在函数体中访问。在程序其他地方，具有相同名称的变量与函数体内的形参和变量不同。

　　函数的调用是使用其名称后跟"实参"或"参数"的列表。

```
<name>(<actual-parameters>)
```

　　Python 遇到一个函数调用时，启动一个四步过程：

　　第一步，调用程序在调用点暂停执行。

　　第二步，函数的形参获得由调用中的实参提供的值。

　　第三步，执行函数体。

　　第四步，控制返回到函数被调用之后的点。

　　回到 Happy Birthday 的例子，让我们追踪唱两次歌词的过程。下面是 main 函数体的一部分：

```
sing("Fred")
print()
sing("Lucy")
```

　　Python 遇到 sing("Fred")时，main 的执行暂停。在这里，Python 查找 sing 的定义，并且看到它具有单个形参 person。形参被赋予实参的值，所以这就好像我们执行了下面的语句：

```
person = "Fred"
```

　　这种情况的快照如图 6.1 所示。注意，sing 里面的变量 person 刚刚被初始化。

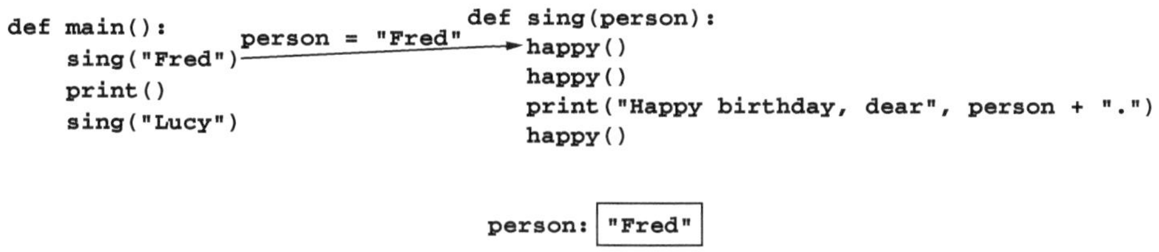

图 6.1　控制转移到 sing 的图示

　　在这里，Python 开始执行 sing 的函数体。第一个语句是另一个函数调用，这次是 happy。Python 暂停执行 sing 并将控制传递给被调用的函数。happy 的函数体包含一个 print。这个语句被执行，然后控制返回到它离开的地方。图 6.2 展示了到目前为止执行的快照。

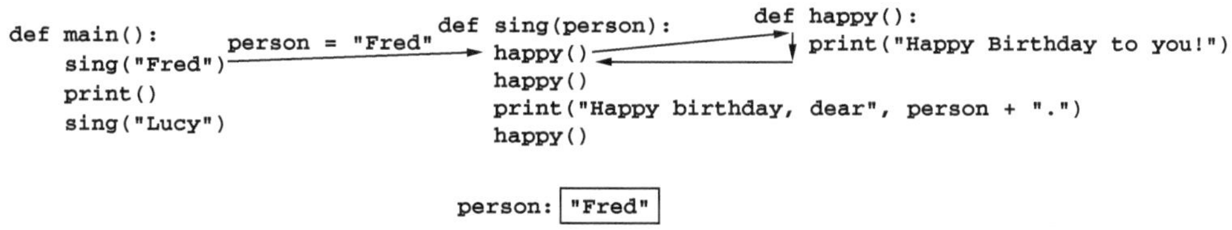

图 6.2　完成对 happy 调用的快照

　　执行以这种方式继续，Python 又绕路去了两次 happy，完成了 sing 的执行。当 Python 到达 sing 的末尾时，控制就返回到 main，并在函数调用之后紧接着继续。图 6.3 显示了此时我们的位置。注意，sing 中的 person 变量已经消失了。函数完成时，会回收局部函数变量占用的内存。局部变量不保留从一个函数执行到下一个函数执行的任何值。

```
def main():              def sing(person):
    sing("Fred")             happy()
    print()                  happy()
    sing("Lucy")             print("Happy birthday, dear", person + ".")
                             happy()
```

图 6.3　完成对 sing 调用的快照

下一个要执行的语句是 main 中的空白 print 语句。这将在输出中生成空行。然后 Python 遇到另一个对 sing 的调用。如前所述，控制转移到函数定义。这次形参是 "Lucy"。图 6.4 展示了第二次开始执行时的情况。

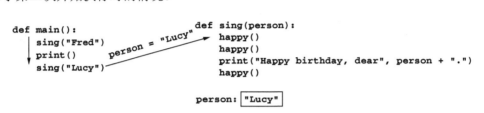

```
def main():                           def sing(person):
    sing("Fred")                          happy()
    print()         person = "Lucy"       happy()
    sing("Lucy")                          print("Happy birthday, dear", person + ".")
                                          happy()

                person:  "Lucy"
```

图 6.4　第二次调用 sing 的快照

现在我们快进到最后。针对 Lucy 执行 sing 的函数体（通过 happy 的三次绕路执行），并且在函数调用的点之后控制返回到 main。现在我们已经到达代码片段的底部，如图 6.5 所示。main 中这三句话导致 sing 执行了两次、happy 执行了六次。总共产生了 9 行输出。

```
def main():                    def sing(person):
    sing("Fred")                   happy()
    print()                        happy()
    sing("Lucy")                   print("Happy birthday, dear", person + ".")
                                   happy()
```

图 6.5　完成第二次对 sing 的调用

希望你明白了函数调用的工作原理。这个例子没有提到的一点是使用多个参数。通常，当函数定义具有多个参数时，实参按位置与形参匹配。第一个实参分配给第一个形参，第二个实参分配给第二个形参，以此类推。可以利用关键字参数修改此行为，这些参数通过名称匹配（如调用 print 中的 end=""）。然而，在所有示例函数中，我们将依赖位置匹配。

作为示例，再看看终值程序中 drawBar 函数的使用。下面是绘制初始柱形的调用：

```
drawBar(win, 0, principal)
```

当 Python 将控制转移到 drawBar 时，这些参数与函数标题中的形参匹配：

```
def drawBar(window, year, height):
```

实际效果就像函数体以三个赋值语句开头：

```
window = win
year = 0
height = principal
```

调用函数时，必须始终小心，将实参的顺序写正确，以符合函数定义。

6.5 返回值的函数

你已经看到，参数传递提供了一种初始化函数中变量的机制。从某种意义上说，参数是函数的输入。我们可以调用一个函数多次，并通过更改输入参数获得不同的结果。通常我们还希望从函数中获取信息。事实上，函数的基本思想和词汇是从数学中借用的，其中函数被认为是输入变量和输出变量之间的关系。例如，数学家可以定义函数 f，该函数计算其输入的平方。数学上我们会写这样的东西：

$$f(x)=x^2$$

这表明 f 是一个函数，它对单个变量（这里称为 x）进行操作，并产生一个值，即 x 的平方。

与 Python 函数一样，数学家使用括号表示法来表示函数的应用。例如，f(5) = 25 表示当 f 作用于 5 时，结果为 25。我们将说"f 作用于 5 等于 25"。数学函数不限于单个参数。例如，我们可以定义一个函数，该函数利用毕达哥拉斯定理，根据给定的直角边长度，产生直角三角形的斜边的长度。假定我们称之为函数 h：

$$h(x,y) = \sqrt{x^2 + y^2}$$

根据这个定义，你应该能够验证 h(3, 4) = 5。

到目前为止，我们一直在利用例子讨论 Python 函数的细节，其中函数被用作新的命令，被调用来执行命令。但在数学上，函数调用实际上是一个产生结果的表达式。我们可以轻松地扩展我们的 Python 函数观点，以符合这个思想。事实上，你已经看到了许多这种类型的函数的例子。例如，考虑从 math 库调用 sqrt 函数：

```
discRt = math.sqrt(b*b - 4*a*c)
```

这里 b*b-4*a*c 的值是 math.sqrt 函数的实参。由于函数调用发生在赋值语句的右侧，这意味着它是一个表达式。math.sqrt 函数生成一个值，然后将该值赋给变量 discRt。技术上，我们说 sqrt 返回其参数的平方根。

编写返回值的函数非常容易。下面是一个函数的 Python 实现，返回其参数的平方：

```
def square(x):
    return x ** 2
```

你看到这个函数定义与上面的数学版本（f(x)）非常相似吗？Python 函数的主体由一个 return 语句组成。当 Python 遇到 return 时，它立即退出当前函数，并将控制返回到函数被调用之后的点。此外，return 语句中提供的值作为表达式结果发送回调用者。本质上，这只是为前面提到的四步函数调用过程添加了一个小细节：函数的返回值用作表达式的结果。

效果就是，我们可以在代码中任何可以合法使用表达式的地方使用 square 函数。下面是一些交互示例：

```
>>> square(3)
9
>>> print(square(4))
16
>>> x = 5
```

```
>>> y = square(x)
>>> print(y)
25
>>> print(square(x) + square(3))
34
```

让我们用 square 函数来写另一个函数，找到两点之间的距离。给定两个点（x_1, y_1）和（x_2, y_2），它们之间的距离是 $\sqrt{(x_2 - x_1)^2 + (y_2 - y_1)^2}$。下面是一个 Python 函数，计算两个 Point 对象之间的距离：

```
def distance(p1, p2):
    dist = math.sqrt(square(p2.getX() - p1.getX())
                         + square(p2.getY() - p1.getY())
    return dist
```

利用 distance 函数，我们可以增强第 4 章中的交互式三角形程序计算三角形的周长。下面是完整的程序：

```
# Program: triangle2.py
import math
from graphics import *

def square(x):
    return x ** 2

def distance(p1, p2):
    dist = math.sqrt(square(p2.getX() - p1.getX())
                         + square(p2.getY() - p1.getY()))
    return dist

def main():
    win = GraphWin("Draw a Triangle")
    win.setCoords(0.0, 0.0, 10.0, 10.0)
    message = Text(Point(5, 0.5), "Click on three points")
    message.draw(win)

    # Get and draw three vertices of triangle
    p1 = win.getMouse()
    p1.draw(win)
    p2 = win.getMouse()
    p2.draw(win)
    p3 = win.getMouse()
    p3.draw(win)

    # Use Polygon object to draw the triangle
    triangle = Polygon(p1,p2,p3)
    triangle.setFill("peachpuff")
    triangle.setOutline("cyan")
    triangle.draw(win)

    # Calculate the perimeter of the triangle
    perim = distance(p1,p2) + distance(p2,p3) + distance(p3,p1)
    message.setText("The perimeter is: {0:0.2f}".format(perim))

    # Wait for another click to exit
    win.getMouse()
    win.close()

main()
```

你可以看到一行中三次调用 distance，以计算三角形的周长。在这里用一个函数节省了相当多的冗长编码。返回值的函数非常有用、灵活，因为它们可以组合在这样的表达式中。

顺便说一下，程序中函数定义的顺序并不重要。例如，如果让 main 函数在顶部定义，同样能工作。我们只要确保在程序实际尝试运行函数之前定义函数。因为直到模块的最后一行才会发生 main() 的调用，所以所有的函数在程序实际开始运行之前已被定义。

作为另一个例子，我们回到 Happy Birthday 程序。在最初的版本中，我们使用了几个包含 print 语句的函数。我们可以不让辅助函数执行打印，而是简单地让它们返回值（在这个例子中是字符串），然后由 main 打印。请考虑这个版本的程序：

```python
# happy2.py

def happy():
    return "Happy Birthday to you!\n"

def verseFor(person):
    lyrics = happy()*2 + "Happy birthday, dear " + person + ".\n" + happy()
    return lyrics

def main():
    for person in ["Fred", "Lucy", "Elmer"]:
        print(verseFor(person))

main()
```

注意，所有的打印都在一个地方（main 函数中）进行，而 happy 和 verseFor 只负责创建和返回适当的字符串。利用函数返回值的魔力，我们已经精简了程序，让整个句子建立在单个字符串表达式中。

```python
lyrics = happy()*2 + "Happy birthday, dear " + person + ".\n" + happy()
```

应确保仔细查看并理解这行代码，它真正地展示了带返回值的函数的力量和美丽。

除了更优雅之外，这个版本的程序也比原来的更灵活，因为打印不再分布在多个函数中。例如，我们可以轻松地修改程序，将结果写入文件而不是屏幕。我们要做的是打开一个文件进行写入，并在 print 语句中添加一个 "file=" 参数。不需要修改其他函数。下面是完整的修改：

```python
def main():
    outf = open("Happy_Birthday.txt", "w")
    for person in ["Fred", "Lucy", "Elmer"]:
        print(verseFor(person), file=outf)
    outf.close()
```

通常，让函数返回值，而不是将信息打印到屏幕上，几乎总是更好（更灵活）。这样，调用者可以选择是打印信息还是将它用于其他用途。

有时一个函数需要返回多个值。这可以通过在 return 语句中简单地列出多个表达式来完成。作为一个不太聪明的例子，下面是一个计算两个数字的和与差的函数：

```python
def sumDiff(x,y):
    sum = x + y
    diff = x - y
    return sum, diff
```

如你所见，这个 return 传递回两个值。调用这个函数时，我们将它放在一个同时赋值中：

```
num1, num2 = input("Please enter two numbers (num1, num2) ").split(",")
s, d = sumDiff(float(num1), float(num2))
print("The sum is", s, "and the difference is", d)
```

与参数一样，从函数返回多个值时，它们根据位置赋给变量。在这个例子中，s 将获得 return 列出的第一个值（sum），d 将获得第二个值（diff）。

这差不多就是关于 Python 中返回值的函数要知道的一切。有一点要提示你。从技术上讲，Python 中的所有函数都返回一个值，而不管函数实际上是否包含 return 语句。没有 return 的函数总是返回一个特殊对象，表示为 None。这个对象通常用作变量的一种默认值，如果它当前没有指向任何有用的对象。新的（和不那么新的）程序员常犯一个错误，即写一个应该返回值的函数，但忘记在结尾包括 return 语句。

假设我们忘记在 distance 函数的结尾包括 return 语句：

```
def distance(p1, p2):
    dist = math.sqrt(square(p2.getX() - p1.getX())
                     + square(p2.getY() - p1.getY()))
```

用这个版本的 distance 运行修订的三角形程序，会产生以下 Python 错误消息：

```
Traceback (most recent call last):
  File "triangle2.py", line 42, in <module>
    main()
  File "triangle2.py", line 35, in main
    perim = distance(p1,p2) + distance(p2,p3) + distance(p3,p1)
TypeError: unsupported operand type(s) for +: 'NoneType' and 'NoneType'
```

这里的问题是，这个版本的 distance 不返回一个数字，它总是返回 None。没有为 None（它是特殊类型 NoneType）定义加法，所以 Python 抱怨。如果你的返回值的函数产生了奇怪的错误信息涉及 None，或者程序在输出中打印出一个神秘的 "None"，应检查是否漏了 return 语句。

6.6 修改参数的函数

返回值是从函数发送信息到调用函数的程序部分的主要方式。在某些情况下，函数还可以通过更改函数参数来与调用程序通信。理解何时以及如何实现这一点，需要掌握 Python 如何赋值的一些微妙细节，以及这对函数调用中使用的实参和形参之间关系的影响。

我们从一个简单的例子开始。假设你正在编写一个管理银行账户或投资的程序。一个必须执行的常见任务是在账户上累积利息（就像我们在终值程序中所做的那样）。我们可以考虑编写一个函数，自动将利息添加到账户余额。下面是第一次尝试这样的函数：

```
# addinterest1.py
def addInterest(balance, rate):
    newBalance = balance * (1+rate)
    balance = newBalance
```

该函数的目的是将账户的余额设置为已按照利息金额更新的值。

让我们通过编写一个非常小的测试程序来测试我们的函数：

```
def test():
    amount = 1000
    rate = 0.05
```

```
addInterest(amount, rate)
print(amount)
```

你认为这个程序将打印什么？我们的目的是 amount 应该添加%5，给出的结果是 1050。下面是实际发生的情况：

```
>>>test()
1000
```

如你所见，amount 没变！出了什么错？

事实上，没有出错。如果你仔细考虑我们已经讨论的函数和参数，就会看到，这正是我们应该期待的结果。让我们跟踪这个例子的执行，看看会发生什么。test 函数的前两行创建了名为 amount 和 rate 的两个局部变量，它们分别具有初始值 1000 和 0.05。

接下来，控制转移到 addInterest 函数。形参 balance 和 rate 被赋为来自实参 amount 和 rate 的值。记住，即使名称 rate 出现在两个函数中，它们也是两个单独的变量。addInterest 开始执行的情况如图 6.6 所示。注意，参数的赋值导致 addInterest 中的变量 balance 和 rate 引用了实参的"值"。

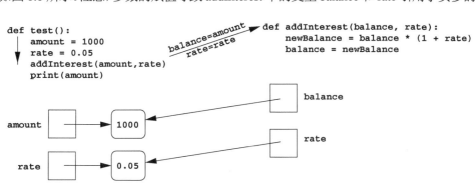

图 6.6   控制转移到 addInterest

执行 addInterest 的第一行会创建一个新变量 newBalance。现在是关键的一步。addInterest 中的下一个语句为 balance 赋值，让它具有与 newBalance 相同的值。结果如图 6.7 所示。注意，balance 现在指的是与 newBalance 相同的值，但这对 test 函数中的 amount 没有影响。

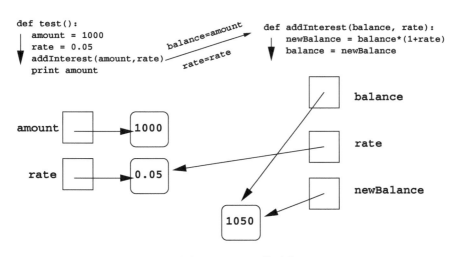

图 6.7   balance 的赋值

此时，addInterest 的执行已完成，控制返回到 test。addInterest 中的局部变量（包括参数）消失，但测试函数中的 amount 和 rate 仍分别指初始值 1000 和 0.05。当然，程序打印的 amount 是 1000。

综上所述，函数的形参只接收实参的"值"。该函数不能访问保存实参的变量。因此，为形参分配新值对包含实参的变量没有影响。用编程语言的术语，Python "按值" 传递所有参数。

一些编程语言（如 C++和 Ada）允许变量本身作为参数发送到函数。这种机制称为"按引用"传递参数。当变量按引用传递时，向形参分配新值实际上会更改调用程序中的参数变量的值。

因为 Python 不允许按引用传递参数，所以一个明显的替代方法是更改我们的 addInterest 函数，让它返回 newBalance。然后，该值可用于更新 test 函数中的 amount。下面是一个能工作的版本（addinterest2.py）：

```
def addInterest(balance, rate):
    newBalance = balance * (1+rate)
    return newBalance

def test():
    amount = 1000
    rate = 0.05
    amount = addInterest(amount, rate)
    print(amount)
```

你应该很容易地跟踪这个程序的执行，看看我们如何得到这个输出：

```
>>>test()
1050
```

现在假设不是查看单个账户，而是编写一个处理许多银行账户的程序。我们可以将账户余额存储在 Python 列表中。有一个 addInterest 函数将累积的利息添加到列表中的所有余额是很好的。如果 balance 是账户余额列表，我们可以使用一行代码更新列表中的第一个数量（索引为 0），如下所示：

```
balances[0] = balances[0] * (1 + rate)
```

记住，这是因为列表是可变的。这行代码实质上在说，"将列表的第 0 个位置的值乘以 (1 + rate)，并将结果存回到列表的第 0 个位置。"当然，非常相似的一行代码将更新列表中下一个位置的余额，我们只要用 1 替换 0：

```
balances[1] = balances[1] * (1 + rate)
```

更新列表中所有余额的更一般方法，是使用循环遍历位置 0，1，……，长度−1。请考虑 addinterest3.py：

```
def addInterest(balances, rate):
    for i in range(len(balances)):
        balances[i] = balances[i] * (1+rate)
def test():
    amounts = [1000, 2200, 800, 360]
    rate = 0.05
    addInterest(amounts, rate)
    print(amounts)
```

请花一点时间研究这个程序。test 函数开始将 amounts 设置为四个值的列表。然后 addInterest 函数被调用，amounts 作为第一个参数。在函数调用之后，打印出 amounts 的值。你预期会看到什么？运行程序，看看会发生了什么：

```
>>> test()
[1050.0, 2310.0, 840.0, 378.0]
```

这不是很有趣吗？在这个示例中，函数似乎更改了 amounts 变量的值。但我刚才告诉你，Python 传递参数的值，所以变量本身（amounts）不能被函数改变。那么这里发生了什么？

test 的前两行创建了变量的 amounts 和 rates，然后控制转移到 addInterest 函数。此时的情况如图 6.8 所示。

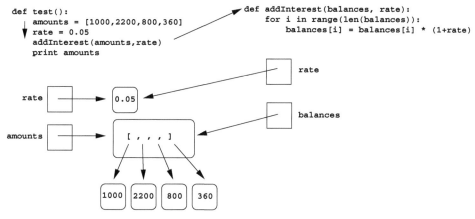

图 6.8　将列表参数传给 addInterest

请注意，变量 amounts 的值现在是一个列表对象，它本身包含四个 int 值。这个列表对象被传递给 addInterest，因此也是 balances 的值。

接下来，addInterest 执行。循环遍历范围 0，1，……，长度−1 中的每个索引，并更新 balances 中的项。结果如图 6.9 所示。

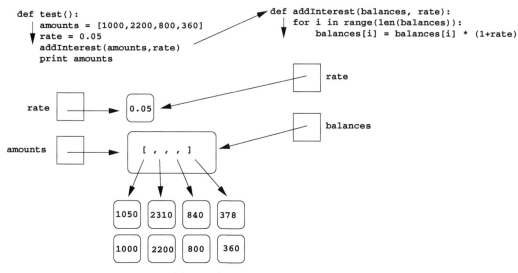

图 6.9　在 addInterest 中修改的列表

你会注意到，在图中我留下了原来的值（1000，2200，800，360），只是放在边上。这样做是为了强调值框中的数字没有改变。相反，发生的事情是创建了新值，并且列表中的赋值导致它引用新值。当 Python 执行垃圾收集时，原来的值将被清除。

现在应该清楚了，为什么 addInterest 程序的列表版本会产生它的答案。当 addInterest 终止时，保存在 amounts 中的列表已经包含了新余额，这就是打印的内容。这里的重点是变量 amounts 从未改变。与调用 addInterest 之前相比，它仍然引用相同的列表。发生的事情是，该列表的状态已更改，而这种更改在调用程序中可见。

现在你真的知道了关于 Python 如何传递函数参数的一切。参数始终通过值传递。但是，如果实参是一个变量，其值是一个可变对象（如列表或图形对象），则对象状态的更改对调用程序是可见的。这种情况是第 4 章讨论的别名问题的另一个例子。

6.7 函数和程序结构

到目前为止，我们一直在讨论函数作为减少代码重复的机制，从而缩短和简化程序。令人惊讶的是，即使函数实际上让程序更长，也会经常使用。使用函数的第二个原因是让程序更模块化。

由于你设计的算法越来越复杂，因此理解程序也越来越难。人类很擅长一次跟踪八到十件事情。如果面对一个几百行的算法，就算最好的程序员，也会在困惑中认输。

处理这种复杂性的一种方法是将算法分解成更小的子程序，每个子程序自身都有意义。稍后在第 9 章讨论程序设计时，我将更进一步讨论。现在，我们来看一个例子。让我们再次回到终值问题。下面是之前的 main 程序：

```python
def main():
    # Introduction
    print("This program plots the growth of a 10-year investment.")

    # Get principal and interest rate
    principal = float(input("Enter the initial principal: "))
    apr = float(input("Enter the annualized interest rate: "))

    # Create a graphics window with labels on left edge
    win = GraphWin("Investment Growth Chart", 320, 240)
    win.setBackground("white")
    win.setCoords(-1.75,-200, 11.5, 10400)
    Text(Point(-1, 0), ' 0.0K').draw(win)
    Text(Point(-1, 2500), ' 2.5K').draw(win)
    Text(Point(-1, 5000), ' 5.0K').draw(win)
    Text(Point(-1, 7500), ' 7.5k').draw(win)
    Text(Point(-1, 10000), '10.0K').draw(win)

    # Draw bar for initial principal
    drawBar(win, 0, principal)

    # Draw a bar for each subsequent year
    for year in range(1, 11):
        principal = principal * (1 + apr)
```

```
        drawBar(win, year, principal)

    input("Press <Enter> to quit.")
    win.close()

main()
```

虽然我们已经通过使用 **drawBar** 函数缩短了这个算法，但是它仍然很长，这使得通读它有点困难。注释有助于解释事情，但（坦白说）这个函数太长了。使程序更可读的一种方法是将一些细节移动到单独的函数中。例如，在中间有 8 行，它们就是创建将绘制图表的窗口。我们可以把这些步骤放到一个返回值的函数中：

```
def createLabeledWindow():
    # Returns a GraphWin with title and labels drawn
    window = GraphWin("Investment Growth Chart", 320, 240)
    window.setBackground("white")
    window.setCoords(-1.75,-200, 11.5, 10400)
    Text(Point(-1, 0), ' 0.0K').draw(window)
    Text(Point(-1, 2500), ' 2.5K').draw(window)
    Text(Point(-1, 5000), ' 5.0K').draw(window)
    Text(Point(-1, 7500), ' 7.5k').draw(window)
    Text(Point(-1, 10000), '10.0K').draw(window)
    return window
```

顾名思义，该函数负责绘制初始窗口的所有细节。它是一个自包含的实体，执行这个明确定义的任务。

利用新函数，**main** 算法看起来更简单：

```
def main():
    print("This program plots the growth of a 10-year investment.")

    principal = input("Enter the initial principal: ")
    apr = input("Enter the annualized interest rate: ")

    win = createLabeledWindow()
    drawBar(win, 0, principal)
    for year in range(1, 11):
        principal = principal * (1 + apr)
        drawBar(win, year, principal)

    input("Press <Enter> to quit.")
    win.close()
```

注意，我已经删除了注释，该算法的意图现在是清楚的。使用适当命名的函数，代码变得几乎是自解释的。

下面是终值程序的最终版本：

```
# futval_graph4.py

from graphics import *

def createLabeledWindow():
    window = GraphWin("Investment Growth Chart", 320, 240)
    window.setBackground("white")
    window.setCoords(-1.75,-200, 11.5, 10400)
    Text(Point(-1, 0), ' 0.0K').draw(window)
```

```
        Text(Point(-1, 2500), ' 2.5K').draw(window)
        Text(Point(-1, 5000), ' 5.0K').draw(window)
        Text(Point(-1, 7500), ' 7.5k').draw(window)
        Text(Point(-1, 10000), '10.0K').draw(window)
        return window

def drawBar(window, year, height):
        bar = Rectangle(Point(year, 0), Point(year+1, height))
        bar.setFill("green")
        bar.setWidth(2)
        bar.draw(window)

def main():
        print("This program plots the growth of a 10 year investment.")

        principal = float(input("Enter the initial principal: "))
        apr = float(input("Enter the annualized interest rate: "))

        win = createLabeledWindow()
        drawBar(win, 0, principal)
        for year in range(1, 11):
            principal = principal * (1 + apr)
            drawBar(win, year, principal)

        input("Press <Enter> to quit.")
        win.close()

main()
```

虽然这个版本比以前的版本更长，但有经验的程序员会发现它更容易理解。随着你习惯于阅读和写作函数，也将学会欣赏更加模块化代码的优雅。

6.8　小结

- 函数是一种子程序。程序员使用函数来减少代码重复，并用于组织或模块化程序。一旦定义了函数，它可以从程序中的许多不同位置被多次调用。参数允许函数具有可更改的部分。函数定义中出现的参数称为形参，函数调用中出现的表达式称为实参。

- 对函数的调用启动一个四步过程：

第一步，调用程序暂停。

第二步，实参的值赋给形参。

第三步，执行函数体。

第四步，控制在调用程序中的函数调用之后立即返回。函数返回的值作为表达式结果。

- 变量的作用域是程序可以引用它的区域。函数定义中的形参和其他变量是函数的局部变量。局部变量与可在程序其他地方使用的同名变量不同。

- 函数可以通过返回值将信息传递回调用者。在 Python 中，函数可以返回多个值。返回值的函数通常应该从表达式内部调用。没有显式返回值的函数会返回特殊对象 None。

● Python 按值传递参数。如果传递的值是可变对象，则对象所做的更改会对调用者可见。

6.9 练习

复习问题

判断对错

1. 程序员很少定义自己的函数。
2. 函数只能在程序中的一个位置调用。
3. 信息可以通过参数传递到函数中。
4. 每个 Python 函数都返回某些值。
5. 在 Python 中，某些参数按引用传递。
6. 在 Python 中，函数只能返回一个值。
7. Python 函数永远不能修改参数。
8. 使用函数的一个原因是减少代码重复。
9. 函数中定义的变量是该函数的局部变量。
10. 如果定义新的函数使程序更长，那么，这是一个坏主意。

选择题

1. 程序中使用函数的部分称为_____。
a. 用户　　　　　b. 调用者　　　　　c. 被调用者　　　d. 语句
2. Python 函数定义的开头是_____。
a. def　　　　　b. define　　　　　c. function　　　d. defun
3. 函数可以将输出发送回程序，使用_____。
a. return　　　　b. print　　　　　c. assignment　d. SASE
4. 正式且实际的参数匹配是按_____。
a. 名称　　　　　b. 位置　　　　　c. ID　　　　　　d. 兴趣
5. 以下_____项"不是"函数调用过程中的一个步骤。
a. 调用程序挂起
b. 形参被赋予实参的值
c. 函数的主体执行
d. 控制返回到调用函数之前的点
6. 在 Python 中，实际的参数被_____传递给函数。
a. 按值　　　　　b. 按引用　　　　　c. 随机　　　　　d. 按联网
7. 以下_____项不是使用函数的原因。

a. 减少代码重复　　　　　　　　　　b. 使程序更模块化

c. 使程序更自解释　　　　　　　　　d. 展示智力优势

8. 如果一个函数返回一个值，它通常应该在_____中调用。

a. 表达式　　　　　　　　　　　　　b. 不同的程序

c. main　　　　　　　　　　　　　　d. 手机

9. 没有 return 语句的函数返回_____。

a. 无　　　　　　b. 其参数　　　　c. 其变量　　　　d. None

10. 函数可以修改实参的值，如果它是_____。

a. 可变的　　　　b. 列表　　　　　c. 按引用传递的　d. 变量

讨论

1. 用你自己的话来描述在程序中定义函数的两个动机。

2. 我们一直将计算机程序看成是指令序列，即计算机有条不紊地执行一个指令，然后移动到下一个指令。包含函数的程序是否适合这个模型？请解释你的答案。

3. 参数是定义函数的一个重要概念。

a. 参数的目的是什么？

b. 形参和实参之间有什么区别？

c. 参数与普通变量在哪些方面类似，哪些方面不同？

4. 函数可以被认为是其他程序中的微型（子）程序。与任何其他程序一样，我们可以将函数看成具有输入和输出，与 main 程序通信。

a. 程序如何提供“输入”到一个函数？

b. 函数如何为程序提供“输出”？

5. 考虑下面这个非常简单的函数：

```
def cube(x):
    answer = x * x * x
    return answer
```

a. 这个函数做什么？

b. 说明程序如何使用此函数打印 y^3 的值，假设 y 是一个变量。

c. 下面是使用这个函数的程序的一个片段：

```
answer = 4
result = cube(3)
print(answer, result)
```

这个片段的输出是 4 27。解释为什么输出不是 27 27，虽然 cube 似乎将 answer 的值改成了 27。

编程练习

1. 编写一个程序来打印歌曲“Old MacDonald”的歌词。你的程序应该打印五种不同动物的歌词，类似于下面的例子。

```
Old MacDonald had a farm, Ee-igh, Ee-igh, Oh!
And on that farm he had a cow, Ee-igh, Ee-igh, Oh!
```

```
With a moo, moo here and a moo, moo there.
Here a moo, there a moo, everywhere a moo, moo.
Old MacDonald had a farm, Ee-igh, Ee-igh, Oh!
```

2．写一个程序来打印"**The Ants Go Marching.**"十段的歌词。下面给出几个例句。你可以为每一节中的"**little one**"选择你自己的活动，但一定要选择一些押韵（或几乎押韵）的内容。

```
The ants go marching one by one, hurrah! hurrah!
The ants go marching one by one, hurrah! hurrah!
The ants go marching one by one,
The little one stops to suck his thumb,
And they all go marching down...
In the ground...
To get out....
Of the rain.
Boom! Boom! Boom!
The ants go marching two by two, hurrah! hurrah!
The ants go marching two by two, hurrah! hurrah!
The ants go marching two by two,
The little one stops to tie his shoe,
And they all go marching down...
In the ground...
To get out...
Of the rain.
Boom! Boom! Boom!
```

3．写出这些函数的定义：

sphereArea(radius)返回具有给定半径的球体的表面积。

sphereVolume(radius)返回具有给定半径的球体的体积。

使用你的函数来解决第 3 章中的编程练习 1。

4．写出以下两个函数的定义：

sumN(n)返回前 n 个自然数的和。

sumNCubes(n)返回前 n 个自然数的立方的总和。

然后在提示用户输入 n 的程序中使用这些函数，并打印出前 n 个自然数的和与前 n 个自然数的立方之和。

5．第 3 章的重做编程练习 2。使用两个函数：一个计算比萨饼的面积，一个计算每平方英寸的成本。

6．编写一个函数，给定三边的长度作为参数，计算三角形的面积（参见第 3 章编程练习 9）。使用你的函数来增强本章中的 triangle2.py，让它也显示三角形的面积。

7．编写一个函数来计算第 n 个斐波纳契数。用你的函数来解决第 3 章中的编程练习 16。

8．用返回下一个猜测的函数 nextGuess(guess,x)解决第 3 章中的编程练习 17。

9．用返回分数的字母等级的函数 grade(score)完成第 5 章的编程练习 3。

10．用函数 acronym(phrase)完成第 5 章的编程练习 4，该函数返回字符串短语的首字母缩略词。

11．编写并测试一个函数，满足以下规格说明。

squareEach(nums) nums 是一个数字列表。修改列表，对每一项平方。

12．编写并测试一个函数，满足以下规格说明。

sumList(nums) nums 是一个数字列表。返回列表中数字的和。

13. 编写并测试一个函数，满足以下规格说明。

toNumbers(strList) strList 是一个字符串列表，每个字符串表示一个数字。修改列表，将每一项转换为数字。

14. 使用前面三个问题中的函数来实现计算从文件读取的数字的平方和的程序。你的程序应提示输入文件名，并打印出文件中值的平方和。（提示：使用 readlines()。）

15. 编写并测试一个函数，满足以下规模说明。

drawFace(center,size,win) center 是一个 Point，size 是一个 int，win 是一个 GraphWin。在 win 中绘制一张给定尺寸的简单的脸。

你的函数可以画一个简单的笑脸（或严峻的脸）。编写一个在单个窗口中绘制不同大小的几张脸的程序，来演示该函数。

16. 使用上一个练习中的 drawFace 函数来编写照片匿名程序。此程序允许用户加载图像文件（例如 PPM 或 GIF），并在照片中已有的脸上绘制卡通脸。用户首先输入包含图像的文件的名称。显示图像，并询问用户要遮挡多少脸。然后程序进入一个循环，供用户点击每个脸的两个点：中心和脸边缘上的某处（以确定脸的大小）。然后程序应使用 drawFace 函数在该位置绘制一个脸。

（提示：4.8.4 节描述了图形库中的图像处理方法。将图像居中显示在 GraphWin 中，窗口的大小与图像相同，并将图形绘制到此窗口中。你可以使用屏幕捕获工具程序保存生成的图像。）

17. 写一个函数，满足以下规格说明。

moveTo(shape, newCenter) shape 是一个支持 getCenter 方法的图形对象，newCenter 是一个点。移动形状，使 newCenter 成为其中心。

用你的函数编写一个绘制圆圈的程序，然后允许用户单击窗口 10 次。每次用户点击时，圆圈都会移动到用户点击的位置。

第 7 章 判 断 结 构

学习目标

- 利用 Python 的 if 语句来理解简单的判断编程模式及其实现。
- 利用 Python 的 if-else 语句来理解两路判断编程模式及其实现。
- 利用 Python 的 if-elif-else 语句来理解多路判断编程模式及其实现。
- 理解异常处理的思想，并能够编写简单异常处理代码，捕捉标准的 Python 运行时错误。
- 理解布尔表达式和布尔数据类型的概念。
- 能够阅读、编写和实现使用判断结构的算法，包括使用系列判断和嵌套判断结构的算法。

7.1 简单判断

到目前为止，我们主要将计算机程序视为指令序列，一条接一条。序列是编程的一个基本概念，但只用它不足以解决所有问题。常常有必要改变程序的顺序流程，以适应特定情况的需要。这是通过特殊语句完成的，称为"控制结构"。在本章中，我们将学习"判断结构"，它们是一些语句，允许程序针对不同情况执行不同指令序列，实际上允许程序"选择"适当的动作过程。

7.1.1 示例：温度警告

我们从让计算机做简单判断开始。作为一个简单的例子，我们回头看看第 2 章中摄氏温度转换为华氏温度的程序。回忆一下，这是 Susan Computewell 写的，帮助她了解在欧洲每天早晨该怎样穿衣服。下面是之前的程序：

```
# convert.py
#     A program to convert Celsius temps to Fahrenheit
# by: Susan Computewell

def main():
    celsius = float(input("What is the Celsius temperature? "))
    fahrenheit = 9/5 * celsius + 32
    print("The temperature is", fahrenheit, "degrees fahrenheit.")

main()
```

就其本身而言，这是一个很好的程序，但我们希望增强它。Susan Computewell 不是喜欢早起的人，即使有一个程序来转换温度，有时她也不太注意看结果。我们对程序的增强会确保在温度极端时，打印出适当的警告，这样 Susan 就会注意到。

第一步是给出完整的增强规格说明。极端温度是指相当热或相当冷。假设任何超过 90 华氏度的温度都应该发出热警告，而低于 30 华氏度的温度则会发出冷警告。考虑到这个规格说明，我们可以设计一个扩展的算法：

```
Input the temperature in degrees Celsius (call it celsius)
Calculate fahrenheit as 9/5 celsius + 32
Output fahrenheit
if fahrenheit > 90
   print a heat warning
if fahrenheit < 30
   print a cold warning
```

这个新设计在结束时有两个简单的"判断"。缩进表示只有满足上一行中列出的条件时才应执行步骤。这里的意思是，判断引入了一个替代的控制流来通过程序。算法采取的确切步骤取决于 fahrenheit 的值。

图 7.1 是一张流程图，展示算法可能采取的路径。菱形框表示有条件的判断。 如果条件为假，则控制传递到序列中的下一个语句（下面的语句）；如果条件成立，则控制权转移到右侧框中的指令。这些指令完成后，控制会传递到下一个语句。

下面是新设计转换为 Python 代码的样子：

```
# convert2.py
#      A program to convert Celsius temps to Fahrenheit.
#      This version issues heat and cold warnings.

def main():
    celsius = float(input("What is the Celsius temperature? "))
    fahrenheit = 9/5 * celsius + 32
    print("The temperature is", fahrenheit, "degrees Fahrenheit.")

# Print warnings for extreme temps
if fahrenheit > 90:
    print("It's really hot out there. Be careful!")
if fahrenheit < 30:
    print("Brrrrr. Be sure to dress warmly!")

main()
```

你可以看到 Python 的 if 语句用于实现判断。if 的形式非常类似于算法中的伪代码。

```
if <condition>:
    <body>
```

body 只是在 if 头部下缩进的一个或多个语句的序列。在 convert2.py 中有两个 if 语句，两者在 body 中都有一个语句。

通过上面的例子，if 的语义应该清楚了。首先，对头部中的条件求值。如果条件为真，则执行 body 中的语句序列，然后控制传递到程序中的下一条语句；如果条件为假，则跳过 body 中的语句。图 7.2 用流程图展示了 if 的语义。注意，if 的 body 是否执行取决于条件。不论哪种情况，控制随后会传递到 if 后的下一个语句。这是"一路"判断或"简单"判断。

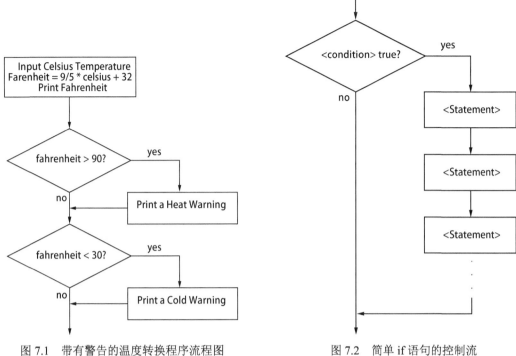

图 7.1 带有警告的温度转换程序流程图   图 7.2 简单 if 语句的控制流

7.1.2 形成简单条件

有一点还没讨论：条件是怎样的？暂时，我们的程序将使用简单条件，它比较两个表达式的值：<expr> <relop> <expr>。这里<relop>是"关系运算符"的缩写。这只是"小于"或"等于"这类数学概念的特别名称。Python 中有六个关系运算符，如表 7.1 所列。

表 7.1   **Python 中的关系运算符**

Python	数学	含义
<	<	小于
<=	≤	小于等于
==	=	等于
>=	≥	大于等于
>	>	大于
! =	≠	不等于

特别要注意用"=="表示相等。由于 Python 使用"="符号来表示赋值语句，因此对于相等概念，需要使用不同的符号。Python 程序中常见的错误是在条件中使用"="，而实际需要使用的是"=="。

条件可以比较数字或字符串。比较字符串时，排序是按"字典序"。基本上，这意味着根据底层的 Unicode 值以字母顺序放置字符串。因此，所有大写拉丁字母都在小写字母之前（例如，"Bbbb"在"aaaa"之前，因为"B"在"a"之前）。

我应该提到，条件实际上是一种表达式，称为布尔表达式，为纪念乔治·布尔，一位

19 世纪英国数学家。对一个布尔表达式求值，会产生值 true（条件成立）或 false（不成立）。某些语言（如 C ++和旧版本的 Python）就用整数 1 和 0 来表示这些值。其他语言（如 Java 和现代 Python）有布尔表达式的专用数据类型。

在 Python 中，布尔表达式类型为 bool，布尔值 true 和 false 由字面量 True 和 False 表示。下面是一些交互示例：

```
>>> 3 < 4
True
>>> 3 * 4 < 3 + 4
False
>>> "hello" == "hello"
True
>>> "hello" < "hello"
False
>>> "Hello" < "hello"
True
```

7.1.3　示例：条件程序执行

在第 1 章，我提到过有几种不同的方式来运行 Python 程序。一些 Python 模块文件被设计为直接运行。这些通常被称为"程序"或"脚本"。其他 Python 模块主要设计为让其他程序导入和使用，这些通常被称为"库"。有时我们希望创建一种混合模块，它既可以作为独立程序使用，也可以作为可以由其他程序导入的库使用。

到目前为止，我们的大多数程序在底部有一行来调用 main 函数。

```
main()
```

如你所知，这实际上启动了程序的运行。这些程序适合直接运行。在窗口环境中，你可以通过点击（或双击）图标来运行该文件。或者键入类似 python <myfile> .py 这样的命令。

由于 Python 在导入过程中对模块中的行求值，所以当前的程序在导入到交互式 Python 会话或另一个 Python 程序时也会运行。一般来说，不要让模块在导入时运行。以交互方式测试程序时，通常的方法是首先导入模块，然后在每次运行它时调用它的 main（或一些其他函数）。

如果程序设计为既可以导入（不运行）又可以直接运行，则对底部的 main 的调用必须是有条件的。一个简单的判断应该就能搞定：

```
if <condition>:
    main()
```

我们只需要找到合适的条件。

无论何时导入模块，Python 都会在该模块内部创建一个特殊的变量__name__，并为其分配一个表示模块名称的字符串。下面是一个示例交互，显示 math 库的情况：

```
>>> import math
>>> math.__name__
'math'
```

你可以看到，在导入后，math 模块中的__name__变量赋为字符串'math'。

但是，如果直接运行 Python 代码（不导入），Python 会将__name__的值设置为'__main__'。

要看到这个效果，只需要启动一个 Python shell 并查看该值。

```
>>> __name__
'__main__'
```

因此，如果模块被导入，那个模块中的代码将看到一个名为__name__的变量，其值是模块的名称。如果文件直接运行，代码将看到该名称的值为'__main__'。模块可以通过检查此变量来确定如何使用它。

综上所述，我们可以改变程序的最后一行，像这样：

```
if __name__ == '__main__':
    main()
```

这保证在直接调用程序时自动运行 main，但如果导入模块，就不会运行。几乎在每个 Python 程序的底部，都会看到类似这样的一行代码。

7.2 两路判断

既然我们利用判断，有办法在程序中选择性地执行某些语句，就可以回头看看第 3 章的二次方程求解程序。下面是之前的程序：

```
# quadratic.py
#    A program that computes the real roots of a quadratic equation.
#    Note: This program crashes if the equation has no real roots.

import math

def main():
    print("This program finds the real solutions to a quadratic\n")

    a = float(input("Enter coefficient a: "))
    b = float(input("Enter coefficient b: "))
    c = float(input("Enter coefficient c: "))

    discRoot = math.sqrt(b * b -4 * a * c)
    root1 = (-b + discRoot) / (2 * a)
    root2 = (-b -discRoot) /  (2 * a)

    print("\nThe solutions are:", root1, root2 )

main()
```

如注释中所述，如果给出没有实根的二次方程的系数时，该程序会崩溃。这段代码的问题是当 $b^2 - 4ac$ 小于 0 时，程序试图取负数的平方根。由于负数没有实根，所以 math 库报告错误。下面有一个例子：

```
>>> main()
This program finds the real solutions to a quadratic

Enter coefficient a: 1
Enter coefficient b: 2
Enter coefficient c: 3
Traceback (most recent call last):
```

```
  File "quadratic.py", line 23, in <module>
    main()
  File "quadratic.py", line 16, in main
    discRoot = math.sqrt(b * b -4 * a * c)
ValueError: math domain error
```

可以用一个判断来检查这种情况，并确保程序不会崩溃。下面是第一次尝试：

```
# quadratic2.py
import math

def main():
    print("This program finds the real solutions to a quadratic\n")
    a = float(input("Enter coefficient a: "))
    b = float(input("Enter coefficient b: "))
    c = float(input("Enter coefficient c: "))

    discrim = b * b -4* a* c
    if discrim >= 0:
        discRoot = math.sqrt(discrim)
        root1 = (-b + discRoot) / (2 * a)
        root2 = (-b -discRoot) / (2 * a)
        print("\nThe solutions are:", root1, root2 )

main()
```

这个版本首先计算判别式（$b^2 - 4ac$）的值，再检查并确保它不是负数。然后程序继续取平方根并计算解。如果 discrim 为负数，该程序永远不会尝试调用 math.sqrt。

不幸的是，这个更新版本并不是一个完整的解决方案。你看到当方程没有实根时会发生什么？根据简单 if 的语义，当 b * b - 4 * a * c 小于零时，程序将简单地跳过计算并转到下一条语句。由于没有下一条语句，程序就会退出。下面是交互式会话的示例：

```
>>> main()
This program finds the real solutions to a quadratic

Enter coefficient a: 1
Enter coefficient b: 2
Enter coefficient c: 3
>>>
```

这几乎比以前的版本更差，因为它不给用户任何迹象表明什么错误，只是让程序中止。更好的程序将打印一条消息，告诉用户他们指定的方程没有实数解。我们可以通过在程序结束时添加另一个简单的判断来实现这一点。

```
if discrim < 0:
    print("The equation has no real roots!")
```

这当然会解决我们的问题，但这个解决方案感觉不对。我们已经编写了两个判断的序列，但两个结果是互斥的。如果 discrim >= 0 为真，则 discrim <0 肯定为假，反之亦然。程序中有两个条件，但实际上只有一个判断。根据 discrim 的值，程序应该打印没有实数根，或者应该计算并显示根。这是一个两路判断的例子。图 7.3 说明了情况。

在 Python 中，可以通过在 if 子句后加上 else 子句来实现两路判断。结果称为 if-else 语句。

```
if <condition>:
    <statements>
```

```
else:
    <statements>
```

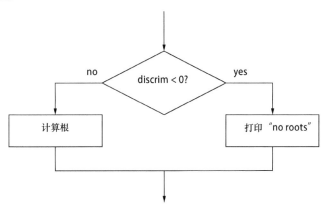

图 7.3　二次方程求解程序是一个两路判断

当 Python 解释器遇到这种结构时，它首先对条件求值。如果条件为真，则执行 if 下的语句；如果条件为假，则执行 else 下的语句。在任何情况下，控制随后都转到 if-else 之后的语句。

在二次方程求解程序中使用两路判断，得到了更优雅的解决方案：

```
# quadratic3.py
import math

def main():
    print("This program finds the real solutions to a quadratic\n")

    a = float(input("Enter coefficient a: "))
    b = float(input("Enter coefficient b: "))
    c = float(input("Enter coefficient c: "))

    discrim = b * b -4* a* c
    if discrim < 0:
        print("\nThe equation has no real roots!")
    else:
        discRoot = math.sqrt(b * b -4 * a * c)
        root1 = (-b + discRoot) / (2 * a)
        root2 = (-b -discRoot) / (2 * a)
        print("\nThe solutions are:", root1, root2)
main()
```

这个程序很好地解决了问题。下面是两次运行新程序的示例会话：

```
>>> main()
This program finds the real solutions to a quadratic

Enter coefficient a: 1
Enter coefficient b: 2
Enter coefficient c: 3

The equation has no real roots!
>>> main()
This program finds the real solutions to a quadratic
```

```
Enter coefficient a: 2
Enter coefficient b: 4
Enter coefficient c: 1

The solutions are: -0.2928932188134524 -1.7071067811865475
>>>
```

7.3　多路判断

最新版本的二次方程求解程序肯定改进很大，但它仍然有一些奇怪的地方。下面是另一次运行示例：

```
>>> main()
This program finds the real solutions to a quadratic

Enter coefficient a: 1
Enter coefficient b: 2
Enter coefficient c: 1

The solutions are: -1.0 -1.0
```

这在技术上是正确的，给定的系数产生一个方程，有相等的根为–1。但是，输出可能会使某些用户感到困惑。它看起来像程序错误地打印了两次相同的数字。也许该程序应该给出更多信息，以避免混乱。

当 discrim 为 0 时，发生等根的情况。在这种情况下，discRoot 也为 0，并且两个根的值为–b。如果希望捕捉这种特殊情况，程序实际上需要一个三路判断。下面是设计的快速草稿：

```
...
Check the value of discrim
    when < 0: handle the case of no roots
    when = 0: handle the case of a double root
    when > 0: handle the case of two distinct roots.
```

该算法的一种编码方法是用两个 if-else 语句。if 或 else 子句的主体可以包含任何合法的 Python 语句，包括其他 if 或 if-else 语句。将一个复合语句放入另一个复合语句称为"嵌套"。下面是用嵌套来实现三路判断的代码片段：

```
if discrim < 0:
    print("Equation has no real roots")
else:
    if discrim == 0:
        root= -b / (2 * a)
        print("There is a double root at", root)
    else:
        # Do stuff for two roots
```

仔细观察这段代码，会看到有三种可能的路径。代码序列由 discrim 的值确定。该解决方案的流程图如图 7.4 所示。你可以看到顶层结构只是一个 if-else。（将虚线框视为一个大语句。）虚线框包含第二个 if-else，嵌套在顶级判断的 else 部分中。

我们又有了一个有效的解决方案，但实现让人感觉不太好。我们用两个两路判断巧妙地实现了一个三路判断。得到的代码不反映原始问题的真正三路判断。设想一下，如果我们需要像这样做一个五路判断。

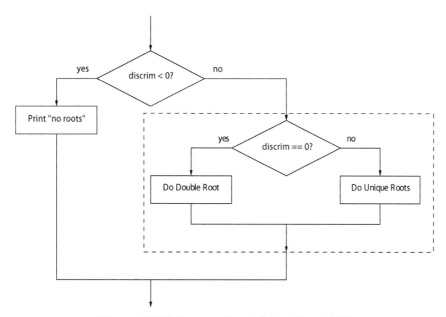

图 7.4   使用嵌套 if-else 的二次求解器的三路判断

if-else 结构将嵌套四层，Python 代码会一直写到屏幕的右边。

在 Python 中编写多路判断还有另一种方法，它保留了嵌套结构的语义，但看起来更舒服。这就是将一个 else 和一个 if 组合成一个称为 elif 的子句（发音为"ell-if"）。

```
if <condition1>:
    <case1 statements>
elif <condition2>:
    <case2 statements>
elif <condition3>:
    <case3 statements>
...
else:
    <default statements>
```

这个格式用于分隔任意数量的互斥代码块。Python 将依次对每个条件求值，寻找第一个为真的条件。如果找到真条件，就执行在该条件下缩进的语句，并且控制转到整个 if-elif-else 之后的下一语句。

如果没有条件为真，则执行 else 下的语句。else 子句是可选的，如果省略，则可能没有缩进语句块被执行。

在我们的二次方程求解程序中，用 if-elif-else 表示三路判断得到了一个完成得很好的程序：

```
# quadratic4.py
import math

def main():
    print("This program finds the real solutions to a quadratic\n")

    a = float(input("Enter coefficient a: "))
    b = float(input("Enter coefficient b: "))
    c = float(input("Enter coefficient c: "))

    discrim = b * b -4* a* c
    if discrim < 0:
```

```
        print("\nThe equation has no real roots!")
    elif discrim == 0:
        root= -b / (2 * a)
        print("\nThere is a double root at", root)
    else:
        discRoot = math.sqrt(b * b -4 * a * c)
        root1 = (-b + discRoot) / (2 * a)
        root2 = (-b - discRoot) / (2 * a)
        print("\nThe solutions are:", root1, root2 )
main()
```

7.4　异常处理

我们的二次方程求解程序使用判断结构，避免了对负数取平方根和运行时产生错误。在许多程序中，这是一种常见的模式：使用判断来防止罕见但可能的错误。

在二次方程求解程序的例子中，我们在调用 sqrt 函数之前检查了数据。有时函数本身会检查可能的错误，并返回一个特殊的值来表示操作失败。例如，另一个平方根运算可能返回负数（如–1）来表示错误。因为平方根函数应该总是返回非负根，所以该值可以作为信号，表示已经发生了错误。程序将用判断检查操作的结果：

```
discRt = otherSqrt(b*b -4*a*c)
if discRt < 0:
    print("No real roots.")
else:
    ...
```

有时程序充满了检查特殊情况的判断，导致处理一般情况的主要算法似乎快要找不到了。编程语言设计者提出了"异常处理"的机制，帮助解决这种设计问题。异常处理机制让程序员可以编写一些代码，捕获和处理程序运行时出现的错误。具有异常处理的程序不会显式地检查算法中的每个步骤是否成功，本质上它是说，"做这些步骤，如果任何问题出现，以这种方式处理它。"

我们不打算在这里讨论 Python 异常处理机制的所有细节，但我想给出一个具体的例子，这样你可以看到异常处理的工作原理和使用它的程序。在 Python 中，异常处理是通过类似于判断的特殊控制结构完成的。我们从一个具体的例子开始，然后看看一般的方法。

下面是一个二次方程求解程序的版本，它使用 Python 的异常机制来捕获 math.sqrt 函数中的可能错误：

```
# quadratic5.py
import math

def main():
    print("This program finds the real solutions to a quadratic\n")

    try:
        a = float(input("Enter coefficient a: "))
        b = float(input("Enter coefficient b: "))
        c = float(input("Enter coefficient c: "))
        discRoot = math.sqrt(b * b -4 * a * c)
        root1 = (-b + discRoot) / (2 * a)
        root2 = (-b - discRoot) / (2 * a)
```

```
            print("\nThe solutions are:", root1, root2)
        except ValueError:
            print("\nNo real roots")
main()
```

注意，这基本上是二次方程求解程序的第一个版本，并在核心程序外面加上了 try...except。try 语句的一般形式为：

```
try:
    <body>
except <ErrorType>:
    <handler>
```

当 Python 遇到 try 语句时，它尝试执行其中的语句。如果这些语句执行没有错误，控制随后转到 try ... except 后的下一个语句；如果在其中某处发生错误，Python 会查找具有匹配错误类型的 except 子句。如果找到合适的 except，则执行处理程序代码。

原来没有异常处理的程序产生以下错误：

```
Traceback (most recent call last):
  File "quadratic.py", line 23, in <module>
    main()
  File "quadratic.py", line 16, in main
    discRoot = math.sqrt(b * b -4 * a * c)
ValueError: math domain error
```

这条错误消息的最后一行说明了产生错误的类型，即 ValueError。程序的更新版本提供了一个 except 子句来捕获 ValueError。下面是它执行的样子：

```
This program finds the real solutions to a quadratic

Enter coefficient a: 1
Enter coefficient b: 2
Enter coefficient c: 3

No real roots
```

没有崩溃，异常处理程序捕获错误，并打印一条消息，说明方程没有实数根。

有趣的是，我们的新程序还捕获用户输入无效值导致的错误。让我们再次运行程序，这次输入"x"作为第一个输入。下面是运行示例：

```
This program finds the real solutions to a quadratic

Enter coefficient a: x

No real roots
```

看到这里发生了什么吗？Python 执行 float("x")时，引发了一个 ValueError，因为"x"不能转换为浮点数。这导致程序退出 try 并跳转到该错误的 except 子句。当然，最后的消息在这里看起来有点奇怪。下面是程序的最后一个版本，检查发生什么样的错误：

```
# quadratic6.py
import math

def main():
    print("This program finds the real solutions to a quadratic\n")
    try:
        a = float(input("Enter coefficient a: "))
        b = float(input("Enter coefficient b: "))
```

```
        c = float(input("Enter coefficient c: "))
        discRoot = math.sqrt(b * b - 4 * a * c)
        root1 = (-b + discRoot) / (2 * a)
        root2 = (-b - discRoot) / (2 * a)
        print("\nThe solutions are:", root1, root2 )
    except ValueError as excObj:
        if str(excObj) == "math domain error":
            print("No Real Roots")
        else:
            print("Invalid coefficient given")
    except:
        print("\nSomething went wrong, sorry!")

main()
```

多个 except 类似于 elif。如果发生错误，Python 将依次尝试每个 except，查找与错误类型匹配的错误。在这个例子底部的空 except，行为就像一个 else，如果前面的 except 错误类型都不匹配，它将作为默认行为。如果底部没有默认值，并且没有任何 except 类型匹配错误，程序将崩溃，Python 会报告错误。

请注意我是如何处理两种不同 ValueErrors 的。异常实际上是一种对象。如果在 except 子句中，在错误类型后跟上 as <variable>，Python 会将该变量赋值为实际的异常对象。在这个例子中，我将异常转换成一个字符串，检查该消息，看看是什么导致了 ValueError。请注意，这段文本正是在未捕获错误时，Python 打印出来的内容（即 ValueError: math domain error）。如果异常不是 ValueError，这个程序只打印一般的道歉。作为挑战，你也许希望看看是否能找到导致道歉的错误输入。

可以看到，try ... except 语句让我们可以编写防御式程序。同样利用这种技术，可以观察 Python 打印的错误消息，设计 except 子句来捕获并处理它们。是否需要这么麻烦，取决于你正在编写的程序类型。在刚开始编程时，你可能不太担心错误的输入。但专业品质的软件应该采取所有可行的办法，防止用户得到意外的结果。

7.5 设计研究：三者最大

既然判断可以改变程序的控制流，那么我们的算法就从单调的、逐步的、严格的顺序处理中解放出来。这是福，也是祸。好的一面是，我们可以开发更复杂的算法，就像我们对二次方程求解程序所做的那样。不好的是，设计这些更复杂的算法要困难得多。在本节中，我们将介绍一个更困难的判断问题的设计，从而展示设计过程中的一些挑战和乐趣。

假设我们需要一个算法，找出三个数中最大的一个。这个算法可能是一个更大的问题的一部分，例如确定等级或计算税额，但我们对最终的细节不感兴趣，只关心问题的关键。也就是说，计算机如何确定用户的三个输入中哪一个最大？下面是简单的程序大纲：

```
def main():
    x1, x2, x3 = eval(input("Please enter three values: "))

    # missing code sets maxval to the value of the largest

    print("The largest value is", maxval)
```

请注意，我用 eval 来获取三个数，这是一种猛糙快的方式。当然，在产品代码中（让其他用户使用的程序），通常应该避免 eval。在这里问题不大，因为我们只关心开发和测试一些算法思想。

现在我们只需要填充缺少的部分。在阅读下面的分析之前，你可能希望自己尝试解决这个问题。

7.5.1 策略 1：比较每个值和所有其他值

显然，这个程序向我们提出了一个判断问题。我们需要一系列语句，将 maxval 的值设置为三个输入 x1、x2 和 x3 中的最大值。一眼看上去，这像是一个三路判断，我们需要执行以下任务之一：

```
maxval = x1
maxval = x2
maxval = x3
```

似乎我们只需要在每行前面加上适当的条件，让它只在正确的情况下执行。

让我们考虑第一种可能性：x1 是最大的。为了确定 x1 确实是最大的，我们只需要检查它至少与另外两个一样大。下面是第一次尝试：

```
if x1>= x2 >= x3:
    maxval = x1
```

你首先需要关注，这个语句的语法是否正确。条件 x1> = x2> = x3 与上面显示的条件的模板不匹配。大多数计算机语言不接受它作为一个有效的表达式。事实证明，Python 允许这种复合条件，它的行为完全就像数学关系 x1≥x2≥x3。也就是说，当 x1 至少与 x2 一样大且 x2 至少与 x3 一样大时，条件为真。所以很幸运，Python 对这个条件没有问题。

每次写判断时，你应该问自己两个重要的问题。首先，当条件为真时，你是否绝对确定判断后执行语句是正确的操作？在这种情况下，条件清楚地表明 x1 至少与 x2 和 x3 一样大，因此将其值赋给 maxval 应该是正确的。始终要特别注意边界值，注意我们的条件包括等于和大于。我们应该说服自己这是正确的。假设 x1、x2 和 x3 都相同，这个条件将返回 true。这没关系，因为我们选择什么都不重要。第一个至少与其他一样大，因此最大。

第二个问题与第一个问题相反。我们是否确定当 x1 最大时，在所有情况下这个条件都是真的？不幸的是，我们的结论不符合这个测试。假设值是 5、2 和 4。显然，x1 是最大的，但条件返回 false，因为关系 5≥2≥4 不成立。我们需要修复这个问题。

我们要确保 x1 是最大的，但我们不关心 x2 和 x3 的相对顺序。我们真正需要的是两个单独的测试，以确定 x1> = x2 且 x1> = x3。Python 允许我们测试这样的多个条件，只要用 and 关键字将它们组合起来。我们将在第 8 章讨论 and 的确切语义。直觉上，以下条件似乎是我们要寻找的：

```
if x1 >= x2 and x1 >= x3:    # x1 is greater than each of the others
    maxval = x1
```

要完成该程序，我们只需要为其他可能性执行类似的测试：

```
if x1 >= x2 and x1 >= x3:
    maxval = x1
elif x2 >= x1 and x2 >= x3:
```

```
        maxval = x2
    else:
        maxval = x3
```

总结一下，我们的算法基本上是检查每个可能的值和所有其他值，以确定它是否最大。

只有三个值的结果相当简单，但如果我们试图找到五个值中最大的，这个解决方案怎样？这样我们需要四个布尔表达式，每个由四个条件组成。复杂的表达式是由于每个判断都是独立的，在后续测试中忽略了来自前面测试的信息。要明白我的意思，请回顾一下简单的三者最大的代码。假设第一个判断发现 x1 大于 x2，但不大于 x3。此时，我们知道 x3肯定是最大值。不幸的是，我们的代码忽略了这一点，Python 会继续对下一个表达式求值，发现它是 false，最后执行 else。

7.5.2 策略 2：判断树

要避免先前算法的冗余测试，一种方式是使用"判断树"的方法。假设我们从一个简单的测试 x1 >= x2 开始。这使得 x1 或 x2 中的一个退出最大值的竞争。如果条件为真，我们只需要看看 x1 和 x3 哪个更大。如果初始条件为假，则结果归结为 x2 和 x3 之间的选择。如你所见，第一个判断"分支"成两种可能性，每种又是另一个判断，因此称为"判断树"。图 7.5 用流程图展示了这种情况。这个流程图很容易转换成嵌套的 if-else 语句。

```
if x1 >= x2:
    if x1 >= x3:
        maxval = x1
    else:
        maxval = x3
else:
    if x2 >= x3:
        maxval = x2
    else:
        maxval = x3
```

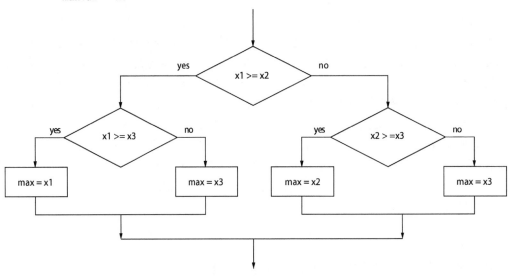

图 7.5   三者最大问题的判断树方法的流程图

这种方法的优势是效率。无论三个值的顺序如何，该算法都将进行两次比较，并将正确的值分配给 maxval。然而，这种方法的结构比第一种更复杂，如果我们用三个以上的值来尝试这个设计，会遭受类似的复杂性爆炸。作为一项挑战，你可能希望尝试能否设计一个判断树，找到四个值中的最大值。（你需要 if-elses 嵌套三层，导致八个赋值语句。）

7.5.3 策略3：顺序处理

到目前为止，我们设计了两种非常不同的算法，但没有一种看起来特别优雅。也许还有第三种方式。设计算法时，一个好的起点是问自己，如果要求你做这项工作，你将如何解决问题。要找到三个数中最大的，你可能对要采取的步骤没有很好的直觉。只要看看数字，就知道哪个是最大的。但是，如果交给你一本书，其中包含几百个数字，又没有特定的顺序呢？你将如何找到这个集合中最大的数字？

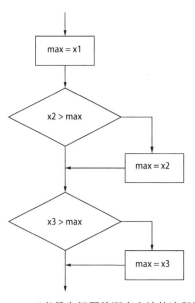

面对更大的问题时，大多数人会制定一个简单的策略。扫描数字，直到找到一个大的，用手指指向它。继续扫描，如果找到一个大于指向的数字，手指移动到新的数字。到达列表的末尾时，手指将指向最大值。简而言之，这个策略让我们按顺序浏览列表，记录到目前为止最大的数字。

计算机没有手指，但我们可以使用变量来记录最大值。事实上，最简单的方法是用 maxval 来完成这项工作。这样，到了最后，maxval 将自动包含列表中的最大值。描述三者最大问题策略的流程图如图 7.6 所示。

图 7.6 三者最大问题的顺序方法的流程图

下面是对应的 Python 代码：

```
maxval = x1
if x2 > maxval:
    maxval = x2
if x3 > maxval:
    maxval = x3
```

显然，顺序方法是三种算法中最好的。代码本身很简单，只包含两个简单的判断，并且顺序处理比以前算法中使用的嵌套更容易理解。此外，这个思路能很好地扩展到更大的问题。例如，添加第四项只需要一个语句：

```
maxval = x1
if x2 > maxval:
    maxval = x2
if x3 > maxval:
    maxval = x3
if x4 > maxval:
    maxval = x4
```

最后一个解决方案可以扩展到更大的问题，这不奇怪，我们通过明确考虑如何解决更复杂的问题而发明了该算法。事实上，你可以看到代码是非常重复的。我们可以轻松地编写一个程序，允许用户将我们的算法折叠成一个循环，找到 n 个数字中最大的。不必使用

x1、x2、x3 等单独的变量，我们可以每次取得一个值，并不断重复使用单个变量 x。每次比较最新的 x 和 maxval 的当前值，看它是否更大。

```python
# program: maxn.py
#    Finds the maximum of a series of numbers

def main():
    n = int(input("How many numbers are there? "))

    # Set max to be the first value
    maxval = float(input("Enter a number >> "))

    # Now compare the n-1 successive values
    for i in range(n-1):
        x = float(input("Enter a number >> "))
        if x > maxval:
            maxval = x

    print("The largest value is", maxval)

main()
```

这段代码利用嵌套在循环中的判断来完成工作。在循环的每次迭代中，maxval 包含到目前为止看到的最大值。

7.5.4　策略 4：使用 Python

在结束这个问题之前，我确实应该指出，这些努力追求的算法开发都没有必要。Python 实际上有一个内置的函数 max，它返回最大的参数。下面是我们程序的最简单版本：

```python
def main():
    x1, x2, x3 = eval(input("Please enter three values: "))
    print("The largest value is", max(x1, x2, x3))
```

当然，这个版本不需要开发任何算法，这让练习的意图彻底失败了！有时候 Python 太容易让我们舒服了。

7.5.5　一些经验

三者最大问题不是什么惊天动地的问题，但解决这个问题的尝试展示了算法和程序设计中的一些重要思想。

- 存在多种方法实现方式。任何有价值的计算问题，都有多种解决方法。虽然这可能看起来很明显，但许多新程序员没有真正把这一点放在心上。这对你意味着什么？不要急于编写进入脑海的第一个想法。想想你的设计，问自己是否存在更好的方法来处理这个问题。写下代码后，再问自己是否可能有更好的方法。你的第一个任务是找到一个正确的算法。之后，力求清晰、简单、高效、可扩展和优雅。好的算法和程序就像逻辑的诗，阅读和维护它们让人赏心悦目。
- 变成计算机。特别是对于新程序员来说，制定算法的最好方法之一是简单地问自己如何解决问题。虽然存在其他一些用于设计良好算法的技术（见第 13 章），但是直接的方法通常简单、清楚、有效。

● 通用性好。我们通过考虑更通用的 n 个数的最大值问题，得到三者最大问题的最佳解决方案。考虑更通用的问题可以导致对于某些特殊情况的更好的解决方案，这很常见。不要害怕后退一步去思考总体的问题。同样，在设计程序时，应始终注意使程序更有用。如果 n 者最大的程序和三者最大一样容易，你可以写出更通用的程序，因为它更有可能在其他情况下有用。这样从编程工作中获得的效用最大。

● 不要重新发明轮子。我们的第四个解决方案是使用 Python 的 max 函数。你可能认为这是作弊，但这个例子说明了一个重要问题。很多非常聪明的程序员已经设计了无数的好算法和程序。如果你希望解决的问题似乎是许多其他人肯定会遇到的问题，你可以开始先弄清楚问题是否已经被解决了。由于你正在学习编程，从头开始设计是很好的经验。然而，真正的专家程序员知道什么时候借用。

7.6　小结

本章阐述了做出判断的基本控制结构。下面是要点。
● 判断结构是允许程序针对不同情况执行不同指令序列的控制结构。
● 判断在 Python 中用 if 语句实现。简单的判断是用一个简单的 if 来实现的。两路判断通常使用 if-else。多路判断用 if-elif-else 实现。
● 判断基于条件的求值，条件是简单的布尔表达式。布尔表达式结果为 true 或 false。Python 有专门的 bool 数据类型，其字面量为 True 和 False。条件的构成利用了关系运算符<、<=、! =、==、>和>=。
● 一些编程语言提供了异常处理机制，让程序更具"防御性"。Python 提供了用于异常处理的 try-except 语句。
● 结合判断的算法可能变得相当复杂，因为判断结构是嵌套的。通常有许多解决方案是可能的，应仔细考虑，得到正确、有效和可理解的程序。

7.7　练习

复习问题

判断对错

1. 一个简单的判断可以用一个 if 语句来实现。
2. 在 Python 条件中，"="被写成"/="。
3. 字符串利用字典顺序进行比较。
4. 用 if-elif 语句实现两路判断。

5. `math.sqrt` 函数无法计算负数的平方根。

6. 单个 `try` 语句可以捕获多种错误。

7. 多路判断必须通过嵌套多个 `if-else` 语句来处理。

8. 对于涉及判断结构的问题，通常只有一个正确的解决方案。

9. 在 Python 中允许条件 `x <= y <= z`。

10. 输入验证意味着在需要输入时提示用户。

选择题

1. 控制其他语句的执行的语句称为_____。

a. 老板结构　　　b. 超结构　　　　　c. 控制结构　　　　　d. 分支

2. 在 Python 中实现多路判断的最佳结构是_____。

a. `if`　　　　　b. `if-else`　　　c. `if-elif-else`　d. `try`

3. 求值为 true 或 false 的表达式称为_____。

a. 操作表达式　　b. 布尔表达式　　　c. 简单表达式　　　　d. 复合表达式

4. 当程序直接运行（未导入）时，`__name__` 的值为_____。

a. `script`　　　b. `main`　　　　　c. `__main__`　　　　d. `True`

5. bool 类型的字面量是_____。

a. `T,F`　　　　b. `True,False`　　c. `true,false`　　d. `1,0`

6. 在另一个判断内部做出判断是_____。

a. 克隆　　　　　b. 勺子　　　　　　c. 嵌套　　　　　　　d. 拖延

7. 在 Python 中，判断的 body 表示为_____。

a. 缩进　　　　　b. 括号　　　　　　c. 花括号　　　　　　d. 冒号

8. 一个判断导致另一组判断，这些判断又导致另一组判断，依此下去，这样的结构称为判断_____。

a. 网络　　　　　b. 网　　　　　　　c. 树　　　　　　　　d. 陷阱

9. 用 `math.sqrt` 取负值的平方根产生_____。

a. ValueError　　b. 虚数　　　　　　c. 程序崩溃　　　　　d. 胃痛

10. 多项选择问题最类似于_____。

a. 简单判断　　　b. 两路判断　　　　c. 多路判断　　　　　d. 异常处理程序

讨论

1. 用你自己的话解释以下模式。

a. 简单判断　　　　b. 两路判断　　　　c. 多路判断

2. 用 `try/except` 处理异常与用普通判断结构（`if` 的变体）处理异常有什么异同？

3. 下面是一个（愚蠢的）判断结构：

```
a, b, c = eval(input('Enter three numbers: '))
if a >b:
    if b >c:
        print("Spam Please!")
    else:
```

```
        print("It's a late parrot!")
elif b > c:
    print("Cheese Shoppe")
    if a >= c:
        print("Cheddar")
    elif a < b:
        print("Gouda")
    elif c == b:
        print("Swiss")
else:
    print("Trees")
    if a == b:
        print("Chestnut")
    else:
        print("Larch")
print("Done")
```

显示以下每种可能输入产生的输出：

a. 3, 4, 5

b. 3, 3, 3

c. 5, 4, 3

d. 3, 5, 2

e. 5, 4, 7

f. 3, 3, 2

编程练习

1．许多公司对每周超出 40 小时以上的工作时间支付 150%的工资。编写程序输入工作小时数和小时工资，并计算一周的总工资。

2．某位 CS 教授给出了 5 分的小测验，评分等级为 5-A，4-B，3-C，2-D，1-E，0-F。编写一个程序，接受测验得分作为输入，并使用判断结构来计算相应的等级。

3．某位 CS 教授给出了 100 分的考试，分级为 90～100：A，80～89：B，70～79：C，60～69：D，<60：F。编写一个程序，将考试分数作为输入，并使用判断结构来计算相应的等级。

4．某所大学根据学生拿到的学分对学生分年级。小于 7 学分的学生是大一新生。至少有 7 个学分才是大二，16 分以上是大三，26 分以上是大四。编写一个程序，根据获得的学分数计算年级。

5．身体质量指数（BMI）的计算公式是人的体重（以磅计）乘以 720，再除以人的身高（以英寸计）的平方。BMI 在 19～25 范围内（包括边界值）被认为是健康的。编写一个程序，计算人的 BMI，并打印一条消息，告诉他们是在健康范围之上、之中还是之下。

6．Podunksville 的超速罚单政策是 50 美元加上超速部分每 mph（一英里每小时）5 美元，如果超过 90mph 再追加罚款 200 美元。编写一个程序，接受速度限制和计时速度，并打印一条消息，表明速度合法，或者在速度非法时，打印罚款。

7．一个保姆每小时收费 2.50 美元直到晚上 9:00，然后一小时降到 1.75 美元（孩子们在床上）。编写一个程序，接受以小时和分钟为单位的开始时间和结束时间，并计算总的保姆账单。可以假设开始和结束时间在一个 24 小时内。不足 1 小时的应该适当地按比例分配。

8．如果一个人至少 30 岁，并且成为美国公民至少 9 年，就有资格成为美国参议员。作为美国众议员，年限分别是 25 岁和 7 年。编写一个程序，接受一个人的年龄和公民年数作为输入，并输出他的参议院和众议院资格。

9．计算 1982～2048 年的复活节的计算公式如下：令 a = year%19, b = year%4, c = year%7, d = (19a + 24)%30, e = (2b +4c +6d + 5)%7。复活节的日期是 3 月 22 日 + d + e（可能在 4 月）。写一个程序，输入年份，验证它在适当的范围，然后打印出那一年复活节的日期。

10．除 1954 年、1981 年、2049 和 2076 年以外，上一个问题中复活节的公式适用于 1900～2099 年。对于这四年，它产生的日期晚了一个星期。修改上述程序，让它适用于 1900～2099 的所有年份。

11．某年是闰年，如果它可以被 4 整除，除非它是世纪年份但不能被 400 整除（1800 和 1900 不是闰年，而 1600 和 2000 是。）编写一个程序，计算某年是否为闰年。

12．编写一个程序，以月/日/年的形式接受日期，并输出日期是否有效。例如 5/24/1962 是有效的，但 9/31/2000 不是。（9 月只有 30 天。）

13．一年中的第几天通常从 1～365（或 366）。这个数字可以用整数算术，利用三个步骤来计算：

（a）dayNum = 31(month - 1) + day。

（b）如果月份是在二月份之后减去（4（month）+ 23）// 10。

（c）如果是闰年并在 2 月 29 日之后，加 1。

编写一个程序，以月/日/年的形式接受一个日期，验证它是一个有效的日期（见上一个问题），然后计算相应的天数。

14．做第 4 章的编程练习 7，但添加一个判断来处理直线不与圆相交的情况。

15．做第 4 章的编程练习 8，但添加一个判断，以防止程序除以零，如果线是垂直的。

16．射箭计分程序。编写一个绘制箭靶的程序（参见第 4 章的程序练习 2），并允许用户点击五次以表示在目标处射击的箭头。采用五级评分，靶心（黄色）得 9 分，后续每个环减 2 分，直到白色为 1 分。该程序应输出每次点击的分数，并记录整个过程的动态总分。

17．编写一个程序，用动画显示在窗口中弹跳的圆。基本思想是在窗口内部的某处启动圆。用变量 dx 和 dy（都初始化为 1）来控制圆的运动。采用大计数循环（例如 10000 次迭代），每次循环利用 dx 和 dy 移动圆。当圆心的 x 值过高（碰到边缘）时，将 dx 更改为 -1。当它变得太低时，将 dx 更改为 1。对 dy 使用类似的方法。

注意：你的动画可能会运行得太快。你可以通过使用图形库的更新速率参数来减慢速度。例如，下面的循环将被限制，以每秒 30 次的速率执行：

```
for i in range(10000):
    ...
    update(30) # pause so rate is not more than 30 times a second
```

18．从上一章找一个最喜欢的编程问题，并根据需要添加判断和/或异常处理，让它真正健壮（不会因任何输入而崩溃）。与朋友交流你的程序，比赛看看谁可以"攻破"对方的程序。

第8章 循环结构和布尔值

学习目标

- 理解确定和不定循环的概念，以及它们用 Python 的 for 和 while 语句的实现。
- 理解交互式循环和哨兵循环的编程模式，以及它们用 Python 的 while 语句的实现。
- 理解文件结束循环的编程模式，以及在 Python 中实现这种循环的方法。
- 能为涉及循环模式（包括嵌套循环结构）的问题设计和实现解决方案。
- 理解布尔代数的基本思想，并能分析和编写涉及布尔运算符的布尔表达式。

8.1 for 循环：快速回顾

在第 7 章，我们详细介绍了 Python 的 if 语句，以及它在实现一些编程模式时的应用，如单路、两路和多路的判断。本章将详细介绍循环和布尔表达式，圆满完成我们的控制结构之旅。

你已知道 Python 的 for 语句提供了一种循环。它允许我们遍历一系列值。

```
for <var> in <sequence>:
    <body>
```

循环索引变量 var 依次取序列中的每个值，循环体中的语句针对每个值执行一次。

假设我们要编写一个程序，计算用户输入的一系列数字的平均值。为了让程序通用，它应该适用于任意大小的数字。你知道平均值是通过对数字求和并除以数字的个数来计算的。我们不需要记录所有输入的数字，只需要一个不断增长的总和，以便最后计算平均值。

这个问题描述应该会触发你的一些灵感。它让你希望用以前看过的一些设计模式。我们正在处理一系列数字：它们将由某种形式的循环来处理。如果有 n 个数字，循环应该执行 n 次，我们可以用计数的循环模式。我们还需要一个不断增长的总和，这需要一个循环累积器。将两个想法结合在一起，我们可以为这个问题生成一个设计：

```
input the count of the numbers, n
initialize total to 0
loop n times
    input a number, x
    add x to total
output average as total / n
```

希望你看到集成在这个设计中的计数循环和累积器模式。我们几乎可以将该设计直接转化为 Python 实现：

```
# average1.py

def main():
    n = int(input("How many numbers do you have? "))
    total = 0.0
    for i in range(n):
        x = float(input("Enter a number >> "))
        total = total + x
    print("\nThe average of the numbers is", total / n)

main()
```

不断增长的总和从 0 开始，依次加上每个数字。循环后，将总和除以 n，计算平均值。
以下是程序的执行：

```
How many numbers do you have? 5
Enter a number >> 32
Enter a number >> 45
Enter a number >> 34
Enter a number >> 76
Enter a number >> 45

The average of the numbers is 46.4
```

好吧，这不错。了解了一些常见的模式，计数循环和累积器，我们可以毫无困难地设计和实现能工作的程序。希望你能明白并记住这些编程习惯用法的价值。

8.2   不定循环

我们的求平均值程序肯定是有效的，但它没有最好的用户界面。它首先问用户有多少个数字。数字少时，这是可以的，但如果有一整页数字需要求平均值呢？数一遍求出总数可能很累。

如果计算机可以负责对数字计数，就太好了。不幸的是，如你所知，for 循环（通常的形式）是一个有限循环，这意味着循环开始时确定迭代次数。除非提前知道迭代次数，否则就不能使用定义循环，但在输入所有数字之前，我们又不能知道这个循环需要多少个迭代。我们似乎陷入困境。

解决这个困境的方法是用另一种循环，即"不定循环"或"条件循环"。一个独立的循环保持迭代，直到满足某些条件。事先没有保证循环会发生多少次。

在 Python 中，用 while 语句实现了一个不定循环。语法上，while 非常简单：

```
while <condition>:
    <body>
```

这里的 condition（条件）是一个布尔表达式，就像在 if 语句中一样。body 像往常一样是一个或多个语句的序列。

while 的语义很简单。只要条件保持为真，循环体就会重复执行。当条件为 false 时，循环终止。图 8.1 展示了一段时间内的流程图。请注意，在循环体执行之前，该条件始终在循环顶部进行测试。这种结构称为"先测试"循环。如果循环条件最初为假，则循环体根本就不会执行。

下面是一个简单的 while 循环，从 0 数到 10 的例子：

```
i = 0
while i <= 10:
    print(i)
    i = i + 1
```

上面代码的输出就像下面的 for 循环一样：

```
for i in range(11):
    print(i)
```

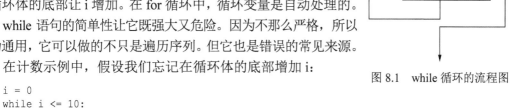

请注意，while 的版本要求我们在循环之前负责初始化 i，并在循环体的底部让 i 增加。在 for 循环中，循环变量是自动处理的。

while 语句的简单性让它既强大又危险。因为不那么严格，所以更为通用，它可以做的不只是遍历序列。但它也是错误的常见来源。

在计数示例中，假设我们忘记在循环体的底部增加 i：

图 8.1　while 循环的流程图

```
i = 0
while i <= 10:
    print(i)
```

该程序的输出是什么？当 Python 到达循环时，i 是 0，小于 10，所以循环体执行，打印 0。现在控制返回到条件，i 仍是 0，所以循环体再次执行，打印 0。现在控制返回到条件，i 仍是 0，所以循环体再次执行，打印 0……

你懂的。这是一个"无限循环"的例子。通常，无限循环是一件坏事。显然这个版本的程序没有任何用处。这让我想起一个笑话，你是否听说过计算机科学家在洗头时精疲力竭而死？瓶子上的说明写着："泡沫。冲洗。重复。"

作为新程序员，如果你从未不小心写出几个无限循环的程序，那就令人惊讶了：这是程序员的必经之路。我们知道，即使更有经验的程序员，偶尔也这样。通常，你可以通过按<Ctrl>-C（按住<Ctrl>键并按 C）退出循环。如果你的循环非常忙，这可能没用，必须使用更激进的手段（例如 PC 上的<Ctrl> - <Alt> - <Delete>）。 如果所有其他方法都失败，你的计算机上总是有可靠的 reset（重置）按钮。最好是开始就避免写出无限循环。

8.3　常见循环模式

8.3.1　交互式循环

不定循环有一个很好的用途，即编写交互式循环。交互式循环背后的想法是，允许用户根据需要重复程序的某些部分。以数字求平均值问题为例，让我们看看这个循环模式。

回想一下，该程序以前的版本强制用户计算要对多少个数字求平均。我们希望修改程序，以便记录有多少个数字。我们可以用另一个累积器（称为 count）来计数，它从 0 开始，每次通过循环增加 1。

为了允许用户在任何时间停止，循环的每次迭代将询问是否有更多的数据要处理。交互式循环的一般模式如下：

```
set moredata to "yes"
while moredata is "yes"
```

```
    get the next data item
    process the item
    ask user if there is moredata
```

将交互式循环模式与累积器相结合，得到这个平均值程序算法：

```
initialize total to 0.0
initialize count to 0
set moredata to "yes"
while moredata is "yes"
    input a number, x
    add x to total
    add 1 to count
    ask user if there is moredata
output total / count
```

注意两个累积器是如何交织在交互式循环的基本结构中的。

下面是相应的 Python 程序：

```
# average2.py

def main():
    total = 0.0
    count = 0
    moredata = "yes"
while moredata[0] == "y":
    x = float(input("Enter a number >> "))
    total = total + x
    count = count + 1
    moredata = input("Do you have more numbers (yes or no)? ")
print("\nThe average of the numbers is", total / count)

main()
```

请注意，该程序使用字符串索引（moredata [0]）来查看用户输入的第一个字母。这样可以做出各种各样的响应，例如"yes""y""yeah"等。重要的是第一个字母是"y"。

以下是该程序的示例输出：

```
Enter a number >> 32
Do you have more numbers (yes or no)? yes
Enter a number >> 45
Do you have more numbers (yes or no)? y
Enter a number >> 34
Do you have more numbers (yes or no)? y
Enter a number >> 76
Do you have more numbers (yes or no)? y
Enter a number >> 45
Do you have more numbers (yes or no)? nope

The average of the numbers is 46.4
```

在这个版本中，用户不必对数据值进行计数，但是界面还是不太好。用户几乎肯定会因为不断提示是否有更多数据而感到烦恼。交互式循环有很多好的应用，但这样不是。

8.3.2 哨兵循环

数字平均值问题有一个更好的解决方案，即采用一种名为"哨兵循环"的模式。哨兵循环不断处理数据，直到达到一个特殊值，表明迭代结束。特殊值称为"哨兵"。可以选择任何值作为哨兵。唯一的限制是能与实际数据值区分开来。哨兵不作为数据的一部分进行处理。

下面是设计哨兵循环的一般模式：

```
get the first data item
while item is not the sentinel
    process the item
    get the next data item
```

请注意这种模式如何避免处理哨兵。在循环开始之前取得第一项数据。这有时被称为"启动读入"，因为它让这个过程启动。如果第一项是哨兵，循环将立即终止，不会处理任何数据。否则，处理该项数据，并读取下一项。在顶部的循环测试确保下一项不是哨兵并处理它。如果遇到哨兵，循环终止。

我们可以将哨兵模式应用于数字平均值问题。第一步是选择哨兵。假设我们正在使用该程序来计算考试成绩的平均值。在这种情况下，我们可以放心地假设没有得分低于 0。用户可以输入负数来表示数据结束。结合哨兵循环和来自交互式循环版本的两个累积器，可以得到以下程序：

```
# average3.py

def main():
    total = 0.0
    count = 0
    x = float(input("Enter a number (negative to quit) >> "))
    while x >= 0:
        total = total + x
        count = count + 1
        x = float(input("Enter a number (negative to quit) >> "))
    print("\nThe average of the numbers is", total / count)

main()
```

我已经改变了提示，这样用户就知道如何表明数据结束。请注意，提示在启动读入和循环体底部是相同的。

现在我们有了一个有用的程序形式。下面是它的执行：

```
Enter a number (negative to quit) >> 32
Enter a number (negative to quit) >> 45
Enter a number (negative to quit) >> 34
Enter a number (negative to quit) >> 76
Enter a number (negative to quit) >> 45
Enter a number (negative to quit) >> -1

The average of the numbers is 46.4
```

该版本既提供了交互式循环的易用性，又省去了一直输入"yes"的麻烦。哨兵循环是非常方便的解决各种数据处理问题的模式。这是你应该记住的另一个习惯用法。

这个哨兵循环解决方案是相当不错的，但还是有一个限制。该程序不能用于对一组既包含负值又包含正值的数字求平均值。我们来看看是否能让这个程序更通用。我们需要一个与任何可能的有效数字（正或负）不同的哨兵值。当然，只要我们限制自己只能处理数字，这是不可能的。无论我们选择什么数字或数字范围作为哨兵，总有可能某些数据集会包含这样的数字。

为了拥有一个真正独特的哨兵，我们需要扩大可能的输入。假设我们将用户的输入作为字符串获取。我们可以有一个独特的非数字字符串，表示输入结束。所有其他输入都将被转换为数字并视为数据。一个简单的解决方案是将一个空字符串作为哨兵值。回忆一下，一个空字符串在 Python 中被表示为""（引号之间没有空格）。如果用户响应输入键入空白行（只需输入<Enter>），Python 将返回一个空字符串。我们可以用这个方法来终止输入。设计如下：

```
initialize total to 0.0
initialize count to 0
input data item as a string, xStr
while xStr is not empty
    convert xStr to a number, x
    add x to total
    add 1 to count
    input next data item as a string, xStr
output total / count
```

与先前的算法进行比较，你可以看到字符串转换为数字已经添加到哨兵循环的处理部分中。将它翻译成 Python，得到以下程序：

```python
# average4.py

def main():
    total = 0.0
    count = 0
    xStr = input("Enter a number (<Enter> to quit) >> ")
    while xStr != "":
        x = float(xStr)
        total = total + x
        count = count + 1
        xStr = input("Enter a number (<Enter> to quit) >> ")
    print("\nThe average of the numbers is", total / count)

main()
```

这段代码检查并确保输入不是哨兵（""）后，然后将输入转换成数字（通过 float）。下面是运行示例，表明现在可以对任意数字集合求平均：

```
Enter a number (<Enter> to quit) >> 34
Enter a number (<Enter> to quit) >> 23
Enter a number (<Enter> to quit) >> 0
Enter a number (<Enter> to quit) >> -25
Enter a number (<Enter> to quit) >> -34.4
Enter a number (<Enter> to quit) >> 22.7
Enter a number (<Enter> to quit) >>

The average of the numbers is 3.38333333333
```

我们终于对最初的问题有了很好的解决方案。你应该研究这个解决方案，以便将这些技术应用到你自己的程序中。

8.3.3 文件循环

到目前为止，所有平均值程序都有一个缺点：它们是互动的。想象一下，你正在尝试求 87 个数字的平均值，而恰巧在接近尾声时发生了打字错误。用我们的互动程序，你需要重新开始。

　　处理该问题的更好方法，可能是将所有数字输入到文件中。文件中的数据可以先仔细考察并编辑，再发送给程序，生成报告。这种面向文件的方法常常用于数据处理应用程序。

　　在第 5 章，我们使用文件对象作为 for 循环中的序列，查看了文件中的数据。我们可以将这种技术直接应用于数字平均值问题。假设数字被输入一个文件，每行一个，我们可以用下列程序计算平均值：

```
# average5.py

def main():
    fileName = input("What file are the numbers in? ")
    infile = open(fileName,'r')
    total = 0.0
    count = 0
    for line in infile:
        total = total + float(line)
        count = count + 1
    print("\nThe average of the numbers is", total / count)

main()
```

　　在这段代码中，循环变量 line 将文件作为行序列，遍历该文件。每行被转换为一个数字，并加到不断增长的总和中。

　　许多编程语言没有特殊的机制来循环遍历这样的文件。在这些语言中，文件的行可以使用哨兵循环的形式读取，每次一行。我们可以在 Python 中使用 readline()，来说明这个方法。回忆一下，readline()方法从文件中获取下一行作为字符串。在文件末尾，readline()返回一个空字符串，我们可以用它作为哨兵值。下面是 Python 中使用 readline()的"文件结束循环"的一般模式：

```
line = infile.readline()
while line != "":
    # process line
    line = infile.readline()
```

　　首先，你可能担心，如果文件中遇到空行，该循环会过早停止。情况不是这样。回忆一下，文本文件中的空白行包含单个换行符（"\n"），而且 readline 方法在其返回值中包含换行符。由于"\n" !=""，所以循环将继续。

　　下面是将文件结束哨兵循环应用于数字平均值问题所产生的代码：

```
# average6.py

def main():
    fileName = input("What file are the numbers in? ")
    infile = open(fileName,'r')
    total = 0.0
    count = 0
    line = infile.readline()
    while line != "":
        total = total + float(line)
        count = count + 1
        line = infile.readline()
    print("\nThe average of the numbers is", total / count)

main()
```

显然，这个版本不如使用 for 循环那样简洁。在 Python 中，你可以使用后者，但如果你用不那么优雅的语言编程，则仍然需要了解文件结束循环。

8.3.4　嵌套循环

在上一章，你看到了判断和循环这样的控制结构如何嵌套在一起，产生复杂的算法。一种特别有用但有些棘手的技术是循环嵌套。

我们来看一个例子程序。数字平均值问题的最后一个版本怎么样？我保证这是我最后一次用这个例子[①]。假设我们稍稍修改基于文件的平均值问题的规格说明。这一次，不是每行输入一个数字，而是允许一行包含任何数目的值。如果一行上出现多个值，它们将以逗号分隔。

在顶层，基本算法将是某种文件处理循环，计算不断增长的总和与计数。在实践中，我们使用文件结束循环。下面是包含顶级循环的代码：

```
total = 0.0
count = 0
line = infile.readline()
while line != "":
    # update total and count for values in line
    line = infile.readline()
print("\nThe average of the numbers is", total / count)
```

现在需要弄清楚，如何更新循环体中的总和与计数。由于文件中每个单独的行包含一个或多个由逗号分隔的数字，所以我们可以将该行分割成子字符串，每个代表一个数字。然后，我们需要循环遍历这些子字符串，将每个子字符串转换成一个数字，并将它加到 total 中。对每个数字，我们还需要让 count 加 1。这是处理一行的代码片段：

```
for xStr in line.split(","):
    total = total + float(xStr)
    count = count +1
```

请注意，此片段中的 for 循环的迭代由 line 的值控制，它正是上面我们简要描述的文件处理循环的循环控制变量。将这两个循环编织在一起，下面是我们的程序：

```
# average7.py

def main():
    fileName = input("What file are the numbers in? ")
    infile = open(fileName,'r')
    total = 0.0
    count = 0
    line = infile.readline()
    while line != "":
        # update total and count for values in line
        for xStr in line.split(","):
            total = total + float(xStr)
            count = count + 1
        line = infile.readline()
    print("\nThe average of the numbers is", total / count)

main()
```

如你所见，处理一行中的数字的循环在文件处理循环内缩进。外层 while 循环对文件的

---

① 在第 11 章之前。

每一行进行一次迭代。在外层循环的每次迭代中，内层 for 循环迭代的次数等于该行中数字的次数。内层循环完成时，文件的下一行被读入，外层循环进行下一次迭代。

单独来看，这个问题的单个片段并不复杂，但最终的结果相当复杂。设计嵌套循环的最好方法是遵循我们这里的过程。先设计外层，不考虑内层的内容。然后设计内层的内容，忽略外层循环。最后放在一起，注意保留嵌套。如果单个循环是正确的，则嵌套的结果就会正常工作，要相信这一点。通过一点练习，你将轻松实现双重甚至三重嵌套循环。

8.4 布尔值计算

我们现在有两种控制结构（if 和 while）使用条件，即布尔表达式。在概念上，布尔表达式求值为假或真两个值之一。在 Python 中，这些值由字面量 False 和 True 表示。到目前为止，我们使用简单的布尔表达式来比较两个值（如 x >= 0）。

8.4.1 布尔运算符

有时，我们使用的简单条件似乎不足以表达。例如，假设你需要确定两个 Point 对象是否处于相同的位置，即它们是否具有相等的 x 坐标和相等的 y 坐标。处理这种情况的一种方法是嵌套的判断：

```
if p1.getX() == p2.getX():
    if p1.getY() == p2.getY():
        # points are the same
    else:
        # points are different
else:
    # points are different
```

你可以看到这有多难受。

不用判断结构解决这个问题，另一种方法是用"布尔运算"来构造更复杂的表达式。像大多数编程语言一样，Python 提供 and、or 和 not 三个布尔运算符。我们来看看这三个运算符，然后看看它们如何用于简化问题。

布尔运算符 and 和 or 用于组合两个布尔表达式并产生布尔结果：

```
<expr> and <expr>
<expr> or <expr>
```

仅当两个表达式都为真时，两个表达式的 and 操作才为真。我们可以用如表 8.1 所列的"真值表"来表示这个定义。

表 8.1　　　　　　　　　　　　　　　　　　and 的真值表

P	Q	P and Q
T	T	T
T	F	F
F	T	F
F	F	F

在表 8.1 中，P 和 Q 表示较小的布尔表达式。由于每个表达式都有两个可能的值，所以有四种可能的值组合，每一种可能都在表中表示为一行。最后一列给出每种可能组合的 P 和 Q 值。根据定义，只有在 P 和 Q 都为真的情况下才为真。

当两个表达式都为真时，两个表达式的 or 操作为真。如表 8.2 所列是 or 的真值表定义。

表 8.2　　　　　　　　　　　　　　　　or 的真值表

P	Q	P or Q
T	T	T
T	F	T
F	T	T
F	F	F

仅当两个表达式都为假时，or 的结果才为假。特别注意这一点，当两个表达式都为真时，or 的结果为真。这是 or 的数学定义，但是 "or" 这个词有时在日常英语中有排它的意思。如果妈妈说你可以吃蛋糕或甜饼，都吃可能要挨骂。

not 运算符计算布尔表达式的非。它是一个"一元"运算符，意味着它操作单个表达式。真值表非常简单，如表 8.3 所列。

表 8.3　　　　　　　　　　　　　　　　not 的真值表

P	not P
T	F
F	T

利用布尔运算符，可以建立任意复杂的布尔表达式。与算术运算符一样，复杂表示的确切含义取决于运算符的优先规则。考虑这个例子：

```
a or not b and c
```

应该如何求值？

Python 遵循一个标准惯例，优先级从高到低的顺序是 not，然后是 and，然后是 or。所以该表达式等同于这个带括号的版本：

```
(a or ((not b) and c))
```

但与算术运算不同，大多数人不太清楚或记不住布尔值的优先级规则。我建议总是为复杂表达加上括号，以防止混淆。

既然有了布尔运算符，我们就可以回到示例问题。要测试两点是否在同一位置，可以用 and 操作。

```
if p1.getX() == p2.getX() and p2.getY() == p1.getY():
    # points are the same
else:
    # points are different
```

这里，当两个简单的条件都为真时，整个表达式才为真。这确保 x 和 y 坐标都相等，这样两点才相同。显然，这比以前版本的嵌套 if 要简单得多。

我们来看一个稍微复杂一点的例子。在下一章中，我们将开发一个壁球比赛的模拟。模拟中需要确定比赛何时结束。假设 Score A 和 Score B 代表两名壁球球员的得分。一旦有选手达到 15 分，比赛就结束了。下面是一个布尔表达式，它为真时游戏结束：

```
scoreA == 15 or scoreB == 15
```

任一分数达到 15 时，两个简单条件之一变为真，根据 or 的定义，整个布尔表达式为真。只有两个条件都为假（选手没有达到 15），整个表达式就为假。

我们的模拟需要一个循环，只要游戏没结束，循环就继续下去。我们可以通过否定游戏结束条件来构建适当的循环条件。

```
while not (scoreA == 15 or scoreB == 15):
    # continue playing
```

我们还可以构建更复杂的布尔表达式，来表示不同的、可能的停止条件。某些壁球运动员采用零封的规则（有时称为"shunk"）。对于这些选手来说，如果一名选手得到 7 分，而另一名选手还没得分时，游戏也会结束。简洁起见，我用 a 代表 scoreA，用 b 代表 scoreB。下面是一个表达式，包含零封的游戏结束条件：

```
a == 15 or b == 15 or (a == 7 and b == 0) or (b == 7 and a == 0)
```

看到我是如何在原来的情况下再添加两种情况的吗？新的部分反映了可能发生的两种方式，每个都需要检查两个分数。结果是一个相当复杂的表达式。

既然说到这里，让我们再来看一个例子。假设我们正在编写一个排球模拟而不是壁球。传统的排球没有零封规则，但是要求一支球队至少要赢两分。如果得分为 15 比 14，甚至是 21 比 20，比赛还要继续。

让我们写一个计算排球比赛结束的条件。下面是一种方法：

```
(a >= 15 and a - b >= 2) or(b >= 15 and b - a >= 2)
```

看到这个表达方式是如何工作的吗？它基本上是说，如果 A 队赢得比赛（得分至少 15 分，且领先至少 2 分）或 B 队赢得比赛，比赛就结束。

下面是另一种方法：

```
(a >= 15 or b >= 15)and abs(a - b) >= 2
```

这个版本更简洁。它是说，如果其中一支球队已经得到了获胜的分数，并且分差至少是 2，比赛结束。回忆一下，abs 返回表达式的绝对值。

8.4.2 布尔代数

计算机程序中的所有判断都归结为适当的布尔表达式。能用这些表达式来表达、操作和推理，是程序员和计算机科学家的重要技能。布尔表达式遵循一些代数定律，类似于适用于数字运算的定律。这些定律称为"布尔逻辑"或"布尔代数"。

我们来看几个例子。表 8.4 展示了一些代数规则和布尔代数中相关的规则。

表 8.4　　　　　　　　　　一些代数规则和布尔代数中相关的规则

代数	布尔代数
a * 0 = 0	a and false == false
a * 1 = a	a and true == a
a + 0 = a	a or false == a

从这些例子可以看出，and 与乘法有相似之处，or 与加法相似，0 和 1 对应于假和真。下面是布尔运算的一些其他有趣的特性。任何值 or 真的结果都真。

```
( a or True ) == True
```

and 和 or 彼此都满足分配律。

```
(a or (b and c)) == ((a or b) and (a or c))
(a and (b or c)) == ((a and b) or (a and c) )
```

双重否定抵消。

```
(not(not a) ) == a
```

接下来的两个恒等式称为 DeMorgan 定律。

```
( not(a or b) ) == ( (not a) and (not b) )
( not(a and b) ) == ( (not a) or (not b) )
```

注意在 not 被推入表达式时，操作符在 and 和 or 之间的改变。

布尔代数有一个不错的特性：这种简单的恒等式很容易用真值表验证。由于变量总是可能值的有限组合，所以我们可以系统地列出所有可能性并计算表达式的值。例如，表 8.5 展示了 DeMorgan 第一定律。

表 8.5　　　　　　　　　　　　**DeMorgan 第一定律**

a	b	a or b	not(a or b)	not a	not b	(not a) and (not b)
T	T	T	**F**	F	F	**F**
T	F	T	**F**	F	T	**F**
F	T	T	**F**	T	F	**F**
F	F	F	**T**	T	T	**T**

这里的行表示变量 a 和 b 的四种不同情况，列表示恒等式中子表达式的真值。请注意，粗体的列是相同的，因此证明恒等式总是成立。

布尔代数的一个重要应用是程序中布尔表达式的分析和简化。例如，让我们再次回到壁球比赛。前面我们开发了一个比赛继续的循环条件，像这样：

```
while not (scoreA == 15 or scoreB == 15):
    # continue playing
```

你可以这样读出该条件："当不是选手 A 得 15 分或选手 B 得 15 分，则继续比赛。"我们确信这是正确的，但退一步说，否定这样的复杂条件可能有点别扭。利用一点布尔代数，我们可以改变这个结果。

应用 DeMorgan 定律，该表达式等同于：

```
(not scoreA == 15) and (not scoreB == 15)
```

回忆一下，在"分配"not 时，我们必须将 or 改为 and。这个条件并不比第一个更好，但我们可以更进一步，将 not 放入条件本身：

```
while scoreA != 15 and scoreB != 15:
    # continue playing
```

现在我们有了一个更容易理解的版本。这读出来就像"当选手 A 没到 15 分且选手 B 没到 15 分，继续比赛"。

这个具体例子说明了循环结构的一般有用的方法。有时很容易弄清楚循环何时应该停止，而不是循环何时应该继续下去。在这种情况下，只需编写循环的"终止条件"，然后在前面放上 not。应用一两条 DeMorgan 定律就能得到更简单但等价的版本，适合在 while 语句中使用。

8.5 其他常见结构

总之，判断结构（if）以及先测试循环（while）提供了一套完整的控制结构。这意味着每个算法都可以用这些结构来表示。原则上，一旦你掌握了 while 和 if，就能写出所有希望得到的算法。然而，对于某些类型的问题，替代结构有时会比较方便。本节简述其中一些替代结构。

8.5.1 后测试循环

假设你正在编写一个输入算法，该算法需要从用户那里获取一个非负数。如果用户键入错误的输入，程序会要求另一个值。它不断重新提示，直到用户输入一个有效值。这个过程称为输入验证。精心设计的程序尽可能验证输入。

下面是一个简单的算法：

```
repeat
    get a number from the user
until number is >= 0
```

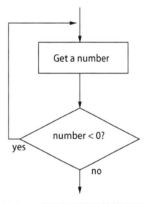

这里的思路是循环持续取得输入，直到该值可以接受。描述该设计的流程图如图 8.2 所示。请注意，该算法包含一个循环，其条件测试在循环体之后。这是一个"后测试循环"。后测试循环必须至少执行一次循环体。

与其他一些语言不同，Python 没有直接实现后测试循环的语句。但是，该算法可以用 while 来实现，只要预设第一次迭代的循环条件：

图 8.2　测试后循环的流程图

```
number = -1 # Start with an illegal value to get into the loop.
while number < 0:
    number = float(input("Enter a positive number: "))
```

这迫使循环体至少执行一次，并且等价于后测试算法。你可能会注意到，这与先前给出的交互式循环模式结构类似。交互式循环自然适合实现后测试。

一些程序员喜欢用 Python 的 break 语句来直接模拟后测试循环。执行 break 会导致 Python 立即退出围绕它的循环。通常用 break 语句来跳出语法上像是无限的循环。

下面是用 break 实现的相同算法：

```
while True:
    number = float(input("Enter a positive number: "))
    if number >= 0: break # Exit loop if number is valid.
```

第一行可能看起来有点奇怪。回忆一下，只要循环头中的表达式求值为真，while 循环就会继续。由于 True 始终为真，所以这似乎是一个无限循环。但是，当 x 的值为非负数时，执行 break 语句，循环终止。请注意，我将 break 放在 if 同一行上。如果 if 的 body 只包含一个语句，这是合法的。常常看到单行的 if-break 组合用作循环出口。

即使这个小例子也可以改进。如果程序发出警告，说明输入无效，那就更好了。在后测试循环的 while 版本中，这有点尴尬。我们需要添加一个 if，这样输入有效时不显示警告。

```
number = -1 # Start with an illegal value to get into the loop.
while number < 0:
    number = float(input("Enter a positive number: "))
    if number < 0:
        print("The number you entered was not positive")
```

你看到有效性检查在两个地方重复吗？

在用 break 的版本中添加警告，只要为原有的 if 添加一个 else。

```
while True:
    number = float(input("Enter a positive number: "))
    if number >= 0:
        break # Exit loop if number is valid.
    else:
        print("The number you entered was not positive")
```

8.5.2   循环加一半

一些程序员会用稍微不同的风格来解决上一节中的警告问题：

```
while True:
    number = float(input("Enter a positive number: "))
    if number >= 0: break # Loop exit
    print("The number you entered was not positive")
```

这里的循环出口实际上位于循环体的中间。这称为"循环加一半"。一些纯粹主义者对这样的循环中间退出不满，但这种模式会很方便。

循环加一半是避免在哨兵循环中启动读取的优雅方式。下面是用循环加一半来实现哨兵循环的一般模式：

```
while True:
    get next data item
    if the item is the sentinel: break
    process the item
```

图 8.3 展示了这种哨兵循环方法的流程图。你可以看到，这个实现忠实于哨兵循环的第一规则——避免处理哨兵值。

是否使用 break 语句，很大程度上是一个品味问题。两种风格都可以接受。一般应该避免的诱惑是，在一个循环体中塞进多个 break 语句。如果有多个出口，循环的逻辑容易失控。然而，有时甚至应该突破这个规则，为问题提供最优雅的解决方案。

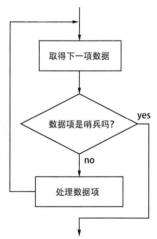

图 8.3   哨兵循环模式的循环加一半实现

8.5.3   布尔表达式作为判断

到目前为止，我们仅在其他控制结构的上下文中讨论了布尔表达式。有时布尔表达式本身也可以作为控制结构。事实上，布尔表达式在 Python 中是如此灵活，以至于有时会导致微妙的编程错误。

考虑编写一个交互式循环，只要用户响应以"y"开始，就会继续进行。要允许用户输入大小写的响应，可以用如下循环：

```
while response[0] == "y" or response[0] == "Y":
```

你必须小心，不要将这个条件缩写，像自然语言那样："第一个字母是'y'或'Y'。"以下形式不起作用：

```
while response[0] == "y" or "Y":
```

其实这是一个无限循环。要理解为什么这个条件总是真，需要挖掘一些 Python 布尔表达式的特点。

你已经知道 Python 有一个 bool 类型。实际上，这是最近添加到语言中的（2.3 版本）。在此之前，Python 就是用整数 1 和 0 来表示真和假。事实上，bool 类型只是一个"特殊"的 int 类型，其中 0 和 1 的值打印为 False 和 True。你可以通过对 True + True 表达式求值来测试一下。

我们一直使用 bool 字面量 True 和 False 分别表示布尔值真和假。Python 条件运算符（例如==）总是求值为 bool 类型的值。然而，对于什么数据类型可以显示为布尔表达式，Python 实际上非常灵活。任何内置类型都可以解释为布尔值。对于数字（int 和 floats），零值被认为是假，除零之外的任何值都被认为是真。通过将值显式转换为 bool 类型，可以看到值用作布尔表达式时，被解释为什么。以下是几个例子：

```
>>> bool(0)
False
>>> bool(1)
True
>>> bool(32)
True
>>> bool("hello")
True
>>> bool("")
False
>>> bool([1,2,3])
True
>>> bool([])
False
```

如你所见，对于序列类型，空序列被解释为假，而任何非空序列被用来表示真。

Python 布尔值的灵活性扩展到布尔运算符。虽然这些运算符的主要用途是形成布尔表达式，但它们具有可操作的定义，让它们也可用于其他目的。表 8.6 总结了这些运算符的行为。

表 8.6 　　　　　　　　　　　　　　布尔运算符的行为

操作符	操作定义
x and y	如果 x 为假，返回 x，否则返回 y
x or y	如果 x 为真，返回 x，否则返回 y
not x	如果 x 为假，返回真，否则返回假

not 的定义很简单。但你可能需要思考一下才能相信，这些对 and 和 or 的描述忠实地反映了本章开头的真值表。

请考虑表达式 x and y。它要为真，两个表达式 x 和 y 都必须为真。一旦发现假，就结束了。Python 从左到右查看该表达式。如果 x 是假，Python 应该返回假的结果。无论 x 的假值是什么，那就是返回的值。如果 x 证明为真，那么整个表达式的真或假就是 y 的结果。

只要返回 y 就保证如果 y 为真，则整个结果为真，如果 y 为假，则整个结果为假。类似的推理可以表明，对 or 的描述忠实于真值表中给出的 or 的逻辑定义。

这些操作定义表明，Python 的布尔运算符是"短路"运算符。这意味着一旦知道结果，就会返回真或假。在 and 表达式中，如果第一个表达式为假，或者在 or 表达式中，如果第一个表达式为真，Python 甚至不会对第二个表达式求值。

现在来看看有限循环问题：

```
response[0] == "y" or "Y"
```

作为布尔表达式，这将始终求值为 true。首先要注意的是布尔运算符组合了两个表达式。第一个是一个简单的条件，第二个是一个字符串。下面是等效的圆括号版本：

```
(response[0] == "y") or ("Y"):
```

根据 or 的操作描述，该表达式返回 True（当 response[0]为"y"时由==返回）或"Y"（当 response[0]不是"y"时）。这些结果都被 Python 解释为真。

更为逻辑的思考方式是简单地看第二个表达方式。它是一个非空字符串，所以 Python 将始终将其解释为真。由于两个表达式中的至少一个总是为真，所以两个表达式的 or 操作也肯定始终为真。

所以这个例子的奇怪的行为是由于布尔运算符定义的一些宽松模式。这是 Python 设计可能让新程序员中招的少数几个地方之一。你可能对这种设计智慧感到不解，但 Python 的灵活性允许某些简洁的编程习语，许多程序员都觉得有用。我们来看一个例子。

通常，程序会提示用户提供信息，但为用户响应提供默认值。如果用户简单按<Enter>键，则会使用默认值（有时在方括号中列出）。下面是一个示例代码片段：

```
ans = input("What flavor do you want [vanilla]: ")
if ans != "":
    flavor = ans
else:
    flavor = "vanilla"
```

利用 ans 中的字符串可以被视为一个布尔值的事实，该代码中的条件可以简化如下：

```
ans = input("What flavor do you want [vanilla]: ")
if ans:
    flavor = ans
else:
    flavor = "vanilla"
```

这里利用一个布尔条件来决定如何设置字符串变量。如果用户只按<Enter>键，ans 将是一个空字符串，Python 将其解释为 false。在这种情况下，空字符串将被 else 子句中的"vanilla"替换。

同样的想法可以更简洁地编码，只要将字符串本身视为布尔值，并使用 or：

```
ans = input("What flavor do you want [vanilla]: ")
flavor = ans or "vanilla"
```

or 的操作定义确保这等价于 if-else 的版本。记住，任何非空答案都被解释为真。

事实上，这个任务很容易在一行代码中完成：

```
flavor = input("What flavor do you want [vanilla]: ") or "vanilla"
```

我不知道用这种方式来使用布尔运算符、节省几行代码是否真的值得。如果你喜欢这种风格，当然可以自由地运用它。但要确保你的代码没那么复杂，让别人（或你自己）难以理解。

8.6 示例：一个简单的事件循环

在第 4 章，我提到包含图形用户界面（GUI）的现代程序通常以事件驱动的方式编写。程序显示图形界面，然后"等待"用户事件，诸如单击菜单或按键盘上的一个键。该程序通过处理该事件做出响应。在背后，驱动这种风格的程序的机制是所谓的"事件循环"。基于 GUI 的程序的基本结构是这样的：

```
draw the GUI
while True:
    get next event
    if event is "quit signal":
        break
    process the event
clean up and exit
```

基本上，我们有一个哨兵循环（这里表现为循环加一半），其中哨兵只是一个特殊的事件，例如按下 Q 键，导致程序退出。

作为一个简单的例子，请考虑一个程序，它只是打开图形窗口，允许用户通过键入不同的键来改变其颜色，如 R 为红色、G 为灰色等。用户可以随时通过按下 Q 键退出。我们可以将它编码为一个简单的事件循环，用 getKey() 来处理按键。下面是代码：

```python
# event_loop1.py --- keyboard-driven color changing window

from graphics import *

def main():
    win = GraphWin("Color Window", 500, 500)

    # Event Loop: handle key presses until user presses the "q" key.
    while True:
        key = win.getKey()
        if key == "q": # loop exit
            break

        #process the key
        if key == "r":
            win.setBackground("pink")
        elif key == "w":
            win.setBackground("white")
        elif key == "g":
            win.setBackground("lightgray")
        elif key == "b":
            win.setBackground("lightblue")

    # exit program
    win.close()

main()
```

　　请注意，每次通过事件循环，该程序将等待用户按键盘上的一个键。代码行 key = win.getKey()强制用户按一个键继续。

　　更灵活的用户界面可能允许用户以各种方式进行交互，例如通过在键盘上键入，选择菜单项，将鼠标悬停在图标上或点击按钮。在这种情况下，事件循环必须检查多种类型的事件，而不是等待一个特定的事件。为了说明这一点，让我们扩展简单的颜色变化窗口，让它包括一些鼠标交互。我们来增加一些功能，让用户点击鼠标来定位，并在窗口中输入字符串，类似第 4 章中的点击并输入示例的扩充版本。

　　当混合鼠标和键盘控制时，我们马上就遇到了问题。我们不能再依赖于 getMouse 和 getKey 作为主要输入法。你明白为什么吗？如果我们调用 win.getKey()，程序将暂停，直到用户键入一个键。如果他们决定使用鼠标，会发生什么？没用，因为程序停止并等待按键。相反，如果我们发出 getMouse()调用，那么键盘输入会被锁住，因为程序正在等待鼠标点击。在接口设计中，我们称之为"模态"输入法，因为它们将用户锁定到某种交互模式。当用户控制如何交互时，输入是非模态的（"多模态"可能是更好的术语）。

　　在我们的例子中，可以用替代方法 checkKey 和 checkMouse 让事件循环非模态化。这些方法类似于前两个方法，但它们不等待用户做某事。请看下面这句：

```
key = win.checkKey()
```

Python 将检查是否已按下一个键，如果是，则返回表示键的字符串。但是，它不等待。如果没有按键，checkKey 将立即返回空字符串。通过检查键的值，程序可以确定是否有键被按下，又不会停下来等待它。

　　使用 check 方法的版本，我们可以轻松地勾画出一个非模态事件循环：

```
Draw the GUI
while True:
    key = checkKey()
    if key is quit signal: break
    if key is a valid key:
        process key

    click = checkMouse()
    if click is valid:
        process click
clean up and Exit
```

　　仔细观察这段伪代码。每次通过循环，程序将查找按键或鼠标单击并适当处理它们。如果没有事件处理，它不等待。相反，它只是继续循环并重新检查。当程序似乎在耐心地等待用户做某事时，实际上它正忙着反复执行循环。

　　作为我们的超级点击并输入程序的第一步，我们可以修改颜色更改窗口，包含这个扩展的事件循环：

```
# event_loop2.py --- color-changing window

from graphics import *

def handleKey(k, win):
    if k == "r":
        win.setBackground("pink")
    elif k == "w":
        win.setBackground("white")
```

```
    elif k == "g":
        win.setBackground("lightgray")
    elif k == "b":
        win.setBackground("lightblue")

def handleClick(pt, win):
    pass

def main():
    win = GraphWin("Click and Type", 500, 500)

    # Event Loop: handle key presses and mouse clicks until the user
    #     presses the "q" key.
    while True:
        key = win.checkKey()
        if key == "q": # loop exit
            break

        if key:
            handleKey(key, win)

        pt = win.checkMouse()
        if pt:
            handleClick(pt, win)

    win.close()

main()
```

这里使用了函数让程序模块化，并强调结构如何对应于增强事件循环算法。由于我还没有确定鼠标点击的功能，所以我定义了一个 handleClick 函数，只包含一条 pass 语句。pass 语句不做任何事，它只是在 Python 语法需要一条语句的地方占个位置。这让我能运行并测试这个程序，验证它的行为就像以前的版本一样。

另外，仔细观察 if 语句中使用的条件。没有输入时，checkKey()和 checkMouse()调用都返回一个 Python 解释为假的值。对于 checkKey，它是一个空字符串；对于 checkMouse()，它是特殊的 None 对象。正如你在上一节中了解到的，这允许用简洁的 Python 式检查方法来查看是否确实有用户交互。我们可以键入"if key:"而不是"if key != "":"，键入"if pt:"而不是"if pt != None"。并非所有程序员都使用这些习语，但我更喜欢它们读出来的样子。我认为这些语句是说"if I got a key（如果我得到一个按键）"或者"if I got a point（如果我得到一个点）"，那么我必须做点什么。

既然我们用非模态事件循环更新了颜色更改窗口程序，那么就可以添加鼠标处理部分了。我们要让用户在窗口中放置文本。不是利用现有的事件循环一次处理一个字符，让用户实际上在一个 Entry 对象中输入将更方便。所以点击窗口启动一个基本的三步算法：

第一步，在用户点击处显示 Entry 框。

第二步，让用户在框中输入文本，通过按<Enter>键终止输入。

第三步，输入框消失，键入的文本直接显示在窗口中。

在这个算法的第二步中，有一件有趣的事情发生。我们希望用户键入的文本显示在 Entry 框中，但是我们不希望这些按键被解释为顶级命令。例如，在 Entry 中输入"q"不应该导致程序退出！我们需要程序"转模态"。也就是说，程序切换到文本输入模式，直到用户键入<Enter>键。这与 GUI 应用程序中熟悉的情况类似：弹出对话框，强制用户进行一些交互并关闭对话框，再继续使用应用程序。这称为模态对话框。

如何让 Entry 框成为模态？答案就是另一个循环。在主事件循环之外，我们嵌套另一个消耗所有按键的循环，直到用户点击<Enter>键。按下<Enter>键后，内层循环终止，程序继续运行。下面是更新的 handleClick 代码：

```
def handleClick(pt, win):
    # create an Entry for user to type in
    entry = Entry(pt, 10)
    entry.draw(win)

    # Go modal: loop until user types <Enter> key
    while True:
        key = win.getKey()
        if key == "Return": break

    # undraw the entry and create and draw Text0
    entry.undraw()
    typed = entry.getText()
    Text(pt, typed).draw(win)

    # clear (ignore) any mouse click that occurred during text entry
    win.checkMouse()
```

请研究这段代码，确保你理解了如何实现上述三步算法。需要注意的一点是：getKey 为<Enter>键返回 "Return"。历史上，<Enter>键被称为回车键。此外，我已经构建了模态循环，这样它看起来与其他的按键处理示例非常相似。由于我们正在等待 "Return"，所以可以简化成这样：

```
while win.getKey() != "Return":
    pass
```

在这个版本中，这个循环的主体实际上什么都不做。循环只是继续检查条件，直到按下<Enter>键并变为 false。然后，什么都不做的循环退出，允许程序继续。两个版本都能完成工作。第二个更聪明，但第一个似乎更明显。也许最好选择明显的，而不是聪明的。

该函数的最后一行是必要的，它确保文本输入确实是模态的。按住<Enter>键之前可能发生的任何鼠标点击都应忽略。由于 checkMouse 仅返回自上次调用 checkMouse 以来发生的鼠标点击，所以在此处调用该函数，会清除可能发生但尚未被检查的所有点击。

这个例子就是这样。我强烈建议运行并研究这个程序的最终版本 event_loop3.py。有些事你可以尝试一下，如注释掉 handleClick 末尾的 checkMouse，看看是否能制造一种场景，让程序因此而产生异常。另一个好练习是修改程序，允许用户通过按<Esc>键随时取消文本输入。实际上，"Escape" 成为模态循环的另一个哨兵，但使用时，不会创建任何 Text 对象。

8.7 小结

本章详细介绍了 Python 的循环和布尔表达式。以下是要点。

● Python 的 for 循环是循环遍历序列的有限循环。

- Python 的 while 语句是一个不定循环的例子。只要循环条件保持为真，它就继续迭代。使用不定循环时，程序员必须注意，以免不小心写成无限循环。
- 不定循环的一个重要用途是实现交互式循环编程模式。根据用户的愿望，交互式循环允许重复程序的一部分。
- 哨兵循环不断循环处理输入，直到遇到特殊值（哨兵）。哨兵循环是一种常见的编程模式。在编写哨兵循环时，程序员必须注意不要对哨兵进行处理。
- 循环对于读取文件很有用。Python 将文件视为一系列行，因此使用 for 循环逐行处理文件尤其容易。在其他语言中，文件循环通常使用哨兵循环模式来实现。
- 循环像其他控制结构一样，可以嵌套。设计嵌套循环算法时，最好一次考虑一个循环。
- 利用布尔运算符 and、or 和 not，简单的条件可以构成复杂的布尔表达式。布尔运算符遵循布尔代数的规则。DeMorgan 定律描述了涉及 and 和 or 的布尔表达式如何求反。
- 构建非标准的循环结构（如循环加一半），可以用循环条件为 True 的 while 循环，并用 break 语句来提供循环出口。
- Python 的布尔运算符 and 和 or 或采用短路求值。它们也有操作定义，这让它们可以用于某些判断上下文。尽管 Python 具有内置的 bool 数据类型，但在预期使用布尔表达式的地方，也可以使用其他数据类型（例如 int）。
- GUI 程序通常是事件驱动的，并且实现了精心设计的事件循环来控制用户交互。如果用户能控制下一步发生的情况，交互被称为非模态，如果应用程序指示用户必须执行下一步操作，交互被称为模态。

8.8 练习

复习问题

判断对错

1. Python 的 `while` 实现了一个有限循环。
2. 计数的循环模式采用有限循环。
3. 哨兵循环在每次迭代中询问用户是否继续。
4. 哨兵循环实际上不应该处理哨兵值。
5. 在 Python 中迭代文件行的最简单方法是用 `while` 循环。
6. `while` 是一个后测试循环。
7. 如果两个运算数都为真，则布尔运算符 or 返回 True。
8. `a and (b or c) ==(a and b) or (a and c)`
9. `not(a or b) == (not a) or not(b)`

10. True or False

选择题

1. 询问用户是否在每次迭代中继续的循环模式称为_____。
a. 交互式循环　　b. 文件结束循环　　c. 哨兵循环　　　　d. 无限循环
2. 循环直到输入特殊值的循环模式称为_____。
a. 交互式循环　　b. 文件结束循环　　c. 哨兵循环　　　　d. 无限循环
3. 在执行循环体后测试循环条件的循环结构称为_____。
a. 先测试循环　　b. 循环加一半　　c. 哨兵循环　　　　d. 后测试循环
4. 初始读取是_____。
a. 交互式循环的模式的一部分　　　　b. 文件结束循环
c. 哨兵循环　　　　　　　　　　　　d. 无限循环
5. 在循环体中可以执行_____语句让它终止。
a. if　　　　b. input　　　　c. break　　　　d. exit
6. 以下_____项不是布尔代数的有效规则。
a. (True or x) == True
b. (False and x) == False
c. not(a and b) == not(a) and not(b)
d. (True or False) == True
7. 没有终止的循环称为_____。
a. 忙循环　　b. 不定循环　　c. 紧循环　　　　d. 无限循环
8. 在 and 的真值表中找不到_____行。
a. TTT　　　　b. TFT　　　　c. FTF　　　　d. FFF
9. 在 or 的真值表中找不到_____行。
a. TTT　　　　b. TFT　　　　c. FTF　　　　d. FFF
10. 操作符可能不对一个子表达式求值，这个术语称为_____。
a. 短路　　　　b. 故障　　　　c. 独占　　　　d. 不定

讨论

1. 比较并对比下列术语。
a. 确定循环与不定循环
b. for 循环与 while 循环
c. 交互式循环与哨兵循环
d. 哨兵循环与文件结束循环
2. 给出真值表，针对"输入"值的每种可能组合，显示以下每个布尔表达式的布尔值。（提示：包含中间表达式的列会有帮助。）
a. not (P and Q)
b. (not P) and Q
c. (not P) or (not Q)

d. (P and Q) or R

e. (P or R) and (Q or R)

3. 编写一段 while 循环，计算以下值。

a. 前 n 个数的和：$1 + 2 + 3 + ... + n$

b. 前 n 个奇数的和：$1 + 3 + 5 + ... + (2n-1)$

c. 求用户输入的一系列数字的总和，直到输入值为 999。注意：999 不应该加入总和。

d. 整数 n 可以被 2 除（使用整数除法）的次数，直到结果为 1（即 $\log_2 n$）。

编程练习

1. 斐波那契序列开始是 1,1,2,3,5,8，……前两个数字之后，序列中的每个数字都是前两个数之和。编写一个程序，计算并输出第 n 个斐波纳契数，其中 n 是用户输入的值。

2. 国家气象局使用以下公式计算风寒指数：

$$35.74 + 0.6215T - 35.75(V^{0.16}) + 0.4275T\,(V^{0.16})$$

其中，T 是以华氏度为单位的温度，V 是以小时为单位的风速。

编程打印一张格式漂亮的风寒指数表格。行代表风速为 0～50，以 5 英里/小时为增量，列表示温度从−20～+60，以 10 度为增量。注意：该公式仅适用于每小时超过 3 英里的风速。

3. 用 while 循环编程，来确定投资在特定利率下翻倍需要多长时间。输入是年利率，输出是投资增加一倍的年数。注：初始投资金额无关紧要，你可以用 1 元。

4. Syracuse（也称为 "Collatz" 或 "Hailstone"）序列的生成从一个自然数开始，重复应用以下函数，直到达到 1：

$$syr(x) = \begin{cases} x/2, & x\text{为偶数} \\ 3x+1, & x\text{为奇数} \end{cases}$$

例如，从 5 开始的 Syracuse 序列是 5,16,8,4,2,1。数学中有一个悬而未决的问题：对于每个可能的起始值，该序列是否总会到达 1。

编程从用户获取起始值，然后打印该起始值的 Syracuse 序列。

5. 正整数 n>2 是素数，如果 2 和 n（不含 n）之间的数字都不能整除 n。编程接受 n 值作为输入，并确定该值是否为素数。如果 n 不是素数，那么程序应该在发现能整除 n 的值后立即退出。

6. 修改上一个程序，找出小于或等于 n 的每个素数。

7. 哥德巴赫猜想认为每个偶数都是两个素数之和。编程从用户那里获取一个数字，检查以确保它是偶数，然后找到两个素数，和为该数字。

8. 可以用欧几里得的算法计算两个值的最大公约数（GCD）。从值 m 和 n 开始，我们反复应用公式：n, m = m, n%m，直到 m 为 0。这时，n 就是原始 m 和 n 的 GCD。用这个算法编程求两个数字的 GCD。

9. 编程计算多段旅程的燃油效率。该程序会首先提示输入开始时里程表的读数，然后获取有关一系列分段旅程的信息。对于每个分段，用户输入当前的里程表读数和使用的汽油量（用空格分隔）。用户用空白行来表示行程结束。该程序应打印出每段旅程上每加仑的英里数以及旅程的总 MPG（英里/加仑）。

10．修改上一个程序，从文件中获取输入。

11．供热和制冷的"度天"是公用事业公司估计能源需求的测量指标。如果某天的平均温度低于 60 华氏度（约 15.6 摄氏度），则在供热度天数中加入低于 60 华氏度的度数。如果温度高于 80 华氏度（约 26.7 摄氏度），则在制冷度天数中加入超过 80 华氏度的度数。编程接受每日平均温度的序列，并计算制冷和供热度天数的不断增长的总和。所有的数据处理完成后，程序应该打印这两个总和。

12．修改上一个程序，从文件中获取输入。

13．编写一个程序，以图形方式绘制回归线，即通过一个点集的最佳曲线。首先要求用户在图形窗口中点击，指定数据点。为了表示输入结束，将一个标有"Done"的小矩形放在窗口的左下角。当用户在该矩形内点击时，程序将停止收集数据点。

回归线是满足以下公式的线：

$$y = \overline{y} + m(x - \overline{x})$$

其中

$$m = \frac{\sum x_i y_i - n\overline{x}\,\overline{y}}{\sum x_i^2 - n\overline{x}^2}$$

$\overline{x}$ 是 x 值的平均值，$\overline{y}$ 是 y 值的平均值，n 是点数。

当用户点击数据点时，程序应将它绘制在图形窗口中，并记录输入值的计数，以及 x，y，x^2 和 xy 值的不断增长的总和。当用户单击"Done"矩形内部时，程序随后计算窗口左边缘和右边缘的 x 值对应的 y 值（用上面的公式），以计算穿越窗口的回归线的端点。线绘制后，程序将暂停并待另一次鼠标点击，然后关闭窗口并退出。

14．编写一个将彩色图像转换为灰度的程序。用户提供包含 GIF 或 PPM 图像的文件的名称，程序加载图像并显示文件。在单击鼠标时，程序将图像转换为灰度。然后提示用户输入文件名，保存灰度图像。

你可能要回去复习一下 graphics 库中的 Image 对象（第 4.8.4 节）。转换图像的基本思想是遍历它的每个像素，将颜色转换为适当的灰度。设置红、绿和蓝的值，让它具有相同的亮度，从而创建灰色像素。所以 color_rgb(0,0,0) 是黑色，color_rgb(255,255,255) 是白色，color_rgb(127,127,127) 是 50 度灰。你应该使用原始 RGB 值的加权平均值来确定灰度的亮度。下面是灰度算法的伪代码：

```
for each row in the image:
    for each column in the image:
        r, g, b = get pixel information for current row and column
        brightness = int(round(0.299r + 0.587g + 0.114b))
        set pixel to color_rgb(brightness, brightness, brightness)
    update the image # to see progress row by row
```

注意：Image 类中的像素操作相当慢，因此要使用较小的图像（不是 1200 万像素）来测试你的程序。

15．编写程序将图像转换成其补色。程序的一般形式将与上一个问题类似。通过从 255 减去每个颜色值来得到像素的补值。因此，新像素的颜色是 color_rgb(255-r, 255-g, 255-b)。

16．修改 event_loop3 程序，以使用书中所述的<Esc>键。用户在 Entry 框中输入时，按<Esc>键应该导致 Entry 框消失，并丢弃在框中输入的所有文本。

第9章　模拟与设计

学习目标

- 理解模拟的应用可能是解决现实问题的一种方式。
- 理解伪随机数及其在蒙特卡罗模拟中的应用。
- 理解并能应用自顶向下和螺旋式设计技术来编写复杂的程序。
- 理解单元测试，并能将这种技术应用于复杂程序的实现和调试。

9.1　模拟短柄壁球

你可能没有意识到，但在成为计算机科学家的道路上，你已经达到了一个重要的里程碑。你现在有了所有的工具来编写解决有趣问题的程序。所谓有趣，我是指如果没有能力编写和实现计算机算法，就难以解决的问题。你可能还没准备好写下一个了不起的杀手级应用程序，但可以进行一些非常重要的计算。

解决现实问题的一个特别强大的技术就是"模拟"。计算机可以对现实世界的过程建模，以提供其他方法无法获取的信息。每天人们都使用计算机模拟来执行无数任务，例如预测天气、设计飞机、为电影创造特效以及让视频游戏玩家玩得开心，这只是几个例子。大多数这些应用需要非常复杂的程序，但是即使相对容易的模拟有时也能解决棘手的问题。

本章我们将开发一个短柄壁球比赛的简单模拟。在这个过程中，你将学习一些重要的设计和实现策略，以帮助你解决自己的问题。

9.1.1　一个模拟问题

Susan Computewell 的朋友 Denny Dibblebit 打短柄壁球。经过多年的比赛，他注意到了一个奇怪的现象。他经常与那些比他好一点点的球员竞争。在这个过程中，他似乎总是被击败，输掉了绝大多数的比赛。这导致他怀疑发生了什么。从表面来看，人们会认为那些"稍好"一点的球员应该"稍微"多赢一点，但对 Denny 而言，他们似乎赢得太多了。

有一种明显的可能：Denny Dibblebit 的脑子有问题。也许他对自己水平的评估超过了他的身体素质。或许其他选手实际上比他好得多，他只是拒绝相信。

有一天，Denny 正在和 Susan 讨论短柄壁球，她提出另一种可能。也许这是游戏本身的性质，能力上的小差异会导致球场上的不平衡比赛。Denny 对这个想法感兴趣。如果没有帮助，他不希望在昂贵的运动心理学家那里浪费钱。但是，问题是精神上的还是比赛的一部分，他怎么知道呢？

Susan 说她可以编一个计算机程序来模拟短柄壁球的某些方面。利用模拟，他们可以让计算机在不同技能水平的选手之间模拟成千上万局比赛。由于不会有任何心理方面的问题，模拟将显示 Denny 是否输得比他的水平更多。

让我们自己来写短柄壁球模拟，看看 Susan 和 Denny 发现了什么。

9.1.2 分析与规格说明

短柄壁球是在两名球员之间使用球拍在四壁球场上打球的运动。它有一些方面类似于许多其他球类和球拍比赛，如网球、排球、羽毛球、壁球和乒乓球。我们不需要了解所有的短柄壁球规则才能写程序，只要理解比赛的基本情况。

要开始这个比赛，一名选手将球击出：这被称为"发球"。然后选手交替击球，使其保持比赛状态，这是一个"回合"。当其中一名选手未能有效击球时，对打结束。击球失误的选手输掉这一回合。如果输家是发球选手，则发球权转给另一名选手。如果发球选手赢得了这一回合，则会得 1 分。选手只能在自己发球时得分。第一名得到 15 分的选手赢得比赛。

在我们的模拟中，选手的能力水平将由选手在发球时赢得回合的概率来表示。因此，具有 0.6 概率的选手在 60% 的发球回合中得分。该程序将提示用户输入两名选手的发球回合得分概率，然后用这些概率模拟多局短柄壁球比赛。然后程序将打印结果摘要。

下面是详细的规格说明。

输入：该程序先提示并获取两名选手（称为"选手 A"和"选手 B"）的发球回合得分概率。然后程序提示并获取要模拟的比赛局数。

输出：该程序将提供一系列的初始提示，如：

```
What is the prob. player A wins a serve?
What is the prob. player B wins a serve?
How many games to simulate?
```

该程序将打印出一个格式良好的报告，显示模拟的比赛局数以及每名选手的胜率和获胜百分比。下面是一个例子：

```
Games Simulated: 500
Wins for A: 268 (53.6%)
Wins for B: 232 (46.4%)
```

注意：所有输入都被假定为合法的数值，不需要错误或有效性检查。在每次模拟比赛中，都是选手 A 先发球。

9.2 伪随机数

我们的模拟程序不得不处理不确定的事件。我们说选手赢得了 50% 的发球回合，并不是说每隔一次发球回合都会得分。这更像是抛硬币。总的来说，我们预计半数时间硬币会正面向上、半数时间会反面向上，但没有什么可以阻止连续五次反面向上。同样，我们的短柄壁球选手也应该随机获胜或失败。发球回合得分概率提供了给定发球回合获胜的可能性，但没有设定的模式。

许多模拟都有这一特性，要求以事件某种可能性发生。驾驶模拟必须模拟其他驾驶员的不可预测性，银行模拟必须处理客户的随机到达。这些模拟有时被称为蒙特卡罗算法，因为结果取决于"机会"概率[①]。当然，你知道计算机没有什么是随意的，它们是指令执行机器。计算机程序如何模拟看似随机的事件呢？

模拟随机性是计算机科学中充分研究过的一个问题。还记得第 1 章的混沌程序吗？该程序产生的数字似乎在 0 和 1 之间随机跳动。这个明显的随机性来自反复应用函数来产生一系列数字。类似的方法可用于生成随机（实际上是"伪随机"）数字。

伪随机数发生器从某个"种子"值开始工作。该值被送入一个函数以产生"随机"数字。下次需要一个随机数时，将当前值反馈到该函数中以产生一个新的数字。通过仔细选择的函数，得到的值序列基本上是随机的。当然，如果你以相同的种子值重新启动该过程，那么最终会出现完全相同的数字序列。这一切都取决于生成函数和种子的值。

Python 提供了一个库模块，其中包含一些有用的函数来生成伪随机数。该模块中的函数根据模块加载的日期和时间推导出初始种子值，因此每次运行程序时都会获得不同的种子值。这意味着你也会获得唯一的伪随机值序列。我们最感兴趣的两个函数是 randrange 和 random。

randrange 函数从给定范围中选择一个伪随机整数。它可以用一个、两个或三个参数，来确定一个范围，就像 range 函数一样。例如，randrange(1,6)从范围[1,2,3,4,5]中返回某个数字，而 randrange(5,105,5)返回 5～100 之间的 5 的倍数，包括边界。（回忆一下，范围向上直到，但不包括停止值。）

对 randrange 的每次调用生成一个新的伪随机整数。下面的交互式会话展示了 randrange 的效果：

```
>>> from random import randrange
>>> randrange(1,6)
3
>>> randrange(1,6)
3
>>> randrange(1,6)
5
>>> randrange(1,6)
5
>>> randrange(1,6)
5
>>> randrange(1,6)
1
>>> randrange(1,6)
5
>>> randrange(1,6)
4
>>> randrange(1,6)
2
```

请注意，它用了 9 次 randrange 调用最终才生成 1～5 的范围内的每个数字。值 5 几乎占到了一半。这表明了随机数的概率性质。长期来看，这个函数产生均匀的分布，这意味

[①] 所以 Python 编写的概率模拟可以称为 Monte Python 程序（Monty Python，nudge, nudge; wink,wink，你懂的）。

着所有的值都会出现（大约）相等的次数。

　　random 函数可用于生成伪随机浮点值。它不需要任何参数，返回值均匀分布在 0 和 1 之间（包括 0，但不包括 1）。下面是一些交互式例子：

```
>>> from random import random
>>> random()
0.545146406725
>>> random()
0.221621655814
>>> random()
0.928877335157
>>> random()
0.258660828538
>>> random()
0.859346793436
```

　　模块的名称（random）与函数的名称相同，这让 import 行看起来很有趣。

　　我们的短柄壁球模拟可以利用 random 函数来确定选手是否赢得了发球回合。我们来看一个具体的例子。假设选手的发球回合得分概率是 0.70。这意味着他应该赢得 70%的发球回合。你可以想象一下程序中的一个判断：

```
if <player wins serve>:
    score = score + 1
```

我们需要插入 70%的次数获胜的概率条件。

　　假设我们生成一个 0~1 之间的随机值。区间（0, 1）的 70%正好在 0.7 的左边。所以 70%的时间随机数将小于 0.7，而其他 30%的次数将大于等于 0.7。（=在上半个区间，因为随机生成器可以产生 0，但不会产生 1）。一般来说，如果 prob 表示选手获胜的概率，则 random()<prob 就成功地表示了正确的概率。下面是判断的样子：

```
if random() < prob:
    score = score + 1
```

9.3　自顶向下的设计

　　现在有了模拟的完整规格说明以及必要的随机数知识，可以完成工作了。继续花几分钟时间写出程序，我会等你。

　　好吧，讲真，这比至今为止你尝试过的程序更复杂。你甚至可能不知道从哪里开始。如果你希望以最小的挫折前进，就需要一种系统的方法。

　　一种成熟的解决复杂问题的技术称为"自顶向下"。基本思想是从总问题开始，尝试用较小的问题来表达解决方案。然后依次使用相同的技术，攻克每个较小的问题。最终，问题变得如此之小，以至于它们可以轻松得到解决。然后把所有的小块都拼回来，大功告成，你得到了一个程序。

9.3.1　顶层设计

　　展示自顶向下设计比定义更容易。让我们来试试短柄壁球模拟，看看它会将我们带向何处。像往常一样，研究程序规格说明是好的开始。在粗线条结构中，该程序遵循基本输入、处理、输出模式。我们需要从用户那里获得模拟输入，模拟一些比赛，并打印出一个报告。下面是基本的算法：

```
打印介绍
获取输入：probA, probB, n
用 probA 和 probB 模拟 n 局短柄壁球比赛
打印 playerA 和 playerB 的获胜报告
```

既然有了算法，我们就准备好编程了。我知道你在想什么：这个设计太高层了，你根本不知道它将如何工作。没关系。所有不知道该怎么做的事，我们暂时忽略。想象一下，实现算法需要的所有组件都已经为你写好了。你的工作是用这些组件来完成这一顶层算法。

首先我们要打印介绍。我希望我知道如何做到这一点。它只需要一些 print 语句，但我现在不想去做。这似乎是算法中不太重要的部分。我会拖延，假装别人会为我做这件事。下面是程序的开始：

```
def main():
    printIntro()
```

你看到这是如何工作的？我只是假设有一个 printIntro 函数来处理打印指令。那一步很简单！让我们继续。

接下来，我需要从用户那里获取一些输入。我也知道如何做：我只需要一些 input 语句。同样，这看起来不是很有趣，我希望推迟处理细节。我们假设一个组件已经存在，可以解决这个问题。我们将调用函数 getInputs。该函数的意图是获取变量 probA、probB 和 n 的值。该函数必须返回这些值，供主程序使用。下面是到目前为止的程序：

```
def main():
    printIntro()
    probA, probB, n = getInputs()
```

我们正在取得进步，让我们转到下一行。

这里我们遇到了问题的症结所在。我们需要使用 probA 和 probB 的值模拟 n 局短柄壁球比赛。这一次，我真的不太清楚这会如何完成。我们再拖延一下，把细节放在一个函数中。（也许我们可以让别人为我们写这个部分。）但是我们应该在 main 函数中写点什么？让我们调用函数 simNGames。我们需要弄清楚这个函数的调用是怎样的。

假设你要求一个朋友实际进行 n 局比赛的模拟。你会给他什么信息？你的朋友需要知道他应该模拟多少场比赛，以及这些模拟使用怎样的 probA 和 probB 的值。在某种意义上，这三个值将是函数的输入。

你需要从朋友那里得到什么信息？好吧，为了完成这个程序（打印报告），你需要知道选手 A 赢得了多少场比赛，选手 B 赢得了多少场比赛。这些必须是 simNGames 函数的输出。回忆一下，在第 6 章的函数讨论中，我说参数用作函数的输入，返回值用作函数输出。根据这种分析，我们现在知道算法的下一步如何编码：

```
def main():
    printIntro()
    probA, probB, n = getInputs()
    winsA, winsB = simNGames(n, probA, probB)
```

你掌握这个窍门了吗？最后一步是打印报告。如果你让朋友打印报告，必须告诉他每名选手有多少局胜利，这些值是函数的输入。下面是完整的程序：

```
def main():
    printIntro()
    probA, probB, n = getInputs()
    winsA, winsB = simNGames(n, probA, probB)
    printSummary(winsA, winsB)
```

这不是很难。main 函数只有五行，程序看起来更像是粗略算法的精确陈述。

9.3.2　关注点分离

当然，main 函数本身不会做很多事，我们推迟了所有有趣的细节。其实你们可能会认为我们还没有完成任何事情，但事实远非如此。

我们已经将原始问题分解为 printIntro、getInputs、simNGames 和 printSummary 四个独立的任务。此外，我们已经指定了执行这些任务的函数名称、参数和预期返回值。这些信息称为函数的"接口"或"签名"。

有了签名，我们就可以独立处理小块。由于 main 的目的，我们不在乎 simNGames 如何工作。唯一关注的是，如果给出比赛局数和两个概率，它必须返回每名选手获胜的正确局数。main 函数只关心每个（子）函数"做什么"。

到目前为止，我们的工作可以表示为一张"结构图"（也称为"模块层次图"）。图 9.1 说明了这一点。设计中的每个组件都是一个矩形。连接两个矩形的线表示上面的组件使用下面的组件。箭头和注释从信息流方面描述了组件之间的接口。

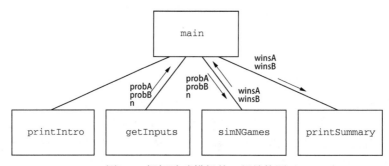

图 9.1　短柄壁球模拟的一级结构图

在设计的每个层次上，接口告诉我们下层的哪些细节很重要。其他东西都可以（暂时）忽略。确定某些重要特征并忽略其他细节的一般过程称为"抽象"。抽象是设计的基本工具。可以将自顶向下设计的整个过程视为发现有用抽象的系统方法。

9.3.3　第二层设计

现在我们需要做的是，对剩余每个组件重复这个设计过程。我们依次处理。printIntro 函数应该打印程序的介绍。我们来组合一个合适的 print 语句序列：

```
def printIntro():
    print("This program simulates a game of racquetball between two")
    print('players called "A" and "B". The ability of each player is')
    print("indicated by a probability (a number between 0 and 1) that")
```

```
print("the player wins the point when serving. Player A always")
print("has the first serve.")
```

请注意第二行。我把双引号放在"A"和"B"上，以便整个字符串被包含在撇号中。这个函数仅包含原生的 Python 指令。由于没有引入任何新函数，所以结构图没有改变。

现在让我们来处理 getInputs。我们需要提示并获取三个值，返回给主程序。同样，这很容易编码：

```
def getInputs():
    # Returns the three simulation parameters probA, probB and n
    a = float(input("What is the prob. player A wins a serve? "))
    b = float(input("What is the prob. player B wins a serve? "))
    n = int(input("How many games to simulate? "))
    return a, b, n
```

请注意，我在变量名称上走了一些捷径。记住，函数中的变量是该函数的局部变量。这个函数很简单，很容易看到三个值代表什么。这里的主要关注点是确保以正确的顺序返回值，以符合我们在 getInputs 和 main 之间建立的接口。

9.3.4　设计 simNGames

既然对自顶向下的设计技术有了一些经验，我们就准备好尝试真正的问题 simNGames。这个函数需要更多的思考。基本思想是模拟 n 局比赛，并记录每名选手的胜利局数。好吧，"模拟 n 局游戏"听起来像是一个循环，记录胜利局数听起来像是几个累积器的工作。利用我们熟悉的模式，可以拼出一个算法：

```
Initialize winsA and winsB to 0
loop n times
    simulate a game
    if playerA wins
        Add one to winsA
    else
        Add one to winsB
```

这是一个非常粗线条的设计，但是我们的顶级算法也是如此。我们会将它变成 Python 代码，填入细节。

回忆一下，我们已经有了函数的签名：

```
def simNGames(n, probA, probB):
    # Simulates n games and returns winsA and winsB
```

我们将加上两个累积器变量的初始化，并加上计数循环头：

```
def simNGames(n, probA, probB):
    # Simulates n games and returns winsA and winsB
    winsA = 0
    winsB = 0
    for i in range(n):
```

算法的下一步要求模拟一局短柄壁球比赛。我不太清楚如何做到这一点，像往常一样，我会推迟细节。我们假设有一个名为 simOneGame 的函数来处理这个问题。

我们需要弄清楚这个函数的接口是什么。功能的输入看起来很简单。为了准确模拟游戏，我们需要知道每名选手的概率是多少。但输出应该是什么？在算法的下一步中，我们需要知道谁赢得了游戏。怎么知道谁赢了？一般来说，看最后的成绩。

我们让 simOneGame 返回两名球员的最终成绩。我们可以更新结构图以反映这些决定。结果如图 9.2 所示。将此结构转换为代码，可以获得几乎完成的函数：

```python
def simNGames(n, probA, probB):
    # Simulates n games and returns winsA and winsB
    winsA = 0
    winsB = 0
    for i in range(n):
        scoreA, scoreB = simOneGame(probA, probB)
```

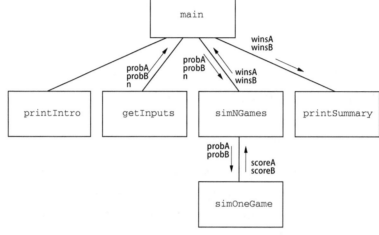

图 9.2　短柄壁球模拟的二级结构图

最后，我们需要检查得分，看看谁赢了，并更新相应的累积器。结果如下：

```python
def simNGames(n, probA, probB):
    winsA = winsB = 0
    for i in range(n):
        scoreA, scoreB = simOneGame(probA, probB)
        if scoreA > scoreB:
            winsA = winsA + 1
        else:
            winsB = winsB + 1
    return winsA, winsB
```

9.3.5　第三层设计

一切似乎都配合得很好。我们继续处理模拟的内部。下一个明显的攻击点是 simOneGame。这里我们实际上必须对短柄壁球规则的逻辑进行编码。选手不断完成回合，直到游戏结束。这让人想到某种无限循环结构，我们不知道其中一名选手获得 15 分之前需要多少回合。循环只是持续下去，直到游戏结束。

在这个过程中，我们需要记录得分，我们还需要知道目前谁在发球。分数可能只是两个整数累积器，但是我们如何记录谁在发球？它是选手 A 或选手 B。一种方法是用存储"A"或"B"的字符串变量。它也是一种累积器，但更新它的值时，我们只是将它从一个值切换到另一个值。

以上分析已足够得到一个粗略的算法。我们来试试看：

```
Initialize scores to 0
Set serving to "A"
Loop while game is not over:
    Simulate one serve of whichever player is serving
    update the status of the game
Return scores
```

至少这是一个开始。显然，这方面还有一些工作要做。我们可以快速填充算法的前两步，得到以下结果：

```
def simOneGame(probA, probB):
    scoreA = 0
    scoreB = 0
    serving = "A"
    while <condition>:
```

此时的问题是这个条件到底是什么。只要比赛没结束，就需要继续循环。我们应该能够通过查看分数来判断游戏是否结束。我们在上一章讨论了这种情况的一些可能性，其中一些是相当复杂的。让我们将细节隐藏在另一个函数 gameOver 中，如果比赛结束，则返回 True，否则返回 False。这暂时让我们来到循环剩下的部分。

图 9.3 展示了包含新函数的结构图。simOneGame 的代码现在如下：

```
def simOneGame(probA, probB):
    scoreA = 0
    scoreB = 0
    serving = "A"
    while not gameOver(scoreA, scoreB):
```

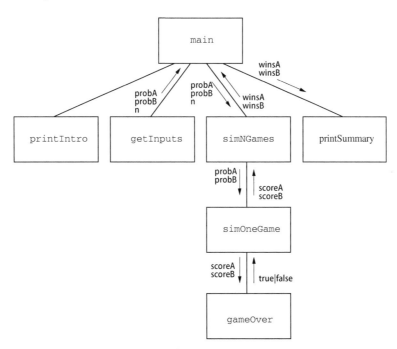

图 9.3 短柄壁球模拟的第三层结构图

在循环中，我们需要发一次球。回忆一下，为了确定发球者是否得分（random()<prob），我们将比较随机数与概率。正确的概率取决于 serving 的值。我们需要根据这个值来判断。

如果 A 在发球，那么我们需要使用 A 的概率，并且根据发球的结果，更新 A 的分数，或将发球更改为 B。下面是代码：

```
if serving == "A":
    if random() < probA: # A wins the serve
        scoreA = scoreA + 1
    else:                # A loses the serve
        serving = "B"
```

当然，如果不是 A 发球，我们需要做同样的事情，但针对 B。我们只需要附加一个镜像 else 子句：

```
if serving == "A":
    if random() < probA:    # A wins the serve
        scoreA = scoreA + 1
    else:                   # A loses serve
        serving = "B"
else:
    if random() < probB:    # B wins the serve
        scoreB = scoreB + 1
    else:                   # B loses the serve
        serving = "A"
```

这个函数几乎完成了。它有点复杂，但似乎反映了模拟的规则，就像列出的一样。将函数放在一起，结果如下：

```
def simOneGame(probA, probB):
    scoreA = 0
    scoreB = 0
    serving = "A"
    while not gameOver(scoreA, scoreB):
        if serving == "A":
            if random() < probA:
                scoreA = scoreA + 1
            else:
                serving = "B"
        else:
            if random() < probB:
                scoreB = scoreB + 1
            else:
                serving = "A"
    return scoreA, scoreB
```

9.3.6　整理完成

咻！我们还剩下一个麻烦的函数 gameOver。这是目前我们对它的了解：

```
def gameOver(a,b):
    # a and b represent scores for a racquetball game
    # Returns True if the game is over, False otherwise.
```

根据模拟规则，当任何一名选手总分达到 15 时，比赛结束。我们可以用一个简单的布尔条件来检查它。

```
def gameOver(a,b):
    # a and b represent scores for a racquetball game
    # Returns True if the game is over, False otherwise.
    return a==15 or b==15
```

注意这个函数如何只在一步中直接计算并返回布尔结果。

我们做到了！除了 printSummary 外，程序已经完成。让我们填充这些缺失的细节，结束工作。下面是从头到尾的完整程序：

```python
# rball.py
from random import random

def main():
    printIntro()
    probA, probB, n = getInputs()
    winsA, winsB = simNGames(n, probA, probB)
    printSummary(winsA, winsB)

def printIntro():
    print("This program simulates a game of racquetball between two")
    print('players called "A" and "B". The ability of each player is')
    print("indicated by a probability (a number between 0 and 1) that")
    print("the player wins the point when serving. Player A always")
    print("has the first serve.")

def getInputs():
    # Returns the three simulation parameters
    a = float(input("What is the prob. player A wins a serve? "))
    b = float(input("What is the prob. player B wins a serve? "))
    n = int(input("How many games to simulate? "))
    return a, b, n

def simNGames(n, probA, probB):
    # Simulates n games of racquetball between players whose
    #    abilities are represented by the probability of winning a serve.
    # Returns number of wins for A and B
    winsA = winsB = 0
    for i in range(n):
        scoreA, scoreB = simOneGame(probA, probB)
        if scoreA > scoreB:
            winsA = winsA + 1
        else:
            winsB = winsB + 1
    return winsA, winsB

def simOneGame(probA, probB):
    # Simulates a single game or racquetball between players whose
    #    abilities are represented by the probability of winning a serve.
    # Returns final scores for A and B
    serving = "A"
    scoreA = 0
    scoreB = 0
    while not gameOver(scoreA, scoreB):
        if serving == "A":
            if random() < probA:
                scoreA = scoreA + 1
            else:
                serving = "B"
        else:
            if random() < probB:
                scoreB = scoreB + 1
            else:
                serving = "A"
    return scoreA, scoreB
```

```
def gameOver(a, b):
    # a and b represent scores for a racquetball game
    # Returns True if the game is over, False otherwise.
    return a==15 or b==15

def printSummary(winsA, winsB):
    # Prints a summary of wins for each player.
    n = winsA + winsB
    print("\nGames simulated:", n)
    print("Wins for A: {0} ({1:0.1%})".format(winsA, winsA/n))
    print("Wins for B: {0} ({1:0.1%})".format(winsB, winsB/n))

if __name__ == '__main__': main()
```

你可能会注意到 printSummary 中的字符串格式。类型指示符%可用于打印百分比。Python 自动将数字乘以 100，并在后面添加一个百分号。

9.3.7　设计过程总结

你刚才看到了一个自顶向下的设计实战。现在你可以看到为什么它被称为自顶向下的设计。我们从结构图的最高层开始，一路向下。在每个层次上，我们从总算法开始，然后逐渐将它提炼为精确的代码。这种方法有时称为"逐步求精"。整个过程可以分为四个步骤：

第一步，将算法表示为一系列较小的问题。

第二步，为每个小问题开发一个接口。

第三步，用较小问题的接口来表示该算法，从而描述算法的细节。

第四步，对每个较小的问题重复此过程。

自顶向下的设计是开发复杂算法的宝贵工具。这个过程可能看起来很简单，因为我带着你一步步走来。但你自己第一次尝试时，事情可能不会这么顺利。坚持这种方法：你做得越多，它会越容易。最初，你可能会认为编写所有这些函数是很麻烦的。事实是，如果没有采用模块化的方法，开发任何复杂的系统都是不可能的。坚持下去，用合作的函数来表达自己的程序，很快就成为你的本能。

9.4　自底向上的实现

既然我们已经有了一个程序，你可能希望快速写出来，输入整个程序，并尝试一下。如果你这样做，结果可能会是失望和沮丧。尽管我们在设计中非常小心，但并不能保证我们没有引入一些愚蠢的错误。即使代码无懈可击，输入时也可能会出现一些错误。一次设计一小块程序比尝试一次处理整个问题更容易，同样，实现也最好一点点来。

9.4.1　单元测试

实现规模不太大的程序有一个好方法，即从结构图的最底层开始，并在完成每个组件时测试它。回顾模拟的结构图，我们可以从 gameOver 函数开始。一旦将此函数输入到模块文件中，我们可以立即导入文件并对其进行测试。下面是测试这个函数的示例会话：

```
>>> gameOver(0,0)
False
>>> gameOver(5,10)
False
>>> gameOver(15,3)
True
>>> gameOver(3,15)
True
```

我选择测试数据，尝试了该函数的所有重要的情形。第一次调用时，得分将为 0 比 0。该函数正确回应 False，比赛还没结束。随着比赛的进行，该函数将用中间得分调用。第二个例子表明，该函数再次回应比赛仍在进行中。最后两个例子表明，任何一名选手达到 15 分时，这个函数就能正确地识别比赛结束。

确定了 gameOver 功能正常，现在我们可以回去实现 simOneGame 函数。这个函数有一些概率行为，所以我不知道输出会是什么。我们能做的最好的测试，是看它的行为是否合理。下面是示例会话：

```
>>> simOneGame(.5,.5)
(13, 15)
>>> simOneGame(.5,.5)
(15, 11)
>>> simOneGame(.3,.3)
(15, 11)
>>> simOneGame(.3,.3)
(11, 15)
>>> simOneGame(.4,.9)
(4, 15)
>>> simOneGame(.4,.9)
(1, 15)
>>> simOneGame(.9,.4)
(15, 3)
>>> simOneGame(.9,.4)
(15, 0)
>>> simOneGame(.4,.6)
(9, 15)
>>> simOneGame(.4,.6)
(6, 15)
```

请注意，当概率相等时，分数接近。当概率相差较大时，比赛就是一边倒。这符合我们预期的函数行为。

我们可以继续这样的部分实现，将组件添加到代码中，同时测试每个组件。软件工程师称这个过程为“单元测试”。独立测试每个函数更容易发现错误。当你测试整个程序的时候，有可能一切顺利。

通过模块化设计实现关注点分离，让我们能够设计复杂的程序。通过单元测试实现关注点分离，让我们能够实现和调试复杂的程序。当你自己试试这些技术时，你会发现让程序跑起来的工作量变少了，挫折感也少了很多。

9.4.2　模拟结果

最后，我们来看看 Denny Dibblebit 的问题。能力的小差异导致结果的巨大差异，这是短柄壁球的特点吗？假设 Denny 赢得约 60%的发球回合，而他的对手要好 5%。Denny 赢得比赛的机会如何？下面是一个例子，Denny 的对手总是先发球：

```
This program simulates a game of racquetball between two
players called "A" and "B". The ability of each player is
indicated by a probability (a number between 0 and 1) that
the player wins the point when serving. Player A always
has the first serve.

What is the prob. player A wins a serve? .65
What is the prob. player B wins a serve? .6
How many games to simulate? 5000

Games simulated: 5000
Wins for A: 3360 (67.2%)
Wins for B: 1640 (32.8%)
```

尽管能力差距很小，但 Denny 只能在大约三分之一的比赛中获胜。他赢得三局或五局比赛的机会相当渺茫。显然，Denny 的战绩符合他的能力。他应该跳过心理医生，在比赛中更加努力。

说到比赛，扩展这个程序来计算赢得多局比赛的可能性是一个很好的练习。你为什么不试试呢？

9.5 其他设计技术

自顶向下的设计是一种非常强大的程序设计技术，但并不是创建程序的唯一方法。有时你可能会陷入困境，不知道如何对它逐级求精。或者原来的规格说明可能相当复杂，以至于逐级求精太难。

9.5.1 原型与螺旋式开发

另一种设计方法是从程序或程序组件的简单版本开始，然后尝试逐渐添加功能，直到满足完整的规格说明。初始的朴素版本称为“原型”。原型通常会导致一种“螺旋式”开发过程。不是拿来整个问题并经过规格说明、设计、实施和测试阶段，我们先设计、实现并测试一个原型。然后新功能被设计、实现和测试。在开发过程中，我们完成许多小循环，原型逐渐扩展为最终的程序。

作为一个例子，考虑我们可能如何开发短柄壁球模拟。问题的本质在于模拟一个短柄壁球的比赛。我们可能就从 simOneGame 函数开始。进一步简化，我们的原型可以假设每名选手有一半对一半的机会赢得每一分，并且只比赛 30 回合。这需要考虑问题的关键，即处理得分和换发球。下面是一个示例原型：

```
from random import random

def simOneGame():
    scoreA = 0
    scoreB = 0
    serving = "A"
    for i in range(30):
        if serving == "A":
```

```
            if random() < .5:
                scoreA = scoreA + 1
            else:
                serving = "B"
        else:
            if random() < .5:
                scoreB = scoreB + 1
            else:
                serving = "A"
        print(scoreA, scoreB)

if __name__ == '__main__': simOneGame()
```

可以看到，我在循环底部添加了一个 print 语句。在开发的过程中打印分数，让我们能看到原型正在进行比赛。下面是一些示例输出：

```
1 0
1 0
2 0
...
7 7
7 8
```

这不完美，但它表明我们让得分和换发球工作了。然后我们可以分阶段地扩充该程序。下面是一个项目计划。

阶段 1：初始原型。比赛 30 回合，发球者总是有 50%的获胜机率。打印出每次发球后的分数。

阶段 2：添加两个参数，表示两名选手的不同概率。

阶段 3：比赛直到其中一名选手得到 15 分。此时，我们有了能工作的一局比赛的模拟。

阶段 4：扩展进行多局比赛。输出是每名选手赢得的比赛数量。

阶段 5：构建完整的程序。添加交互式输入和格式漂亮的结果报告。

面对新的或不熟悉的功能或技术时，螺旋式开发特别有用。用快速原型"试手"很有帮助，只是为了看看你能做什么。作为一个新程序员，一切似乎都是新的，所以原型设计可能是有用的。如果完全自顶向下的设计似乎不适合你，请尝试一下螺旋式开发。

9.5.2　设计的艺术

重要的是要注意，螺旋式开发不是自顶向下设计的替代品。相反，它们是互补的方法。在设计原型时，你仍然会使用自顶向下的技术。在第 12 章，你会看到另一种称为面向对象设计的方法。

设计没有"唯一正确的方式"。事实上，良好的设计与科学一样是一个创造性的过程。事后可以对设计细致地分析，但是没有生成设计的硬性规则。最好的软件设计师似乎采用了各种各样的技术。你可以通过阅读这样的书籍来了解技术，但书籍无法教导如何及何时应用它们。你必须自己从经验中学习。设计成功的关键是"实践"，几乎任何事情都一样。

9.6　小结

- 计算机模拟是回答有关现实世界过程问题的强大技术。依靠概率或机会事件的模拟技术称为蒙特卡罗模拟。计算机使用伪随机数来进行蒙特卡罗模拟。

● 自顶向下的设计是设计复杂程序的技术。基本步骤是：

第一步，用较小的问题来表示算法。

第二步，为每个较小的问题开发一个接口。

第三步，用较小问题的接口来表示该算法。

第四步，对每个较小的问题重复该过程。

● 通过开发一个模拟短柄壁球比赛的程序，展示了自顶向下的设计。

● 单元测试是独立地检验较大程序中每个组件的过程。单元测试和自底向上的实现在编写复杂程序时是有用的。

● 螺旋式开发是一个过程，先创建一个复杂程序的简单版本（原型），然后逐渐添加功能。原型开发和螺旋式开发通常与自顶向下的设计相结合。

● 设计是艺术与科学的结合。实践是成为更好设计师的最佳方式。

9.7　练习

复习问题

判断对错

1. 计算机可以生成真正的随机数。
2. Python 的 random 函数返回伪随机整数。
3. 自顶向下的设计也称为逐步求精。
4. 在自顶向下的设计中，主要算法是根据尚未存在的函数编写的。
5. main 函数在函数结构图的顶部。
6. 自顶向下的设计最好自顶向下实现。
7. 单元测试是单独测试较大程序的组件的过程。
8. 开发人员应使用自顶向下或螺旋式设计，但不能同时使用。
9. 只要阅读设计书籍就会使你成为一名了不起的设计师。
10. 程序的简化版本称为模拟。

选择题

1. 表达式_____在大约 66%的时间里为真。

a. random() >= 66　　　　　　　b. random() < 66

c. random() < 0.66　　　　　　d. random() >= 0.66

2. 以下_____项不是纯粹的自顶向下设计的一步。

a. 对较小的问题重复该过程　　　b. 用较小问题的接口详细说明算法

c. 构建一个简化的系统原型　　　d. 用较小的问题来表示算法

3. 设计中组件之间依赖关系视图称为_____。

a. 流程图   b. 原型   c. 界面   d. 结构图

4. 模块层次结构图中的箭头表示_____。

a. 信息流   b. 控制流   c. 粘贴附件   d. 单行道

5. 在自顶向下的设计中，设计的子组件是_____。

a. 对象   b. 循环   c. 函数   d. 程序

6. 使用概率事件的模拟称为_____。

a. 蒙特卡罗   b. 伪随机   c. Monty Python   d. 混沌

7. 在螺旋式开发中使用的系统的初始版本称为_____。

a. 入门套件   b. 原型   c. 模型   d. beta 版本

8. 在短柄壁球模拟中，gameOver 函数返回_____数据类型。

a. bool   b. int   c. string   d. float

9. 字符串格式化模板中百分号表示_____。

a. %   b. \%   c. %%   d. \%%

10. 系统结构中，最容易开始单元测试的地方是_____。

a. 顶部   b. 底部   c. 中间   d. main 函数

讨论

1. 绘制包含以下 main 函数的程序的顶层结构图。

```
def main():
    printIntro()
    length, width = getDimensions()
    amtNeeded = computeAmount(length,width)
    printReport(length, width, amtNeeded)
```

2. 用 random 或 randrange 编写一个表达式来计算以下内容。

a. 范围 0～10 中的随机整数 b. 范围-0.5～0.5 中的随机浮点数 c. 表示六面骰子的投掷的随机数 d. 表示两个六面骰子之和的随机数 e. 范围-10.0～10.0 中的随机浮点数

3. 用你自己的话来描述什么因素可能导致设计者选择螺旋式开发，而不是自顶向下的方法。

编程练习

1. 修改短柄壁球模拟，以便计算最佳 n 场比赛结果。先发球是交替的，所以选手 A 在奇数局比赛中是先发球，选手 B 在偶数局比赛中是先发球。

2. 修改短柄壁球模拟，考虑零封的规则。你的升级版本应该为两名选手报告获胜的局数、获胜的百分比、零封的局数以及因此获胜的百分比。

3. 设计并实现排球比赛模拟。普通的排球像短柄壁球一样，球队只能在发球时得分。比分上升到 15，但必须至少赢得 2 分。

4. 大多数排球分站赛现在采用回合计分制。在这个系统中，赢得一个回合的球队得 1 分，即使不是发球的球队。一方得 25 分时比赛结束。设计并实现使用回合计分制的排球模拟。

5. 设计并实现一个系统，将普通排球比赛与使用回合计分制的比赛进行比较。你的程序应该能够研究回合计分制是否会增强或减弱较好球队的相对优势，还是没有影响。

6. 设计并实现其他一些球拍运动的模拟（如网球或乒乓球）。

7. 花旗骰是在许多赌场玩的骰子游戏。一个玩家掷一双普通的六面骰子。如果初始点数是 2、3 或 12，则玩家失败。如果是 7 或 11，则玩家获胜。任何其他初始点数将导致玩家"再掷点"。也就是说，玩家持续掷骰子直到掷出 7 或重新掷出初始点。如果选手在掷出 7 之前重新掷出初始点，就获胜。先掷出 7 则失败。

编程模拟多次掷骰子游戏，并估计玩家获胜的可能性。例如，如果玩家在 500 场比赛中赢了 249 场，那么估计的获胜概率是 249/500 = 0.498。

8. 二十一点是用纸牌玩的赌场游戏。游戏的目标是拿到尽可能接近 21 点的牌，但不超过。所有花牌为 10 分，A 为 1 或 11，所有其他牌均按值计分。

该游戏是针对发牌者进行的。玩家尝试比发牌者更接近 21 点（不超过）。如果发牌者爆牌（超过 21），玩家自动获胜（只要玩家尚未爆牌）。发牌者必须始终根据固定的规则取牌。发牌者至少发牌直到自己达到 17 点以上。如果发牌者的牌中包含一个 A，那么如果总和在 17～21 之间时（含 21），它将被计为 11。否则，A 被计为 1。

编写一个模拟多局二十一点的程序，并估计发牌者爆牌的可能性。提示：将牌的副数当成无限的（赌场使用包含许多副牌的"发牌盒"）。你不需要记录手上的卡，只要记录到目前为止的总和（将 A 计为 1）和一个 bool 变量 hasAce，表明是否包含一个 A。包含 A 的一手牌应该在总和上加 10 点，如果这样做会得到导致停止的总和（17～21 之间）。

9. 二十一点的发牌者总是从一张牌开始。对于每个可能的起始值，选手如果知道发牌者的爆牌概率（参见上一个问题）将是有用的。编写一个模拟程序，针对每种可能的起始值（A～10）玩多局二十一点，并估计发牌者针对每种起始值爆牌的可能性。

10. 蒙特卡罗技术可用于估计 pi 的值。假设你有一个圆形的飞镖板，刚好放在一个方形盒子里面。如果你随机投掷飞镖，那么击中飞镖板与击中盒子（不在板上的角落）的比例将由飞镖靶板和盒子的相对面积来确定。如果 n 是随机投掷的飞镖的总数（落在盒子的范围内），而 h 是击中飞镖板的数字，很容易推出

$$\pi \approx 4\left(\frac{h}{n}\right)$$

编写一个程序，接受"飞镖数"作为输入，然后进行模拟以估计 π。（提示：你可以使用 2 * random()-1 在 (0,0) 为中心的 2×2 的正方形中生成随机点的 x 和 y 坐标。如果 $x^2 + y^2 \leq 1$，则该点位于内切圆中。）

11. 编写一个模拟程序，估计一把掷五个六面骰子，点数都相同的概率。

12. "随机行走"是一种特殊的概率模拟，它模拟某些统计系统，如布朗运动的分子。你可以将抛硬币想象为一维随机行走。假设你站在一个非常长的直线人行道上，在你前后伸展。抛一枚硬币，如果出现正面，你向前迈出一步，反面就向后退一步。

假设你随机走 n 步。平均来说，最后距离起点多少步？编写一个程序来帮助你研究这个问题。

13. 假设你正在城市街道的街区随机行走（见上一个问题）。在每个"步骤"中，你选择向前、向后、向左或向右走一个街区（随机）。在 n 步后，你预期离出发点多远？编写一个程序来帮助解决这个问题。

14. 编写一个图形程序来跟踪二维随机行走（见前两个问题）。在这个模拟中，你应该允许在任何方向上走一步。你可以生成一个随机方向作为与 x 轴的夹角。

```
angle = random() * 2 * math.pi
```

新的 x 和 y 位置由以下公式给出：

```
x = x + cos(angle)
y = y + sin(angle)
```

程序应该以步数作为输入。在 100×100 网格的中心启动你的行走者，并绘制一条记录行走的线条。

15.（高级）这是一个难题，可以通过一些高难度的分析几何（微积分）或（相对）简单的模拟来解决。

假设你位于立方体的中心。如果你可以在每个方向看看周围，立方体的每个墙壁将占据你的视野。假设你走向一个墙壁，这样你现在就在它和立方体的中心之间。你的视野现在有多少部分被最近的墙壁占据？（提示：使用蒙特卡罗模拟，在随机的方向上重复"看"，并计算它看到墙壁的次数。）

第 10 章 定 义 类

学习目标

● 领会定义新类如何能为复杂程序提供结构。
● 能够阅读并编写 Python 类定义。
● 理解封装的概念，以及它如何有助于构建模块化的、可维护的程序。
● 能够编写包含简单类定义的程序。
● 能够编写包含创新（程序员设计的）控件的交互式图形程序。

10.1 对象的快速复习

在前三章中，我们已经掌握了一些技术，让程序的"计算"结构化。在接下来的几章中，我们来看一些技术，让程序使用的"数据"结构化。你知道，对象是管理复杂数据的重要工具。到目前为止，我们的程序已经利用了诸如 Circle 等预定义的类创建的对象。在本章中，你将学习如何编写自己的新类。

回忆一下，在第 4 章中，我将"对象"定义为一种主动的数据类型，它知道一些事情，并可以做一些事情。更准确地说，一个对象包括：

（1）一组相关的信息。

（2）操作这些信息的一组操作。

信息存储在对象中的"实例变量"中。这些操作，称为"方法"，是"存在"于对象内的函数。实例变量和方法一起被称为对象的"属性"。

举一个现在很熟悉的例子。一个 Circle 对象有一些实例变量，如 center，它记住圆的中心点，radius，它保存圆的半径。Circle 的方法需要这些数据来执行动作。draw 方法检查 center 和 radius，以确定窗口中的哪些像素应该着色。move 方法改变中心的值，以反映圆的新位置。

记住，每个对象都被认为是一个类的一个实例。对象的类决定对象将具有什么属性。基本上，一个类描述了它的实例知道什么和做什么。调用构造方法，将从类创建新对象。你可以将类本身视为创建新实例的工厂。

请考虑创建一个新的 Circle 对象：

```
myCircle = Circle(Point(0,0), 20)
```

Circle 是类的名称，用于调用构造方法。这一行创建一个新的 Circle 实例，并将引用保存在变量 myCircle 中。构造方法的参数用于初始化 myCircle 内部的一些实例变量（即 center 和 radius）。实例被创建后，就通过调用它的方法来操作它：

```
myCircle.draw(win)
myCircle.move(dx, dy)
...
```

10.2 示例程序：炮弹

开始详细讨论如何编写自己的类之前，我们先简单地看看新类多么有用。

10.2.1 程序规格说明

假设我们希望编写一个模拟炮弹（或任何其他抛体，如子弹、棒球或铅球）的程序。我们特别感兴趣的是，确定在各种发射角度和初始速度下，炮弹将飞多远。程序的输入是炮弹的发射角（以度为单位）、初始速度（以米每秒为单位）和初始高度（以米为单位）。输出是抛体在撞击地面前飞行的距离（以米为单位）。

如果忽略风阻的影响，并假设炮弹靠近地球表面（即我们不试图将它发射到轨道上），这是一个相对简单的经典物理问题。地球表面附近的重力加速度约为 9.8 米/秒^2。这意味着如果一个物体以每秒 20 米的速度向上抛出，经过一秒钟之后，它的向上速度将会减慢到 20 −9.8 = 10.2 米/秒。再过一秒，速度将只有 0.4 米/秒，之后不久就会开始回落。

对于知道一点微积分的人来说，不难推导出一个公式，给出炮弹在飞行中任何给定时刻的位置。然而，我们的程序不用微积分的方法，而是用模拟来跟踪炮弹每个时刻的位置。利用一点简单的三角学，以及一个明显的关系，即物体在给定时间内飞行的距离等于其速率乘以时间（d = rt），我们可以用算法解决这个问题。

10.2.2 设计程序

我们先设计一个算法。鉴于问题陈述，很明显，我们需要考虑炮弹的两个维度：一是高度，这样我们知道什么时候碰到地面。二是距离，记录它飞多远。我们可以将炮弹的位置视为二维图中的点（x，y），其中 y 的值给出了地面之上的高度，x 的值给出了与起点的距离。

我们的模拟必须更新炮弹的位置来说明它的飞行。假设炮弹从位置（0,0）开始，我们希望定时检查它的位置，比如说，每隔十分之一秒。在那段时间内，它将向上移动一些距离（正 y）并向前移动一些距离（正 x）。每个维度的精确距离由它在该方向上的速度决定。

分离速度的 x 和 y 分量让问题更容易。由于忽略风阻，所以 x 速度在整个飞行中保持不变。然而，由于重力的影响，y 速度随时间而变化。事实上，y 速度开始为正，然后随着炮弹开始下降，会变为负值。

根据这样的分析，模拟要做什么就清楚了。下面是粗略的大纲：

```
输入模拟参数：角度，速度，高度，间隔
计算炮弹的初始位置：xpos, ypos
计算炮弹的初始速度：xvel, yvel
```

```
while 炮弹仍在飞行:
将 xpos, ypos 和 yvel 的值更新为飞行输出中距离作为 xpos 的距离
```

让我们用逐步求精的方法，将它变成一个程序。

算法的第一行很简单。我们只需要合适的输入语句序列。下面是开始：

```
def main():
    angle = float(input("Enter the launch angle (in degrees): "))
    vel = float(input("Enter the initial velocity (in meters/sec): "))
    h0 = float(input("Enter the initial height (in meters): "))
    time = float(input(
            "Enter the time interval between position calculations: "))
```

计算炮弹的初始位置也很简单。它将从距离 0 和高度 h0 开始。我们只需要两句赋值语句：

```
xpos = 0.0
ypos = h0
```

接下来，需要计算初始速度的 x 和 y 分量。我们需要一点高中三角学知识。（看到吗，这告诉你它们会有使用的那一天。）如果我们认为初始速度由 y 方向的一些分量和 x 方向的一些分量组成，那么这三个量（速度，x 速度和 y 速度）形成一个直角三角形。图 10.1 说明了这种情况。如果我们知道速度的大小和发射角度（标记为θ，因为希腊字母θ经常用作角度的度量），我们可以通过公式 xvel =速度*cos(θ)，很容易地计算 xvel 的大小。类似的公式（使用 sin(θ)）计算出 yvel。

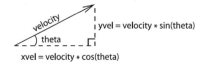

图 10.1 计算速度的 x 和 y 分量

即使你不完全理解三角学也没关系，重要的是我们可以将这些公式转换成 Python 代码。还有一个微妙的问题需要考虑。我们的输入角度以度为单位，Python 数学库采用弧度度量。应用公式之前，我们必须转换角度。圆周有 2π弧度（360 度），所以 $\theta = \dfrac{\pi * 角度}{180}$。

这是常见的转换，所以 math 库提供了一个方便的函数，称为 radians，用于执行这种计算。这三个公式给出了计算初始速度的代码：

```
theta = math.radians(angle)
xvel = velocity * math.cos(theta)
yvel = velocity * math.sin(theta)
```

接下来是程序的主循环。我们希望不断更新炮弹的位置和速度，直到它到达地面。我们可以通过检查 ypos 的值来做到这一点：

```
while ypos >= 0.0:
```

我使用>=作为关系，这样可以从炮弹在地面上开始（=0），仍然让循环执行。一旦 ypos 的值下降到 0 以下，循环就会退出，表明炮弹已经略微嵌入地面了。

现在我们来到模拟的关键。每次通过循环，我们希望更新炮弹的状态，让它在飞行中移动 time 秒。我们先从水平方向考虑运动。由于规格说明指出可以忽略风阻，所以炮弹的水平速度将保持不变，由 xvel 的值给出。

作为一个具体的例子，假设炮弹以 30 米/秒的速度飞行，目前距离发射点 50 米。下 1 秒钟，它将再次前进 30 米，距离发射点 80 米。如果间隔时间只有 0.1 秒（而不是 1 秒），那么炮弹只飞行 0.1 * 30= 3 米，距离为 53 米。你可以看到，飞行的距离总是由 time * xvel 给出。要更新水平位置，我们只需要一个语句：

```
xpos = xpos + time * xvel
```

垂直分量的情况稍微复杂一些，因为重力会导致 y 速度分量随时间而变化。每秒必须减少 9.8 米/秒，即重力加速度。在 0.1 秒内，速度将减少 0.1 * 9.8 = 0.98 米/秒。间隔结束时的新速度计算为

```
yvel1 = yvel - time * 9.8
```

为了计算在这个时间间隔内炮弹的飞行的距离，我们需要知道它的"平均"垂直速度。由于重力加速度是恒定的，所以平均速度就是开始和结束速度的平均值(yvel + yvel1)/2.0。平均速度乘以间隔时间，给出了高度的变化。

下面是完成的循环：

```
while ypos >= 0.0:
    xpos = xpos + time * xvel
    yvel1 = yvel - time * 9.8
    ypos = ypos + time * (yvel + yvel1)/2.0
    yvel = yvel1
```

注意，时间间隔结束时的速度先存储在临时变量 yvel1 中。这是为了保持初始值，从而可以用两个值计算平均速度。最后，在循环结束时，将 yvel 赋予新值。这表示在间隔结束时炮弹的正确垂直速度。

程序的最后一步就是输出飞行距离。添加此步骤得到了完整的程序：

```
# cball1.py
from math import sin, cos, radians

def main():
    angle = float(input("Enter the launch angle (in degrees): "))
    vel = float(input("Enter the initial velocity (in meters/sec): "))
    h0 = float(input("Enter the initial height (in meters): "))
    time = float(input(
            "Enter the time interval between position calculations: "))
    # convert angle to radians
    theta = radians(angle)

    # set the initial position and velocities in x and y directions
    xpos = 0
    ypos = h0
    xvel = vel * cos(theta)
    yvel = vel * sin(theta)

    # loop until the ball hits the ground
    while ypos >= 0.0:
        # calculate position and velocity in time seconds
        xpos = xpos + time * xvel
        yvel1 = yvel - time * 9.8
        ypos = ypos + time * (yvel + yvel1)/2.0
        yvel = yvel1

    print("\nDistance traveled: {0:0.1f} meters.".format(xpos))
```

10.2.3 程序模块化

在设计讨论时你可能注意到，我采用了逐步求精的方法（自顶向下的设计）来开发该

程序，但是我没有将程序分成单独的函数。我们将以两种不同的方式对程序进行模块化。首先，我们将使用函数（即向顶向下设计）。

最后的程序虽然不是太长，但相对于它的长度来说却相当复杂。复杂的一个原因是它使用了 10 个变量，这对读者来说太多，难以记住。让我们尝试将程序划分成一些函数，看是否有帮助。下面是使用辅助函数的主算法版本：

```
def main():
    angle, vel, h0, time = getInputs()
    xpos, ypos = 0, h0
    xvel, yvel = getXYComponents(vel, angle)
    while ypos >= 0:
        xpos, ypos, yvel = updateCannonBall(time, xpos, ypos, xvel, yvel)
    print("\nDistance traveled: {0:0.1f} meters.".format(xpos))
```

根据这些函数的名称和原来的程序代码，这些函数做什么应该是明显的。你可能需要几分钟的时间来编写三个辅助函数。

第二个版本的主算法肯定比较简洁。变量的数量已经减少到 8 个，因为 theta 和 yvel1 已经从主算法中消除了。你看到它们去哪儿了吗？只有在 getXYComponents 内部才需要 theta 的值。同样，yvel1 现在是 updateCannonBall 的局部变量。能隐藏一些中间变量是关注点分离的主要好处，这是自顶向下设计提供的。

即使这个版本似乎也过于复杂。特别看看循环。记录炮弹的状态需要四条信息，其中三条必须随时改变。需要所有四个变量以及时间的值来计算三个变量的新值。这导致一个丑陋的函数调用，有五个参数和三个返回值。参数很多通常表明程序可能会有更好的组织方式。我们来试试另一种方法。

原来的问题规格说明本身就表明，有更好的方法来查看程序中的变量。有一个真实世界的炮弹对象，但在当前的程序中，描述它需要 xpos、ypos、xvel 和 yvel 四个信息。假设我们有一个 Projectile 类，能"理解"炮弹这类物体的物理特性。利用这样的类，我们可以用单个变量来创建和更新合适的对象，表示主算法。通过这种"基于对象"的方法，我们可以这样编写主程序：

```
def main():
    angle, vel, h0, time = getInputs()
    cball = Projectile(angle, vel, h0)
    while cball.getY() >= 0:
        cball.update(time)
    print("\nDistance traveled: {0:0.1f} meters.".format(cball.getX()))
```

显然，这是比较简单而直接表达的算法。angle、vel 和 h0 的初始值作为参数，创建了一个 Projectile，名为 cball。每次通过循环时，都会要求 cball 更新其状态以记录时间。我们可以随时用它的 getX 和 getY 方法来获取 cball 的位置。为了让它工作，我们只需要定义一个合适的 Projectile 类，让它实现 update、getX 和 getY 方法。

10.3 定义新类

在设计 Projectile 类之前，让我们来看一个更简单的例子，了解基本的想法。

10.3.1 示例：多面骰子

普通的骰子（die，dice 的单数）是一个立方体，六个面有从 1～6 的数字。一些游戏使用可能面更少（如四个）或更多（如十三个）的非标准骰子。我们设计一个一般的 MSDie 类来模拟多面骰子。我们可以在任何数量的模拟或游戏程序中使用这样的对象。

每个 MSDie 对象都知道两件事：

第一，它有多少面。

第二，它当前的值。

创建一个新的 MSDie 时，我们指定它将拥有多少面。然后，我们可以通过三种提供的方法在骰子上进行操作：roll，将骰子设置为 1～n 之间的随机值，包括 1 和 n；setValue，将骰子设置为特定值（即作弊）；getValue，看看当前的值是什么。

下面是一个交互示例，显示了我们的类将会做什么：

```
>>> die1 = MSDie(6)
>>> die1.getValue()
1
>>> die1.roll()
>>> die1.getValue()
4
>>> die2 = MSDie(13)
>>> die2.getValue()
1
>>> die2.roll()
>>> die2.getValue()
12
>>> die2.setValue(8)
>>> die2.getValue()
8
```

你看到这可能怎么用吗？我可以定义任意数量的骰子，它有任意个面。每个骰子可以独立掷出，并且将始终在面数确定的适当范围内产生随机值。

用面向对象的术语来说，我们调用 MSDie 的构造方法并提供面数作为参数，创建了一个骰子。骰子对象将用一个实例变量在内部记录这个面数。另一个实例变量用于保存骰子的当前值。开始，骰子的值将被设置为 1，因为这是所有骰子的合法值。该值可以通过 roll 和 setValue 方法更改，并通过 getValue 方法返回。

为 MSDie 类编写定义真的很简单。一个类是方法的集合，方法就是函数。以下是 MSDie 的定义：

```python
# msdie.py
#    Class definition for an n-sided die.

from random import randrange

class MSDie:

    def __init__(self, sides):
        self.sides = sides
        self.value = 1

    def roll(self):
```

```
    self.value = randrange(1,self.sides+1)

def getValue(self):
    return self.value

def setValue(self, value):
    self.value = value
```

可以看到，类定义的形式很简单：

```
class <class-name>:
    <method-definitions>
```

每个方法定义看起来像一个普通的函数定义。将函数放在类中使其成为该类的方法，而不是独立的函数。

我们来看看这个类中定义的三个方法。你会注意到每个方法都有一个名为 self 的第一个参数。方法的第一个参数是特殊的：它总是包含该方法所在的对象的引用。像往常一样，你可以用任何希望的名字来命名这个参数，但传统的名字是 self，所以我永远这样用。

举个例子可能有助于理解 self。假设我们有一个 main 函数执行 die1.setValue(8)。方法调用是一种函数调用。像普通的函数调用一样，Python 执行一个四步序列：

第一步，调用程序（main）暂停在方法调用处。Python 在对象的类中，找到合适的方法定义，将该方法应用于该对象。在这个例子中，控制转给 MSDie 类的 setValue 方法，因为 die1 是 MSDie 的一个实例。

第二步，该方法的形参被赋予调用的实参提供的值。在方法调用时，第一个形参对应于该对象。在我们的示例中，就像在执行方法体之前完成了以下赋值：

```
self = die1
value = 8
```

第三步，执行方法体。

第四步，控制返回到调用方法之后的位置。在这个例子中，是紧随 die1.setValue(8) 之后的语句。

图 10.2 说明了该示例的方法调用顺序。注意如何用一个参数（值）调用该方法，但是由于有 self，该方法定义有两个参数。一般来说，我们会说 setValue 需要一个参数。定义中的 self 参数是记录细节。有些语言隐含着这样做，Python 要求我们添加额外的参数。为了避免混淆，我始终将方法的第一个形式参数称为 self 参数，任何其他参数作为普通参数。所以我会说 setValue 使用一个普通参数。

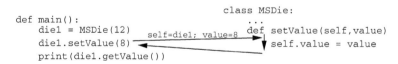

图 10.2 调用中的控制流：die1.setValue(8)

好的，所以 self 是表示对象的参数。但是我们究竟能做什么呢？要记住的主要事情是对象包含自己的数据。在概念上，实例变量提供了一种记住对象内的数据的方法。与常规变量一样，实例变量通过名称来访问。我们可以用熟悉的点表示法<object>.<instance-var>。看看 setValue 的定义：self.value 是指与对象关联的实例变量值。一个类的每个实例都有自己的实例变量，所以每个 MSDie 对象都有自己的值。

类中的某些方法对 Python 具有特殊的意义。这些方法的名称以两条下划线开始和结尾。特殊方法 __init__ 是对象构造方法。Python 调用此方法来初始化新的 MSDie。__init__ 的作用是为对象的实例变量提供初始值。在类的外部，构造方法由类名来调用。

```
die1 = MSDie(6)
```

此语句导致 Python 创建一个新的 MSDie，并在该对象上执行 init。最终的结果为 die1.sides 是 6，die1.value 是 1。

实例变量的强大之处在于，我们可以用它们来记住特定对象的状态，然后将该信息作为对象的一部分传递给程序。实例变量的值可以在其他方法中引用，甚至在连续调用相同方法时再次引用。这与常规的局部函数变量不同，一旦函数终止，其值将消失。

下面是一个简单的例子：

```
>>> die1 = Die(13)
>>> print(die1.getValue())
1
>>> die1.setValue(8)
>>> print(die1.getValue())
8
```

调用构造方法将实例变量 die1.value 设为 1。下一行打印出该值。构造方法设置的值仍然作为对象的一部分，即使构造方法已经完成并结束。类似地，执行 die1.setValue(8) 将其值设置为 8，从而更改对象。下一次请求对象的值时，它将返回 8。

这就是关于在 Python 中定义新类的所有知识。现在是利用这个新知识的时候了。

10.3.2 示例：Projectile 类

回到炮弹的例子，我们希望要一个可以代表抛体的类。这个类需要一个构造方法来初始化实例变量，一个 update 方法来改变抛体的状态，以及 getX 和 getY 方法，以便我们得知当前的位置。

我们从构造方法开始吧。在主程序中，我们将用最初的角度、速度和高度创建一个炮弹：

```
cball = Projectile(angle, vel, h0)
```

Projectile 必须有一个 __init__ 方法，用这些值来初始化 cball 的实例变量。但实例变量应该是什么？当然，它们包含 xpos、ypos、xvel 和 yvel 四种信息，表示炮弹飞行的特征。我们将使用原来程序中的相同公式来计算这些值。

下面是带有构造方法的类：

```
class Projectile:

    def __init__(self, angle, velocity, height):
        self.xpos = 0.0
        self.ypos = height
        theta = math.radians(angle)
        self.xvel = velocity * math.cos(theta)
        self.yvel = velocity * math.sin(theta)
```

请注意我们如何使用 self 点表示法,在对象内创建了四个实例变量。在__init__终止之后,就不需要 theta 的值,所以它只是一个普通的(局部的)函数变量。

获取抛体位置的方法很简单:当前位置由实例变量 xpos 和 ypos 给出。我们只需要一些返回这些值的方法。

```python
def getX(self):
    return self.xpos

def getY(self):
    return self.ypos
```

最后,我们来看 update 方法。该方法接受一个普通参数,表示时间间隔。我们需要更新抛体的状态,以反映这段时间的流逝。下面是代码:

```python
def update(self, time):
    self.xpos = self.xpos + time * self.xvel
    yvel1 = self.yvel - time * 9.8
    self.ypos = self.ypos + time * (self.yvel + yvel1)/2.0
    self.yvel = yvel1
```

基本上,这是我们在原来程序中使用的代码,改成为使用和修改实例变量。注意使用 yvel1 作为临时(普通)变量。在方法最后一行,将该值存储到对象中,从而保存该新值。

这就完成了我们的抛体类。我们现在有了一个完整的基于对象的解决方案,来解决炮弹问题:

```python
# cball3.py
from math import sin, cos, radians

class Projectile:

    def __init__(self, angle, velocity, height):
        self.xpos = 0.0
        self.ypos = height
        theta = radians(angle)
        self.xvel = velocity * cos(theta)
        self.yvel = velocity * sin(theta)

    def update(self, time):
        self.xpos = self.xpos + time * self.xvel
        yvel1 = self.yvel - 9.8 * time
        self.ypos = self.ypos + time * (self.yvel + yvel1) / 2.0
        self.yvel = yvel1

    def getY(self):
        return self.ypos

    def getX(self):
        return self.xpos

def getInputs():
    a = float(input("Enter the launch angle (in degrees): "))
    v = float(input("Enter the initial velocity (in meters/sec): "))
    h = float(input("Enter the initial height (in meters): "))
    t = float(input(
            "Enter the time interval between position calculations: "))
    return a,v,h,t

def main():
    angle, vel, h0, time = getInputs()
```

```
cball = Projectile(angle, vel, h0)
while cball.getY() >= 0:
    cball.update(time)
print("\nDistance traveled: {0:0.1f} meters.".format(cball.getX()))
```

10.4 用类数据处理

抛体的例子展示了类的用处，它们针对具有复杂行为的真实世界对象进行建模。对象的另一个常见用途是将一组描述人或事的信息组合在一起。例如，公司需要记录所有员工的信息。他们的员工系统可能会使用 Employee 对象，包含员工姓名、社会安全号码、地址、工资、部门等数据。这种信息分组通常称为"记录"。

让我们来看一下涉及大学生的一些简单数据处理。在典型的大学里，课程是按学分来衡量的，而平均分是以 4 分为基准计算的，其中"A"是 4 分，"B"是 3 分，等等。平均积分点（GPA）计算采用积分点。如果课程价值 3 个学分，学生获得"A"，那将获得 3（4）＝12 个积分。要计算学生的平均积分点，我们将总积分点除以完成的学分数。

假设我们有一个包含学生成绩信息的数据文件。文件的每一行都包含一个学生的姓名、学分和积分点。这三个值由制表符分隔。例如，文件的内容可能像下面这样：

```
Adams, Henry      127      228
Computewell, Susan       100      400
DibbleBit, Denny         18       41.5
Jones, Jim        48.5     155
Smith, Frank      37       125.33
```

我们的工作是写一个程序，读取这个文件，找到 GPA 最好的学生，打印他的名字、学分和 GPA。我们可以先创建一个 Student 类。Student 类型的对象是单个学生的信息记录。在这个例子中，我们有名称、学分和积分点三种信息。我们可以将这些信息作为实例变量保存，在构造方法中初始化：

```
class Student:
    def __init__(self, name, hours, qpoints):
        self.name = name
        self.hours = float(hours)
        self.qpoints = float(qpoints)
```

请注意，我使用了与实例变量名匹配的参数名称。这初看起来有点奇怪，但对于这种类来说，这是一种很常见的风格。我还将小时和积分的值变成了浮点数。这让构造方法变得更通用，它可以接受浮点数、整数甚至字符串作为参数。

既然有了一个构造方法，就很容易创建学生记录。例如，我们可以为 Henry Adams 创造一个记录：

```
aStudent = Student("Adams, Henry", 127, 228)
```

使用对象允许我们在单个变量中收集有关个人的所有信息。

接下来，我们必须决定 Student 对象应该有什么方法。显然，我们希望能够访问学生的信息，所以我们应该定义一组取值方法。

```
def getName(self):
    return self.name
```

```
    def getHours(self):
        return self.hours

    def getQPoints(self):
        return self.qpoints
```

这些方法使我们能够从学生记录中获取信息。例如，要打印学生姓名，我们可以写：

```
print(aStudent.getName())
```

类中还缺一个方法，即计算 GPA 的方法。我们可以使用 getHours 和 getQPoints 方法单独计算，但 GPA 常会用到，因此可能需要自己的方法。

```
    def gpa(self):
        return self.qpoints/self.hours
```

有了这个类，我们就准备好解决要找到最好的学生这个问题了。我们的算法将类似于确定 n 个数字的最大值的算法。我们将逐一查看文件中的学生，记录到目前为止看到的最好的学生。下面是程序的算法：

```
Get the file name from the user
Open the file for reading
Set best to be the first student
For each student s in the file
    if s.gpa() > best.gpa()
        set best to s
print out information about best
```

完成的程序如下：

```
# gpa.py
#     Program to find student with highest GPA

class Student:
    def __init__(self, name, hours, qpoints):
        self.name = name
        self.hours = float(hours)
        self.qpoints = float(qpoints)

    def getName(self):
        return self.name

    def getHours(self):
        return self.hours

    def getQPoints(self):
        return self.qpoints

    def gpa(self):
        return self.qpoints/self.hours

def makeStudent(infoStr):
    # infoStr is a tab-separated line: name hours qpoints
    # returns a corresponding Student object
    name, hours, qpoints = infoStr.split("\t")
    return Student(name, hours, qpoints)

def main():
    # open the input file for reading
    filename = input("Enter the name of the grade file: ")
```

```
    infile = open(filename, 'r')

    # set best to the record for the first student in the file
    best = makeStudent(infile.readline())

    # process subsequent lines of the file
    for line in infile:
        # turn the line into a student record
        s = makeStudent(line)
        # if this student is best so far, remember it.
        if s.gpa() > best.gpa():
            best = s
infile.close()

    # print information about the best student
    print("The best student is:", best.getName())
    print("hours:", best.getHours())
    print("GPA:", best.gpa())

if __name__ == ' __main__':
    main()
```

你会注意到我添加了一个名为 makeStudent 的辅助函数。该函数取得文件的一行，按制表符将其拆成三个字段，并返回相应的 Student 对象。在循环之前，该函数用于为文件中的第一个学生创建一个记录：

```
    best = makeStudent(infile.readline())
```

它在循环中再次被调用来处理文件的后续每行：

```
    s = makeStudent(line)
```

以下是对样本数据运行程序的样子：

```
Enter name the grade file: students.dat
The best student is: Computewell, Susan
hours: 100.0
GPA: 4.0
```

该程序有一个未解决的问题：它只报告一名学生。如果多名学生都有最佳的 GPA，那么只报告第一名学生。我将它作为一个有趣的设计问题，让你修改程序，报告所有 GPA 最高的学生。

10.5 对象和封装

10.5.1 封装有用的抽象

希望你看到，定义 "Projectile" 和 "Student" 这样的新类，可以成为模块化程序的好方法。一旦识别出一些有用的对象，就可以用这些对象编写一个算法，并将实现细节推给合适的类定义。这同样导致关注点分离，像在自顶向下设计中使用函数一样。主程序只需要关心对象可以执行的操作，而不是如何实现它们。

计算机科学家将这种关注点分离称为 "封装"。对象的实现细节被封装在类定义中，这让程序的其余部分不必处理它们。这是抽象的另一种应用（忽略不相关的细节），是良好设计的本质。

为了完整起见，我应该提到封装只是 Python 中的编程约定。它不是语言的强制要求。在 Projectile 类中，包括了两个简单的方法 getX 和 getY，它们分别简单地返回实例变量 xpos 和 ypos 的值。我们的 Student 类对其实例变量有类似的取值方法。严格来说，这些方法并不是绝对必要的。在 Python 中，你可以使用常规点符号访问任何对象的实例变量。例如，我们可以通过创建对象然后直接检查实例变量的值，交互地测试 Projectile 类的构造方法：

```
>>> c = Projectile(60, 50, 20)
>>> c.xpos
0.0
>>> c.ypos
20
>>> c.xvel
25.0
>>> c.yvel
43.301270
```

对于测试，访问对象的实例变量非常方便，但在程序中通常认为这是不好的做法。使用对象的主要原因之一，是在使用它们的程序中隐藏这些对象的内部复杂性。对实例变量的引用通常应保留在类定义内，与其他实现细节在一起。在类之外，与对象的所有交互通常应使用其方法提供的接口来完成。但是，这并不是不可违反的规则，Python 程序设计人员通常会指定某些实例变量可访问，作为接口的一部分[①]。

封装的一个直接优点是它允许我们独立地修改和改进类，而不用担心"破坏"程序的其他部分。只要类提供的接口保持不变，程序的其余部分甚至不能分辨一个类是否已改变。当你开始设计自己的类时，应该努力为每个类提供一套完整的方法，让它变得有用。

10.5.2 将类放在模块中

通常，定义良好的类或一组类提供了有用的抽象，可以在许多不同的程序中使用。例如，我们可能希望将 Projectile 类变成自己的模块文件，以便在其他程序中使用。在这样做的时候，添加文档描述如何使用类是一个好主意，这样希望用该模块的程序员就不必通过研究代码来弄清楚（或记住）该类和它的方法做了什么。

10.5.3 模块文档

你已经熟悉了为程序写文档的一种方式，即注释。提供注释解释模块的内容及其用途总是好事。实际上，这样的注释非常重要，Python 包含一种特殊的注释约定，称为"文档字符串"（docstring）。你可以在模块、类或函数的第一行插入一个简单的字符串字面量，为该组件提供文档。文档字符串的优点是，虽然 Python 简单地忽略了常规注释，但文档字符串实际在执行时被放在一个特殊属性中，名为 __doc__ 。这些字符串可以动态地检查。

大多数 Python 库模块有大量的文档字符串，可用于获取有关使用模块或其内容的帮助。

---

① 事实上，Python 提供了一个有趣的机制，称为"属性"，使得实例变量的访问安全而优雅。有关的详细信息，可参阅 Python 文档。

例如，如果你不记得如何使用随机函数，则可以直接打印其文档字符串：

```
>>> import random
>>> print(random.random. __doc__)
random() -> x in the interval [0, 1).
```

Python 在线帮助系统也用到文档字符串，一个名为 pydoc 的实用程序可以自动构建 Python 模块的文档。你可以用交互式帮助获得同样的信息，如下所示：

```
>>> import random
>>> help(random.random)
Help on built-in function random:

random(...)
    random() -> x in the interval [0, 1).
```

如果希望查看有关整个 random 模块的大量信息，可尝试输入 help(random)。下面是 Projectile 类的一个版本，它是一个包含文档字符串的模块文件：

```
# projectile.py

"""projectile.py
Provides a simple class for modeling the
flight of projectiles."""

from math import sin, cos, radians

class Projectile:

    """Simulates the flight of simple projectiles near the earth's
    surface, ignoring wind resistance. Tracking is done in two
    dimensions, height (y) and distance (x)."""

    def __init__(self, angle, velocity, height):
        """Create a projectile with given launch angle, initial
        velocity and height."""
        self.xpos = 0.0
        self.ypos = height
        theta = radians(angle)
        self.xvel = velocity * cos(theta)
        self.yvel = velocity * sin(theta)

    def update(self, time):
        """Update the state of this projectile to move it time seconds
        farther into its flight"""
        self.xpos = self.xpos + time * self.xvel
        yvel1 = self.yvel - 9.8 * time
        self.ypos = self.ypos + time * (self.yvel + yvel1) / 2.0
        self.yvel = yvel1

    def getY(self):
        "Returns the y position (height) of this projectile."
        return self.ypos

    def getX(self):
        "Returns the x position (distance) of this projectile."
        return self.xpos
```

你可能会注意到，这段代码中的许多文档字符串包含在三重引号（"""）中，这是 Python 允许的分隔字符串字面量的第三种方式，三重引号允许我们直接键入多行字符串，下面是在打印时显示文档字符串的示例：

```
>>> print(projectile.Projectile.__doc__)
Simulates the flight of simple projectiles near the earth's
    surface, ignoring wind resistance. Tracking is done in two
    dimensions, height (y) and distance (x).
```

你可以尝试通过 help(projectile)查看该模块完整的文档。

10.5.4　使用多个模块

我们的主程序现在可以简单地从 projectile 模块导入，以解决原来的问题：

```
# cball4.py
from projectile import Projectile

def getInputs():
    a = float(input("Enter the launch angle (in degrees): "))
    v = float(input("Enter the initial velocity (in meters/sec): "))
    h = float(input("Enter the initial height (in meters): "))
    t = float(input("Enter the time interval between position calculations:
    return a,v,h,t

def main():
    angle, vel, h0, time = getInputs()
    cball = Projectile(angle, vel, h0)
    while cball.getY() >= 0:
        cball.update(time)
    print("\nDistance traveled: {0:0.1f} meters.".format(cball.getX()))
```

在这个版本中，抛体运动的细节现在隐藏在 projectile 模块文件中。

如果你以交互方式测试多模块 Python 项目（很好的事，要做），则需要了解 Python 模块导入机制中的微妙之处。当 Python 首次导入一个给定的模块时，它将创建一个包含模块中定义的所有内容的模块对象（在技术上，这称为"命名空间"）。如果模块成功导入（没有语法错误），则后续导入不会重新加载该模块，只是创建对已有模块对象的更多引用。即使某个模块已被更改（其源文件被编辑），将其重新导入到正在进行的交互式会话中也不会得到更新的版木。

可以使用标准库中 imp 模块的函数 reload（<module>）来交互地替换模块对象（有关详细信息，可参阅 Python 文档）。但是通常这不会给你希望的结果。这是因为对于当前会话中已经引用的模块旧版本的对象，重新加载模块不会更改任何标识符的值。事实上，很容易创建一种情形，让旧版本和新版本的对象同时处于活动状态，这至少会令人困惑。

避免这种混乱的最简单的方法，是确保每次测试中涉及的任何模块被修改时，都开始新的交互式会话。这样就可以保证对使用的所有模块进行全新（更新）导入。如果你正在使用 IDLE，会注意到，当选择"run module"时，它负责让 shell 重新启动，替你做这件事。

10.6　控件

对象有一个很常见的用途，即用于图形用户界面（GUI）的设计。在第 4 章，我们讨论了 GUI 由一些视觉界面对象组成，被称为"控件"。我们的图形库中定义的 Entry 对象就是控件的一个例子。既然我们知道了如何定义新的类，就可以创建自己定义控件。

10.6.1 示例程序：掷骰子程序

让我们一起来构建一些有用的控件。作为应用的一个例子，考虑掷一对标准（六面）骰子的程序。程序将以图形方式显示骰子，并提供两个按钮，一个用于掷骰子，一个用于退出程序。图 10.3 展示了用户界面的快照。

图 10.3 掷骰子程序
运行的快照

你可以看到这个程序有按钮和骰子两种控件。我们可以从开发适当的类开始。两个按钮将是 Button 类的实例，提供骰子数字的图形视图的类将是 DieView。

10.6.2 创建按钮

当然，按钮是几乎每个 GUI 的标准元素。现代按钮非常复杂，通常具有三维观感。我们的简单图形包没有手段来生成按钮，让它们在被点击时看起来会被按下去。我们最多能做到点击完成之后找到鼠标点击的位置。然而，我们可以创建一个有用的、尽管不太漂亮的按钮类。

我们的按钮将是图形窗口中的矩形区域，用户点击可以影响正在运行的应用程序的行为。我们需要创建按钮并确定它们何时被点击。此外，还可以启用和禁用单个按钮。这样，我们的应用程序可以在任何给定的时刻告诉用户哪些选项可用。通常，非活动按钮将显示为灰色，表示它不可用。

综上所述，我们的按钮将支持以下方法。

构造方法：在窗口中创建一个按钮。我们必须指定按钮显示的窗口、按钮的位置/大小以及按钮上的标签。

activate：将按钮的状态设置为启用。

deactivate：将按钮的状态设置为禁用。

clicked：表明按钮是否被点击。如果按钮处于启用状态，此方法将确定点击的点是否在按钮区域内。该点必须作为参数发送给该方法。

getLabel：返回按钮的标签字符串。提供这个方法让我们可以识别特定的按钮。

为了支持这些操作，按钮需要一些实例变量。例如，按钮本身将被绘制为一个矩形，一些文本居中。调用 activate 和 deactivate 方法会改变按钮的外观。 将 Rectangle 和 Text 对象保存为实例变量将允许我们更改轮廓的宽度和标签的颜色。我们可以从实现各种方法开始，看看可能需要的其他实例变量。一旦我们确定了相关变量，就可以编写一个构造方法初始化这些值。

让我们从激活方法开始。我们可以让轮廓更粗并让标签文本用黑体，表示按钮是启用的。下面是代码（记住 self 参数指向按钮对象）：

```
def activate(self):
    "Sets this button to 'active'."
```

```
self.label.setFill('black')
self.rect.setWidth(2)
self.active = True
```

如上所述，为了让这段代码工作，构造方法必须将 self.label 初始化为适当的 Text 对象，并将 self.rect 作为 Rectangle 对象初始化。此外，self.active 实例变量存储了一个布尔值，记住按钮当前是否处于启用状态。

deactivate 方法与 activate 相反。看起来像下面这样：

```
def deactivate(self):
    "Sets this button to 'inactive'."
    self.label.setFill('darkgrey')
    self.rect.setWidth(1)
    self.active = False
```

当然，按钮的主要部分是能够确定是否已被点击。我们尝试来写 clicked 方法。如你所知，graphics 包提供了一个 getMouse 方法，返回鼠标点击的点。如果应用程序需要点击按钮，可以调用 getMouse，然后检查该点在哪个启用的按钮中（如果有的话）。我们可以想象按钮处理代码如下所示：

```
pt = win.getMouse()
if button1.clicked(pt):
    # Do button1 stuff
elif button2.clicked(pt):
    # Do button2 stuff
elif button3.clicked(pt)
    # Do button3 stuff
...
```

clicked 方法的主要工作是确定给定点是否在矩形按钮内。如果点的 x 和 y 坐标位于矩形的极值 x 和 y 值之间，则该点在矩形内。如果我们假设按钮对象具有记录 x 和 y 的最小值和最大值的实例变量，这就最容易弄清楚了。

假设存在实例变量 xmin、xmax、ymin 和 ymax，我们可以用单个布尔表达式来实现 clicked 方法：

```
def clicked(self, p):
    "Returns true if button is active and p is inside"
    return (self.active and
            self.xmin <= p.getX() <= self.xmax and
            self.ymin <= p.getY() <= self.ymax)
```

这是一个大型布尔表达式，是三个简单表达式的与，所有这三个表达式都必须为真，才会返回真。

三个子表达式中的第一个只是取得实例变量 self.active 的值。这确保只有启用的按钮才会报告已被点击。如果 self.active 为 false，那么点击将返回 false。后面两个子表达式是检查点的 x 和 y 值落在按钮矩形边缘之间的复合条件。（回忆一下，x <= y <= z 的含义与数学表达式 $x \leq y \leq z$ 相同（7.5.1 节））。

既然我们已经将按钮的基本操作确定了，就需要一个构造方法，让所有实例变量正确地初始化。这不难，但有点乏味。下面是完整的类，带有合适的构造方法：

```
# button.py
from graphics import *
```

```
class Button:

    """A button is a labeled rectangle in a window.
    It is activated or deactivated with the activate()
    and deactivate() methods. The clicked(p) method
    returns true if the button is active and p is inside it."""

    def __init__(self, win, center, width, height, label):
        """ Creates a rectangular button, eg:
        qb = Button(myWin, centerPoint, width, height, 'Quit') """

        w,h = width/2.0, height/2.0
        x,y = center.getX(), center.getY()
        self.xmax, self.xmin = x+w, x-w
        self.ymax, self.ymin = y+h, y-h
        p1 = Point(self.xmin, self.ymin)
        p2 = Point(self.xmax, self.ymax)
        self.rect = Rectangle(p1,p2)
        self.rect.setFill('lightgray')
        self.rect.draw(win)
        self.label = Text(center, label)
        self.label.draw(win)
        self.deactivate()

    def clicked(self, p):
        "Returns true if button active and p is inside"
        return (self.active and
                self.xmin <= p.getX() <= self.xmax and
                self.ymin <= p.getY() <= self.ymax)

    def getLabel(self):
        "Returns the label string of this button."
        return self.label.getText()

    def activate(self):
        "Sets this button to 'active'."
        self.label.setFill('black')
        self.rect.setWidth(2)
        self.active = True

    def deactivate(self):
        "Sets this button to 'inactive'."
        self.label.setFill('darkgrey')
        self.rect.setWidth(1)
        self.active = False
```

你应该研究这个类的构造方法，确保理解了所有实例变量以及它们如何初始化。通过提供中心点、宽度和高度来定位按钮。其他实例变量由这些参数计算得到。

10.6.3 构建骰子类

现在我们将注意力转向 DieView 类。这个类的目的是以图形的方式显示骰子的值。骰子的一面是正方形（通过 Rectangle），点数将是圆形。

DieView 将具有以下接口。

构造方法：在窗口中创建一个骰子。我们必须指定窗口、骰子的中心点和骰子的尺寸作为参数。

setValue：更改视图以显示给定的值。要显示的值将作为参数传递。

显然，DieView 的核心是调整不同点的"开"和"关"，以表示骰子的当前值。一个简单的方法是在所有可能的位置预先放置圆圈，然后通过改变颜色来点亮或关闭点。

在骰子上采用点的标准位置，我们需要左边三个、右边三个、中间一个共七个圆。构造方法将创建背景正方形和七个圆。setValue 方法将根据骰子的值设置圆的颜色。

不用多说，下面是我们的 DieView 类的代码（注释将帮助你了解它的工作原理）：

```python
# dieview.py
from graphics import *
class DieView:
    """ DieView is a widget that displays a graphical representation
    of a standard six-sided die."""

    def __init__(self, win, center, size):
        """Create a view of a die, e.g.:
            d1 = DieView(myWin, Point(40,50), 20)
        creates a die centered at (40,50) having sides
        of length 20."""

        # first define some standard values
        self.win = win              # save this for drawing pips later
        self.background = "white"   # color of die face
        self.foreground = "black"   # color of the pips
        self.psize = 0.1 * size     # radius of each pip
        hsize = size / 2.0          # half the size of the die
        offset = 0.6 * hsize        # distance from center to outer pips

        # create a square for the face
        cx, cy = center.getX(), center.getY()
        p1 = Point(cx-hsize, cy-hsize)
        p2 = Point(cx+hsize, cy+hsize)
        rect = Rectangle(p1,p2)
        rect.draw(win)
        rect.setFill(self.background)

        # Create 7 circles for standard pip locations
        self.pip1 = self.__makePip(cx-offset, cy-offset)
        self.pip2 = self.__makePip(cx-offset, cy)
        self.pip3 = self.__makePip(cx-offset, cy+offset)
        self.pip4 = self.__makePip(cx, cy)
        self.pip5 = self.__makePip(cx+offset, cy-offset)
        self.pip6 = self.__makePip(cx+offset, cy)
        self.pip7 = self.__makePip(cx+offset, cy+offset)

        # Draw an initial value
        self.setValue(1)

    def __makePip(self, x, y):
        "Internal helper method to draw a pip at (x,y)"
        pip = Circle(Point(x,y), self.psize)
        pip.setFill(self.background)
        pip.setOutline(self.background)
        pip.draw(self.win)
        return pip

    def setValue(self, value):
        "Set this die to display value."
```

```
# turn all pips off
self.pip1.setFill(self.background)
self.pip2.setFill(self.background)
self.pip3.setFill(self.background)
self.pip4.setFill(self.background)
self.pip5.setFill(self.background)
self.pip6.setFill(self.background)
self.pip7.setFill(self.background)

# turn correct pips on
if value == 1:
    self.pip4.setFill(self.foreground)
elif value == 2:
    self.pip1.setFill(self.foreground)
    self.pip7.setFill(self.foreground)
elif value == 3:
    self.pip1.setFill(self.foreground)
    self.pip7.setFill(self.foreground)
    self.pip4.setFill(self.foreground)
elif value == 4:
    self.pip1.setFill(self.foreground)
    self.pip3.setFill(self.foreground)
    self.pip5.setFill(self.foreground)
    self.pip7.setFill(self.foreground)
elif value == 5:
    self.pip1.setFill(self.foreground)
    self.pip3.setFill(self.foreground)
    self.pip4.setFill(self.foreground)
    self.pip5.setFill(self.foreground)
    self.pip7.setFill(self.foreground)
else:
    self.pip1.setFill(self.foreground)
    self.pip2.setFill(self.foreground)
    self.pip3.setFill(self.foreground)
    self.pip5.setFill(self.foreground)
    self.pip6.setFill(self.foreground)
    self.pip7.setFill(self.foreground)
```

在这段代码中有两点值得注意。首先，在构造方法中，我定义了一组值，确定骰子的各个方面，例如它的颜色和点数的大小。在构造方法中计算这些值，然后在其他地方使用它们，可以轻松地调整骰子的外观，而无需搜索代码来查找所有使用这些值的地方。我实际上通过一个试错的过程，弄清楚了具体的计算（比如点的尺寸是骰子尺寸的十分之一）。

另一点重要的是，我添加了一个额外的方法__makePip，这不是原来规格说明的一部分。这个方法只是一个辅助函数，它执行绘制每个点时所需的四行代码。由于这是一个仅在DieView 类中有用的函数，所以将它放在类中是合适的。然后，构造方法通过诸如 self.__makePip(cx, cy)这样的行来调用它。在 Python 中使用以下划线或双下划线开头的方法名称，表示方法对类是"私有的"，而不是由外部程序使用的。

10.6.4 主程序

现在我们准备写主程序了。Button 和 Dieview 类是从各自的模块导入的。下面是使用新控件的程序：

```
# roller.py
# Graphics program to roll a pair of dice. Uses custom widgets
# Button and DieView.

from random import randrange
from graphics import GraphWin, Point
from button import Button
from dieview import DieView

def main():
    # create the application window
    win = GraphWin("Dice Roller")
    win.setCoords(0, 0, 10, 10)
    win.setBackground("green2")

    # Draw the interface widgets
    die1 = DieView(win, Point(3,7), 2)
    die2 = DieView(win, Point(7,7), 2)
    rollButton = Button(win, Point(5,4.5), 6, 1, "Roll Dice")
    rollButton.activate()
    quitButton = Button(win, Point(5,1), 2, 1, "Quit")

    # Event loop
    pt = win.getMouse()
    while not quitButton.clicked(pt):
        if rollButton.clicked(pt):
            value1 = randrange(1,7)
            die1.setValue(value1)
            value2 = randrange(1,7)
            die2.setValue(value2)
            quitButton.activate()
        pt = win.getMouse()

    # close up shop
    win.close()

main()
```

请注意，在程序开始时，我通过创建两个 DieView 和两个 Button 构建了可视化界面。为了演示按钮的启用功能，Roll Dice 按钮最初处于启用状态，但是 Quit 按钮被处于禁用状态。单击 Roll Dice 按钮时，Quit 按钮在下面的事件循环中被启用。这样迫使用户在退出之前至少掷一次骰子。

程序的核心是事件循环。它就是一个哨兵循环，可以获得鼠标点击并处理它们，直到用户成功单击 Quit 按钮。循环中的 if 确保仅在单击 Roll Dice 按钮时掷骰子。单击不在任一个按钮内的一个点会导致循环继续迭代，但实际上没做任何事。

10.7 动画炮弹

作为另一个例子，我们用新的对象思想为本章开始的炮弹示例添加一个更好的界面。如果有一个图形界面，取代无聊的基于文本的界面，该程序将更有趣。实际 "看到" 炮弹最终打到哪里和飞行的过程是很好的。图 10.4 展示了我的想法。这里，你可以看到一颗炮弹正在飞行以及前两次射击的落点。

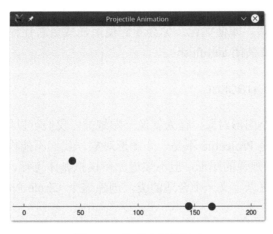

图 10.4 炮弹飞行的图示

10.7.1 绘制动画窗口

程序的第一步是创建一个图形窗口，并在底部画出合适的坐标线。利用我们的 graphics 库，这很简单。下面是程序的开始：

```
def main():

    # create animation window
    win = GraphWin("Projectile Animation", 640, 480, autoflush=False)
    win.setCoords(-10, -10, 210, 155)

    # draw baseline
    Line(Point(-10,0), Point(210,0)).draw(win)

    # draw labeled ticks every 50 meters
    for x in range(0, 210, 50):
        Text(Point(x,-5), str(x)).draw(win)
        Line(Point(x,0), Point(x,2)).draw(win)
```

你可能会注意到一点，即在 GraphWin 构造方法中添加了一个额外的关键字参数 autoflush = False。默认情况下，每当对象被要求更改时，都会立即更新图形对象的外观。例如，通过 mycircle.setFill("green")更改圆的颜色，会导致屏幕上立即更改。如果你将一系列图形命令想象成在一条管道中彼此连接，就好像每次执行命令时管道都会自动“排空”。通过将 autoflush 设置为 false，我们告诉图形库，在实际执行它们之前，允许一些命令在管道中准备好。

你可能对不让图形命令立即生效感到奇怪，但实际上这是一个非常方便的选择。关闭 autoflush 通常能让图形程序更有效率。图形命令可能比较耗时，因为它们需要与底层的操作系统进行通信，与显示器硬件交换信息。不是多次停止程序来执行一系列小图形命令，我们可以让它们累积起来，然后只需一次中断就可以一起执行。

关闭 autoflush 的另一个原因在于，这能在更新发生时精确地控制程序。在动画期间，屏幕上可能会出现许多需要同步的更新。当 autoflush 关闭时，我们可以进行许多更改，然后在调用 update 函数时同时显示。这是做动画的常见方式。程序设置用户将看到的下一帧的更改，然后调用 update()显示该帧。当然，在这个动画中，我们一次只有一个对象移动，所以没有必要组织一个帧。即便如此，你会看到使用显式更新让程序可以精确控制动画的速度。动画时几乎总是要关闭 autoflush。

10.7.2　创建 ShotTracker

接下来我们需要一个图形对象，行为就像一颗炮弹。我们可以用已有的"Projectile"类来模拟炮弹的飞行，但是 Projectile 不是一个图形对象，我们不能将它画在窗口里。另一方面，Circle 是很适合表示炮弹的图形，但不知道如何模拟抛体飞行。我们真正希望的是具有两者特点的东西。我们可以定义一个合适的类，创建这个 Circle-Projectile 混合体。我们称之为 ShotTracker。

ShotTracker 将同时包含一个 Projectile 和一个 Circle。它的工作是确保这些实例变量保持彼此同步。该类的构造方法如下：

```
def __init__(self, win, angle, velocity, height):
    """win is the GraphWin to display the shot. angle, velocity,
        and height are initial projectile parameters.
    """

    self.proj = Projectile(angle, velocity, height)
    self.marker = Circle(Point(0,height), 3)
    self.marker.setFill("red")
    self.marker.setOutline("red")
    self.marker.draw(win)
```

请注意参数如何提供了所有信息，用于创建 Projectile 和 Circle，它们分别存储在实例变量 proj 和 marker 中。我使用了名称 marker，因为圆圈以图形方式标记了抛体当前位置。我选择了半径 3，因为它在动画中显示得很好。实际上，3 米的半径对于实际的炮弹来说太大了。

既然有了合适的 Projectile 和 Circle，我们只需要确保每次更新发生时，Projectile 和 Circle 的位置都会适当地修改。我们可以为 ShotTracker 提供一个 update 方法，处理这两个部件。更新 Projectile 对象很简单，只要用适当的时间间隔调用它的 update 方法即可。对于 Circle，我们计算它在 x 和 y 方向上移动的距离，以确定更新的抛体所在圆的中心。

```
def update(self, dt):
    """ Move the shot dt seconds farther along its flight """

    # update the projectile
    self.proj.update(dt)

    # move the circle to the new projectile location
    center = self.marker.getCenter()
    dx = self.proj.getX() - center.getX()
    dy = self.proj.getY() - center.getY()
    self.marker.move(dx,dy)
```

这完成了 ShotTracker 的主要工作。现在，完成这个类只需要用几个取值方法以及擦除炮弹的方法，如果我们不希望再看到它们。

```
def getX(self):
    """ return the current x coordinate of the shot's center """
```

```
        return self.proj.getX()

    def getY(self):
        """ return the current y coordinate of the shot's center """
        return self.proj.getY()

    def undraw(self):
        """ undraw the shot """
        self.marker.undraw()
```

看到这有多简单吗？这只是将每个操作委托给适当的组件。

10.7.3　创建输入对话框

在实际让炮弹飞行之前，需要从用户那里获取抛体的参数，即角度、速度和初始高度。
我们可以用 input，就像在最初的程序中一样。但是，既然我们在设
计图形界面，也可以用更加图形的方式处理输入。在 GUI 中获取用
户输入的常用方法是使用对话框。例如，在第 5 章，我们讨论了使用
预制的系统对话框，让用户选择文件名。利用 graphics 库，我们可以
轻松创建自己的简单对话框，从用户处获取信息。

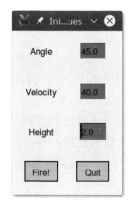

图 10.5　炮弹动画的
自定义输入对话框

一个对话框是一种 miniGUI，作为一个较大程序的独立组件。像
图 10.5 所示的那种组件就能做到这一点。用户可以更改输入值，并
选择"Fire！"启动炮弹，或选择"Quit"退出程序。你可以看到，这
只是一个包含几个 Text、Entry 和 Button 对象的 GraphWin。

将这个对话框视为另一个对象，主程序可以操作它，这是有用的。
需要有一些操作来创建对话框，允许用户与之交互，并从中提取用户
输入。为了定义新的对象类型，当然会创建一个新类。我们可以创建
窗口本身并在构造方法中绘制其内容。这需要不少代码，但只是简单地将我们的想法翻译
到了相应的 GUI 元素上：

```
class InputDialog:

    """ A custom window for getting simulation values (angle, velocity,
    and height) from the user."""

    def __init__(self, angle, vel, height):
        """ Build and display the input window """

        self.win = win = GraphWin("Initial Values", 200, 300)
        win.setCoords(0,4.5,4,.5)

        Text(Point(1,1), "Angle").draw(win)
        self.angle = Entry(Point(3,1), 5).draw(win)
        self.angle.setText(str(angle))

        Text(Point(1,2), "Velocity").draw(win)
        self.vel = Entry(Point(3,2), 5).draw(win)
        self.vel.setText(str(vel))

        Text(Point(1,3), "Height").draw(win)
        self.height = Entry(Point(3,3), 5).draw(win)
        self.height.setText(str(height))
```

```
self.fire = Button(win, Point(1,4), 1.25, .5, "Fire!")
self.fire.activate()

self.quit = Button(win, Point(3,4), 1.25, .5, "Quit")
self.quit.activate()
```

在这段代码中，构造方法接受参数，为三个输入提供默认值。这让程序可以将有用的输入填入对话框，作为对用户的提示。

当用户与对话框进行交互的时候，我们将使用自己的事件循环实现模态，等待鼠标点击，直到其中一个按钮被按下为止：

```
def interact(self):
    """ wait for user to click Quit or Fire button
    Returns a string indicating which button was clicked
    """

    while True:
        pt = self.win.getMouse()
        if self.quit.clicked(pt):
            return "Quit"
        if self.fire.clicked(pt):
            return "Fire!"
```

该方法的返回值用于指示哪个按钮被点击，从而结束交互。最后，我们添加一个操作来获取数据，并在完成对话时关闭对话框：

```
def getValues(self):
    """ return input values """
    a = float(self.angle.getText())
    v = float(self.vel.getText())
    h = float(self.height.getText())
    return a,v,h

def close(self):
    """ close the input window """
    self.win.close()
```

为简单起见，所有三个输入都通过一个方法调用来获取。请注意，输入的字符串将转换为浮点值，因此主程序只是获取数字。

有了这个类，从用户获取值就只需要几行代码：

```
dialog = InputDialog(45, 40, 2)
choice = dialog.interact()
if choice == "Fire!":
    angle, vel, height = dialog.getValues()
```

由于关闭对话框是一个单独的操作，所以程序具有灵活性，可以在每次输入需要时弹出一个新的对话框，或者保持单个对话框打开，并与它进行多次交互。

10.7.4　主事件循环

现在我们准备填充主事件循环，完成程序。下面是完成的主函数：

```
# file: animation.py

def main():
```

```
# create animation window
win = GraphWin("Projectile Animation", 640, 480, autoflush=False)
win.setCoords(-10, -10, 210, 155)
Line(Point(-10,0), Point(210,0)).draw(win)
for x in range(0, 210, 50):
    Text(Point(x,-5), str(x)).draw(win)
    Line(Point(x,0), Point(x,2)).draw(win)

# event loop, each time through fires a single shot
angle, vel, height = 45.0, 40.0, 2.0
while True:
    # interact with the user
    inputwin = InputDialog(angle, vel, height)
    choice = inputwin.interact()
    inputwin.close()

    if choice == "Quit": # loop exit
        break

    # create a shot and track until it hits ground or leaves window
    angle, vel, height = inputwin.getValues()
    shot = ShotTracker(win, angle, vel, height)
    while 0 <= shot.getY() and -10 < shot.getX() <= 210:
        shot.update(1/50)
        update(50)
win.close()
```

每次通过事件循环都会发射一颗炮弹。仔细看看整个事件循环底部嵌入的动画循环：

```
    while 0 <= shot.getY() and -10 < shot.getX() <= 210:
        shot.update(1/50)
        update(50)
```

这个 while 循环不断更新炮弹，直到它撞到地面，或在水平方向上离开窗口。每次通过时，炮弹的位置都会被更新，以将其移动到未来的 1/5 秒。因为我们将 autoflush 设置为 False，所以更改将不会出现在窗口中，直到循环底部的 update(50)代码行执行。update 的参数指定允许更新的速率。所以这里的 50 是说，这个循环每秒完成约 50 次。这为我们的动画建立了有效的帧速率。1/50 秒的炮弹更新与 50 次/秒的循环速率相结合，为我们提供了实时的仿真。也就是说，模拟炮弹飞行的时间与炮弹在现实世界中的飞行时间一样。这在我们的小型计算机屏幕上看起来可能比较慢，很不自然。你可能希望调整这些值，看看它们如何影响动画速度。尽管如此，请注意不要将 update 的参数设置得太高，当绘制每帧不足时，会影响图形的质量。

我们的简单动画就完成了。这里的主要经验是如何使用单独的类来封装功能（如跟踪炮弹和与用户交互），让主程序更简单。这里的方法有一个限制，即程序一次只能完成一次动画。实际上，我们将动画循环嵌入到事件循环内，让炮弹的飞行成为模态的。对于像电子游戏这样的设计来说，这是不合适的，当用户与它们交互时，几乎肯定需要移运多个对象。接下来的章节将帮助你掌握一些设计技能，以便实现成熟的多对象动画，我们将在第 11 章末尾完善这个例子。

10.8 小结

本章展示了如何使用类定义。以下是一些要点的总结。

- 对象包括相关数据的集合以及操纵该数据的一组操作。数据存储在实例变量中并通过方法进行操作。
- 每个对象都是某个类的一个实例。类定义确定了对象的属性是什么。程序员可以通过编写合适的类定义来创建新类型的对象。
- Python 类定义是一组函数定义。这些函数实现了类的方法。每个方法定义的第一个参数都是特殊的，称为 self。self 的实际参数是应用该方法的对象。利用点表示法，self 参数可用于访问对象的属性。
- 特殊方法__init__是类的构造方法。它的工作是初始化对象的实例变量。定义新对象（通过类）可以让单个变量保存一组相关数据，从而简化程序的结构。对象对于建模真实世界的实体是有用的。这些实体可能有复杂的行为，记录在方法的算法（例如抛体），或者它们可能只是关于某个人（例如学生记录）的相关信息的集合。
- 正确设计的类提供了封装。对象的内部细节隐藏在类定义之内，这样程序的其他部分不需要知道对象的实现方式。这种关注点分离是 Python 中的编程惯例，对象的实例变量只能通过类的接口方法进行访问或修改。
- 大多数 GUI 系统是用面向对象的方法构建的。我们可以通过定义合适的类来构建创新的 GUI 控件。GUI 控件可以构建自定义的对话框，用于用户交互。

10.9   练习

复习问题

判断对错

1. 通过调用构造方法创建新对象。
2. 位于对象中的函数称为实例变量。
3. Python 方法定义的第一个参数称为 `this`。
4. 一个对象可能只有一个实例变量。
5. 在数据处理中，有关人或事物的一组信息称为文件。
6. 在 Python 类中，构造方法称为 `__init__`。
7. 文档字符串与注释是一样的。
8. 一个方法终止后，实例变量就会消失。
9. 方法名称应始终以一条或两条下划线开始。
10. 从类定义之外直接访问实例变量是不好的风格。

选择题

1. Python 保留字_____开始了类定义。

a. `def`   b. `class`   c. `object`   d. `init`

2. 具有四个形式参数的方法定义通常在调用时有_____个实际参数。

a.　3　　　　　　　b.　4　　　　　　　c.　5　　　　　　　d.　看情况

3.　方法定义类似于_____。

a.　循环　　　　　b.　模块　　　　　c.　导入语句　　　　d.　函数定义

4.　在一个方法定义中，可以通过表达式_____访问实例变量 x。

a.　x　　　　　　　b.　self.x　　　　　c.　self [x]　　　　d.　self.getX()

5.　定义一个类的"私有"方法，Python 的惯例是用_____开始方法名称。

a.　"private"　　b.　井号（#）　　　c.　下划线（_）　　d.　连字符（-）

6.　将细节隐藏在类定义中，术语称为_____。

a.　模糊　　　　　b.　子类化　　　　　c.　文档　　　　　d.　封装

7.　如果包含在_____之中，Python 字符串字面量可以跨越多行_____。

a.　"　　　　　　　b.　'　　　　　　　c.　"""　　　　　　d.　\

8.　在 Button 控件中，实例变量 active 的数据类型是_____。

a.　bool　　　　　b.　int　　　　　　c.　fl oat　　　　　d.　str

9.　以下_____方法不属于本章的 Button 类的一部分。

a.　activate　　b.　deactivate　c.　setLabel　　d.　clicked

10.　以下_____方法是本章的 DieView 类的一部分。

a.　activate　　b.　setColor　　c.　setValue　　d.　clicked

讨论

1.　解释实例变量和"常规"函数变量之间的相似性和差异。

2.　根据类定义中可能找到的实际代码说明以下内容。

a.　方法

b.　实例变量

c.　构造方法

d.　取值方法

e.　设值方法

3.　显示以下无聊的程序产生的输出：

```python
class Bozo:

    def __init__(self, value):
        print("Creating a Bozo from:", value)
        self.value = 2 * value

    def clown(self, x):
        print("Clowning:", x)
        print(x * self.value)
        return x + self.value

def main():
    print("Clowning around now.")
    c1 = Bozo(3)
    c2 = Bozo(4)
    print c1.clown(3)
```

```
       print c2.clown(c1.clown(2))

   main()
```

编程练习

1．修改本章的炮弹模拟，让它也计算炮弹达到的最大高度。

2．用本章讨论的 Button 类，为前一章中一个（或多个）项目构建 GUI。

3．编写一个程序来玩"三按钮蒙特"。你的程序应该在窗口中画 3 个按钮，标上"Door 1"、"Door 2"和"Door 3"，随机选择一个按钮（不告诉用户选择哪一个）。程序然后提示用户点击其中一个按钮。点中特殊的按钮就赢了，点中另外两个之一就输了。你应该告诉用户他们是否赢了，如果输了，告诉他们正确的按钮是哪个。你的程序应该是完全图形化的。也就是说，所有提示和消息都应该显示在图形窗口中。

4．扩展前一个问题的程序，允许玩家玩多轮并显示赢和输的次数。添加一个"Quit"按钮来结束游戏。

5．修改本章的 Student 类，添加一个设值方法，记录学生的成绩。下面是新方法的规格说明：

addGrade(self, gradePoint, credits) gradePoint 是一个浮点数，表示成绩（即 A = 4.0、A－ = 3.7、B+ = 3.3，等），credits 是一个浮点数，表示课程的学分数。修改学生对象，添加这些成绩信息。

利用更新的类来实现一个简单计算 GPA 的程序。你的程序应该创建一个新的学生对象，具有 0 学分和 0 个积分点（名称没关系）。你的程序应该提示用户输入一系列课程的课程信息（gradePoint 和 credits），然后打印出最终得到的 GPA。

6．扩展上一个练习，实现 addLetterGrade 方法。这类似于 addGrade，只是它接受字符串类型的字母分数（而不是 gradePoint）。利用更新的类来改进 GPA 计算器，允许输入字母分数。

7．编写一个修改的 Button 类，创建圆形按钮。你的类命名为 CButton，实现的方法与原有的 Button 类完全相同。构造方法应该以按钮的中心和半径作为普通参数。将你的类放在一个名为 cbutton.py 的模块中。修改 roller.py，使用你的按钮来测试你的类。

8．修改本章的 DieView 类，添加一个方法，允许指定点的颜色。

setColor(self, color) 将点的颜色改为 color。

（提示：你可以通过更改实例变量 foreground 的值来更改颜色，但在执行此操作后，还需要重新绘制骰子。修改 setValue，让它将骰子的值记在一个实例变量中。然后 setColor 可以调用 setValue 并传入存储的值来重绘。你可以用 roller.py 程序来测试新类。每次掷骰子之后，将骰子更改为随机的颜色（可以用 color_rgb 函数生成随机颜色）。）

9．写一个类代表球体。你的类应该实现以下方法。

Init(self, radius) 创建具有给定半径的球体。

getRadius(self) 返回该球体的半径。

surfaceArea(self) 返回球体的表面积。

volume(self) 返回球体的体积。

用你的新类来解决第 3 章的编程练习 1。

10．与上一个问题相同，但换成立方体。构造方法应该接受边长作为参数。

11．实现一个类来代表一张纸牌。你的类应该具有以下方法。

`__init__(self, rank, suit)` rank 是 1～13 中的一个整数，表示 A～K，suit 是单个字符"d"、"c"、"h"或"s"（方块、草花、红心或黑桃）。创建相应的牌。

`getRank(self)` 返回牌面的大小。`getSuit(self)` 返回牌的花色。`Value(self)` 返回牌的二十一点值。A 算作 1，花牌算作 10。`__str__(self)` 返回给牌命名的一个字符串。例如，"Ace of Spades"。

注意：名为 `__str__` 的方法在 Python 中是特别的。如果要将对象转换为字符串，Python 会使用此方法（如果存在）。例如，

```
c = Card(1,"s")
print c
```

将打印"Ace of Spades"。

用一个程序打印出 n 张随机生成的纸牌以及相应的二十一点值，来测试你的 Card 类，其中 n 是用户提供的数字。

12．扩展前一个问题中的 Card 类，添加 `draw(self, win, center)` 方法，在图形窗口中显示纸牌。利用扩展的类创建并显示一手五张随机的纸牌。（提示：最简单的方法是在互联网上搜索一组免费的纸牌图像，并使用图形库中的 Image 对象显示它们。）

13．下面是一个简单的类，在图形窗口中绘制（冷峻的）面孔：

```
# face.py
from graphics import *

class Face:

    def __init__(self, window, center, size):
        eyeSize = 0.15 * size
        eyeOff = size / 3.0
        mouthSize = 0.8 * size
        mouthOff = size / 2.0
        self.head = Circle(center, size)
        self.head.draw(window)
        self.leftEye = Circle(center, eyeSize)
        self.leftEye.move(-eyeOff, -eyeOff)
        self.rightEye = Circle(center, eyeSize)
        self.rightEye.move(eyeOff, -eyeOff)
        self.leftEye.draw(window)
        self.rightEye.draw(window)
        p1 = center.clone()
        p1.move(-mouthSize/2, mouthOff)
        p2 = center.clone()
        p2.move(mouthSize/2, mouthOff)
        self.mouth = Line(p1,p2)
        self.mouth.draw(window)
```

为这个类添加方法，让面部改变表情。例如，你可能会添加 smile、wink、frown、flinch（微笑、眨眼、皱眉、畏惧）等方法。你的类应至少实现三种方法。

利用你的类来编写一个绘制面孔的程序，并为用户提供改变面部表情的按钮。

14．修改上一个问题的 Face 类，包括类似于其他图形对象的 move 方法。利用 move

方法，创建一个程序，让一张面孔在窗口中弹来弹去（参见第 7 章的编程实例 17）。加分需求：每次"撞到"窗口边缘时，都要改变表情。

15．修改炮弹动画，让输入对话窗口始终保持在屏幕上。

16．（高级）在炮弹动画中添加一个 Target（目标）类。目标应该是一个矩形，放在窗口底部的随机 x 坐标位置。允许用户连续开炮，直到击中目标。

17．利用 Regression 类重做第 8 章（编程练习 13）的回归问题。你的新类将记录计算回归线所需的各种数量（x，y，x2 和 xy 的不断增长的和）。Regression 类应该有以下方法。

__init__：创建一个新的 Regression 对象，可以向它添加点。

addPoint：将一个点添加到 Regression 对象。

predict：接受 x 的值作为参数，并返回在回归线上对应的 y 值。

注意：你的类也可以用一些内部辅助方法来计算回归线的斜率。

第11章 数 据 集 合

学习目标

- 了解使用列表（数组）来表示相关数据的集合。
- 熟悉用于操作 Python 列表的函数和方法。
- 能够编程用列表管理信息集合。
- 能够编程利用列表和类来构造复杂数据。
- 了解用 Python 字典存储无顺序集合。

11.1 示例问题：简单统计

如你在上一章中所见，类是在程序中构建数据的一种机制。但是，只有类还不足以满足我们所有的数据处理需求。

如果考虑大多数现实世界程序操作的数据种类，你会很快意识到，许多程序处理大量相似信息的集合。下面是在现代程序中可以找到的几个集合的例子：

- 文件中的单词；
- 课程中的学生；
- 来自实验的数据；
- 业务的客户；
- 在屏幕上绘制的图形对象；
- 扑克中的纸牌。

在本章中，你将学习一些技术，编程来处理这样的集合。

我们从一个简单的例子开始：一个数字的集合。在第 8 章中，我们写了一个简单但有用的程序，来计算用户输入的一组数字的平均值。作为复习（也许你会忘记），下面再次列出程序：

```python
# average4.py
def main():
    total = 0.0
    count = 0
    xStr = input("Enter a number (<Enter> to quit) >> ")
    while xStr != "":
        x = float(xStr)
        total = total + x
        count = count + 1
```

```
        xStr = input("Enter a number (<Enter> to quit) >> ")
    print("\nThe average of the numbers is", total / count)
```

```
main()
```

该程序允许用户输入一个数字序列，但程序本身并没有记录输入的数字。相反，它只是以不断增长的总和的形式保存数字的汇总。这就是计算平均值所需要的。

假设我们希望扩展这个程序，让它不仅计算数据的平均值，而且计算中位数和标准差另外两个标准统计量。你可能熟悉中位数的概念。这个值将数据集分成相等大小的两部分。对于数据[2,4,6,9,13]，中位数为 6，因为有两个值大于 6，而两个值小于 6。计算中位数的一种方法是存储所有数字，并按顺序排列，以便找出中间值。

标准差是衡量数据相对于平均值的偏离方式。如果数据围绕平均值紧密聚集，则标准差很小。数据偏离大时，标准差较大。标准差提供了一把标尺，确定值有多么异常。例如，一些教师将"A"定义为平均值以上至少两个标准差的分数。

标准差 s 定义为

$$s = \sqrt{\frac{\sum (\overline{x} - x_i)^2}{n-1}}$$

在该公式中，$\overline{x}$ 是平均值，x_i 表示第 i 个数据值，n 是数据值的数量。公式看起来很复杂，但不难计算。表达式（$\overline{x} - x_i$）^{2} 是单项与平均值的"偏差"的平方。分数的分子是所有数据值的偏差（平方）之和。

我们来看一个简单的例子。如果再次使用值[2,4,6,9,13]，则该数据的平均值为 6.8。因此，分数的分子计算为

$$(6.8-2)^2 + (6.8-4)^2 + (6.8-6)^2 + (6.8-9)^2 + (6.8-13)^2 = 74.8$$

完成计算得到

$$s = \sqrt{\frac{74.8}{5-1}} = \sqrt{18.7} = 4.32$$

标准差约为 4.3。你可以看到该计算的第一步是如何使用平均值（所有数字输入后才能计算）和每个单独的值。以这种方式计算标准差需要一些方法来记住输入的所有单个值。

11.2　应用列表

为了完成增强的统计程序，我们需要一种方法来存储和操作整个数字集合。我们不能只使用一堆独立的变量，因为不知道有多少个数字。

我们需要某种方法，将整个值的集合放到一个对象中。其实我们已经做过这样的事情，但还没有讨论所有的细节。请看下列交互示例：

```
>>> list(range(10))
[0, 1, 2, 3, 4, 5, 6, 7, 8, 9]
>>> "This is an ex-parrot!".split()
['This', 'is', 'an', 'ex-parrot!']
```

这两个熟悉的函数都返回一个值的集合，由方括号包围来表示。当然这些是列表。

11.2.1 列表和数组

如你所知，Python 列表是有序的数据项序列。事实上，我们用于操作列表的思想和符号是从序列的数学概念中借用的。数学家有时会给整个数据项序列一个名称。例如，n 个数字的序列可能被称为 S：

$$S = S_0, S_1, S_2, S_3, ..., S_{n-1}$$

当他们希望引用序列中的特定值时，就用下标表示这些值。在这个例子中，序列中的第一个项用下标 0 表示，即 S_0。

通过使用数字作为下标，数学家能够用下标变量简要地概括序列中数据项的计算。例如，上述序列的总和可以用标准求和符号记为

$$\sum_{i=0}^{n-1} S_i$$

类似的想法可以应用于计算机程序。利用列表，我们可以用单个变量来表示整个序列，并通过下标访问序列中的各个项。好吧，是差不多，我们没有键入下标的方法，但我们使用索引。

假设序列存储在一个名为 s 的变量中。我们可以写一个循环来计算序列中数据项的总和，如下所示：

```
total = 0
for i in range(n):
    total = total + s[i]
```

几乎所有的计算机语言都提供类似于 Python 列表的某种序列结构，在其他语言中，它被称为数组。总之，列表或数组是一个数据项的序列，整个序列由一个名称（在这个例子中是 s）引用，并且可以通过索引（如 s [i]）选择单个数据项。

其他编程语言中的数组通常大小固定。创建数组时，必须指定它将保存多少项。如果不知道有多少数据项，就必须分配一个大数组，以防万一，并追踪实际上用了多少个"槽"。数组通常也是"同质的"。这意味着它们仅限于保存一种数据类型的对象。你可以有一个 int 数组或一个字符串数组，但不能在一个数组中混合字符串和 int。

相比之下，Python 列表是动态的。它们可以根据需要增长和缩小。它们也是"异质的"。你可以在单个列表中混合任意数据类型。简而言之，Python 列表是任意对象的可变序列。

11.2.2 列表操作

因为列表是序列，所以你知道的所有 Python 内置的序列操作也适用于列表。为了唤起你的记忆，请看如表 11.1 所列的这些操作的汇总。

表 11.1 列表操作汇总

操作	含义
<seq> + <seq>	连接
<seq> * <int-expr>	重复
<seq>[ ]	索引

操作	含义
len(<seq>)	长度
<seq>[:]	切片
for <var> in <seq>:	迭代
<expr> in <seq>	成员检查（返回布尔值）

除最后一个（成员检查）以外，这些操作与以前我们在字符串上使用的操作相同。成员检查操作可用于查看某个值是否出现在序列中的某个位置。以下是几个快速示例，用于检查列表和字符串中的成员：

```
>>> lst = [1,2,3,4]
>>> 3 in lst
True
>>> 5 in lst
False
>>> ans = 'Y'
>>> ans in 'Yy'
True
```

顺便说一句，因为可以迭代遍历列表，所以上面求和的例子可以更简单而清晰地写成这样：

```
total = 0
for x in s:
    total = total + x
```

回想一下，列表和字符串之间的一个重要区别在于，列表是可变的。你可以用赋值来更改列表中数据项的值：

```
>>> lst = [1, 2,3, 4]
>>> lst[3]
4
>>> lst[3] = "Hello"
>>> lst
[1, 2, 3, 'Hello']
>>> lst[2] = 7
>>> lst
[1, 2, 7, 'Hello']
>>> lst[1:3] = ["Slice", "Assignment"]
>>> lst
[1, 'Slice', 'Assignment', 'Hello']
```

最后一个例子表明，通过将一个列表赋值给一个切片，甚至可以改变整个子序列。Python列表非常灵活。不要在其他语言中这样尝试！

如你所知，列表可以通过在方括号中列出数据项来创建：

```
odds = [1, 3, 5,7, 9]
food = ["spam", "eggs", "back bacon"]
silly = [1, "spam", 4, "U"]
empty = []
```

在最后一个例子中，empty 是一个根本不包含数据项的列表，即空列表。

利用重复操作符，可以创建相同数据项的列表。这个例子创建了一个包含 50 个零的列表：

```
zeroes = [0] * 50
```

在第 5 章讨论过，我们常常利用 append 方法，每次构建列表的一部分。下面的代码片段由用户输入一些正数，填充一个列表：

```
nums = []
x = float(input('Enter a number: '))
while x >= 0:
    nums.append(x)
    x = float(input("Enter a number: "))
```

实质上，nums 被用作累积器。累积器开始为空，每次通过循环，一个新的值被加上。

append 方法只是一些有用的列表专用方法之一。表 11.2 简要总结了可以对列表做的事情。

表 11.2   **可以对列表做的事情**

方法	含义
<list>.append(x)	添加元素 x 到列表末尾
<list>.sort()	对列表排序
<list>.reverse()	反转列表
<list>.index(x)	返回 x 第一次出现的索引
<list>.insert(i,x)	在索引 i 处将 x 插入列表
<list>.count(x)	返回 x 在列表中出现的次数
<list>.remove(x)	删除列表中第一次出现的 x
<list>.pop(i)	删除列表中第 i 个元素并返回它的值

我们已经看到，通过附加新数据项可以让列表增长。删除数据项时，列表也可以缩短。可以用 del 操作符从列表中删除单个数据项或整个切片：

```
>>> myList
[34, 26, 0, 10]
>>> del myList[1]
>>> myList
[34, 0, 10]
>>> del myList[1:3]
>>> myList
[34]
```

请注意，del 不是列表方法，而是可以在列表项上使用的内置操作。

如你所见，Python 列表提供了一种非常灵活的机制来处理任意大的数据序列。如果牢记这些基本原则，使用列表就很容易：

- 列表是存储为单个对象的一系列数据项。
- 可以通过索引访问列表中的数据项，可以通过切片访问子列表。
- 列表是可变的，单个数据项或整个切片可以通过赋值语句来替换。
- 列表支持一些方便和常用的方法。
- 列表将根据需要增长或缩短。

11.2.3 用列表进行统计

既然对列表有了更多了解，就可以解决我们的小问题了。回想一下，我们正在尝试开发一个程序，这个程序可以计算用户输入的数字序列的平均值、中位数和标准差。解决此问题有一个明显方法，即将数字存储在列表中。我们可以写一系列函数（mean、stdDev 和 median），接受数字列表作为参数，并计算相应的统计数据。

我们开始用列表重写原来的程序，它只计算平均值。首先，我们需要一个从用户那里获取数字的函数。我们称之为 getNumbers。该函数将实现原来程序中的基本哨兵循环，以输入一个数字序列。我们用初始为空的列表作为累积器，来收集数字。该列表将从该函数返回。

以下是 getNumbers 的代码：

```
def getNumbers():
    nums = []       # start with an empty list
    # sentinel loop to get numbers
    xStr = input("Enter a number (<Enter> to quit) >> ")
    while xStr != "":
        x = float(xStr)
        nums.append(x)    # add this value to the list
        xStr = input("Enter a number (<Enter> to quit) >> ")
    return nums
```

利用该函数，我们可以用一行代码获取用户的数字列表：

```
data = getNumbers()
```

接下来，让我们实现一个函数，计算列表中数字的平均值。该函数接受一个数字列表作为参数，并返回平均值。我们用循环来遍历列表并计算总和：

```
def mean(nums):
    total = 0.0
    for num in nums:
        total = total + num
    return total / len(nums)
```

请注意在该函数的最后一行如何计算并返回平均值。len 操作返回列表的长度，我们不需要单独的循环累积器来确定有多少个数字。

有了这两个函数，原来对一系列数字求平均值的程序，现在可以用简单的两行来完成：

```
def main():
    data = getNumbers()
    print('The mean is', mean(data))
```

接下来，我们处理标准差函数 stdDev。为了利用上面讨论的标准差公式，我们首先需要计算平均值。这里有一个设计选择。平均值可以在 stdDev 内计算，也可以作为参数传递给函数。我们应该怎么做？

一方面，在 stdDev 中计算平均值看起来更清晰，因为它使函数的接口更简单。要得到一组数字的标准偏差，我们只需调用 stdDev 并传入数字列表。这与 mean（和 median）的工作原理完全相似。另一方面，需要计算标准差的程序几乎肯定也需要计算平均值。在 stdDev 中重新计算它会导致计算两次。如果我们的数据集很大，这似乎是无效率的。

由于我们的程序将输出平均值和标准差，所以让主程序计算平均值，并将其作为参数传递给 stdDev。本章末尾的练习还将探讨其他方案。

以下是用平均值（xbar）作为参数计算标准差的代码：

```
def stdDev(nums, xbar):
    sumDevSq = 0.0
    for num in nums:
        dev = xbar -num
        sumDevSq = sumDevSq + dev * dev
    return sqrt(sumDevSq/(len(nums)-1))
```

请注意如何用带有累积器的循环来计算标准差公式中的求和。变量 sumDevSq 保存偏差平方的不断增长的总和。计算了这个总和之后，函数的最后一行计算公式的其余部分。

最后，我们来看 median 函数。这个函数有点棘手，因为我们没有一个公式来计算中位数。我们需要一个选择中位数的算法。第一步是按顺序排列数字。根据定义，最后在中间的值就是中位数。只有一点小问题。如果有偶数个数值，就没有确切的中间数字。在这种情况下，通过对两个中位数进行平均来确定中值。所以 3、5、6 和 9 的中位数是 $(5 + 6)/2=5.5$。

在伪代码中，我们的中位数算法如下：

```
sort the numbers into ascending order
if the size of data is odd:
    med = the middle value
else:
    med = the average of the two middle values
return med
```

该算法几乎可以直接转换成 Python 代码。我们可以利用 sort 方法对列表排序。为了测试列表大小是否为偶数，我们需要看看它是否能被二整除。这是取余操作符的漂亮应用。如果 size % 2 == 0，也就是说，除以 2 剩下的是 0，那么大小为偶数。

了解了这些，我们准备编写代码：

```
def median(nums):
    nums.sort()
    size = len(nums)
    midPos = size // 2
    if size % 2 == 0:
        med = (nums[midPos] + nums[midPos-1]) / 2
    else:
        med = nums[midPos]
    return med
```

你应该仔细研究这段代码，确保了解如何从排序列表中选择正确的中位数。

列表的中间位置用整除来计算，即 size // 2。如果大小为 3，则 midPos 为 1（3 取 2 只有一次）。这是正确的中间位置，因为列表中三个值的索引是 0、1、2。现在假设 size 为 4，在这种情况下，midPos 将为 2，四个值的索引是 0、1、2、3。通过对索引为 midPos（2）和 midPos-1（1）的值求平均，得到正确的中位数。

现在我们有了所有的基本函数，完成程序只是小事一桩：

```
def main():
    print("This program computes mean, median, and standard deviation.")

    data = getNumbers()
    xbar = mean(data)
```

```
std = stdDev(data, xbar)
med = median(data)

print("\nThe mean is", xbar)
print("The standard deviation is", std)
print("The median is", med)
```

从指定成绩等级到航天飞机上的监视飞行系统，许多计算任务都需要进行某种统计分析。通过使用 if name =='main'的技术，我们可以让代码作为一个独立的程序或通用的统计库模块。下面是程序：

```
# stats.py
from math import sqrt

def getNumbers():
    nums = []        # start with an empty list
    # sentinel loop to get numbers
    xStr = input("Enter a number (<Enter> to quit) >> ")
    while xStr != "":
        x = float(xStr)
        nums.append(x)     # add this value to the list
        xStr = input("Enter a number (<Enter> to quit) >> ")
    return nums

def mean(nums):
    total = 0.0
    for num in nums:
        total = total + num
    return total / len(nums)

def stdDev(nums, xbar):
    sumDevSq = 0.0
    for num in nums:
        dev = num - xbar
        sumDevSq = sumDevSq + dev * dev
    return sqrt(sumDevSq/(len(nums)-1))

def median(nums):
    nums.sort()
    size = len(nums)
    midPos = size // 2
    if size % 2 == 0:
        med = (nums[midPos] + nums[midPos-1]) / 2.0
    else:
        med = nums[midPos]
    return med

def main():
    print("This program computes mean, median, and standard deviation.")

    data = getNumbers()
    xbar = mean(data)
    std = stdDev(data, xbar)
    med = median(data)

    print("\nThe mean is", xbar)
    print("The standard deviation is", std)
    print("The median is", med)

if __name__ == '__main__': main()
```

11.3　记录的列表

至今为止，我们看到的所有列表示例，都只涉及数字和字符串等简单类型的列表。但是，列表可以用来存储任何类型的集合。一个特别有用的应用程序是存储记录集合。我们可以改进上一章的学生 GPA 数据处理程序，从而说明这个思想。

回想一下，以前的成绩处理程序从文件中读入学生的成绩信息，查找并打印 GPA 最高的学生信息。对这种数据执行的最常见的一种操作是排序。我们可能希望不同顺序的列表用于不同的目的。学业顾问可能希望要一个文件，包含成绩信息，按学生姓名的字母顺序排列。要确定哪些学生毕业时有足够的学分，那么根据学分要按顺序排列文件是有用的。而 GPA 排序对于决定哪些学生在课程的前 10%是有用的。

我们来编写一个程序，根据学生的 GPA 对学生信息进行排序。该程序将使用 Student 对象的列表。我们只需要从以前的程序中借用 Student 类，并添加一些列表处理。程序的基本算法非常简单：

```
从用户获取输入文件的名称
将学生信息读入列表
通过 GPA 对列表进行排序
从用户获取输出文件的名称
将列表中的学生信息写入文件
```

我们从文件处理开始。我们希望读取数据文件并创建一个 Student 列表。下面是以文件名称作为参数，并从文件返回一个 Student 对象列表的函数：

```python
def readStudents(filename):
    infile = open(filename, 'r')
    students = []
    for line in infile:
        students.append(makeStudent(line))
    infile.close()
    return students
```

该函数首先打开要读取的文件，然后逐行读取，针对文件中的每一行，将 Student 对象附加到 students 列表中。注意，我从 GPA 程序中借用了 makeStudent 函数，它从文件的一行创建一个 Student 对象。我们必须确保在程序的顶部导入这个函数（和 Student 类）。

当我们在考虑文件时，我们还可以编写一个函数，将 Student 列表写回文件。回忆一下，文件的每一行应包含由制表符分隔的三项信息（姓名、学分和积分点）。做这件事的代码很简单：

```python
def writeStudents(students, filename):
    # students is a list of Student objects
    outfile = open(filename, 'w')
    for s in students:
        print("{0}\t{1}\t{2}".
                  format(s.getName(), s.getHours(), s.getQPoints()),
              file=outfile)
    outfile.close()
```

请注意，我使用字符串格式化方法来生成相应的输出行。\t 表示制表符。

利用 readStudents 和 writeStudents 函数，我们可以轻松地将数据文件复制到 Student 列表中，然后将其写回文件。我们现在要做的，就是弄清楚如何通过 GPA 对记录进行排序。

在统计程序中，我们用 sort 方法对数字列表进行排序。如果我们尝试排序的列表包含数字之外的其他内容，会发生什么呢？在这个例子中，要排序 Student 对象的列表。我们来试试看看会发生什么：

```
>>> lst = gpasort.readStudents("students.dat")
>>> lst
[<gpa.Student object at 0xb7b1554c>, <gpa.Student object at 0xb7b156cc>,
 <gpa.Student object at 0xb7b1558c>, <gpa.Student object at 0xb7b155cc>,
 <gpa.Student object at 0xb7b156ec>]
>>> lst.sort()
Traceback (most recent call last):
  File "<stdin>", line 1, in <module>
TypeError: unorderable types: Student() < Student()
```

如你所见，Python 给出一条错误信息，因为它不知道 Student 对象应该如何排序。想一想，这是有道理的。我们没有对 Student 定义任何隐含的顺序，我们可能希望根据不同的目的排列不同的顺序。在这个例子中，我们希望它们按 GPA 排名。在另外的场景中，我们可能希望它们按字母顺序。在数据处理时，记录排序的字段称为"键"。要按照字母顺序排列学生，我们会用姓名作为键。对于我们的 GPA 问题，显然我们希望将 GPA 作为 Student 排序的键。

内置的 sort 方法提供了一种方式，来指定在排序列表时使用的键。通过提供一个可选的关键字参数 key，我们可以传入一个函数来计算列表中每个数据项的键值：

```
<list>.sort(key=<key_function>)
```

键函数必须以列表中的数据项作为参数，并返回该数据项的键值。在我们的例子中，列表数据项将是 Student 的一个实例，我们希望使用 GPA 作为键。下面是合适的键函数：

```
def use_gpa(aStudent):
    return aStudent.gpa()
```

该函数就用 Student 类中定义的 gpa 方法来提供键值。定义了这个小辅助函数后，我们可以调用 sort，用它来排序 Student 列表：

```
data.sort(key=use_gpa)
```

这里要注意一个要点，我没有把括号放在函数名上（use_gpa()）。我不希望调用这个函数。相反，我将 use_gpa 传入 sort 方法，只要它需要比较两个数据项，就会调用此函数，看看它们在排序列表中的相对位置。

编写这种辅助函数来提供用于排序列表的键通常很有用。但是，在这种特殊情况下，编写附加函数并非真的必要。我们已经编写了一个计算学生 GPA 的函数，它是 Student 类中的 gpa 方法。如果你回头查看那个方法的定义，你会看到它需要一个单独的参数（self）并返回计算的 GPA。由于方法就是函数，所以我们可以用它作为键，省去编写辅助函数的麻烦。要将方法作为独立的函数，只需要使用标准点表示法：

```
data.sort(key=Student.gpa)
```

这行代码段说使用 Student 类中名为 gpa 的函数/方法。

现在我们有了程序的所有组件。以下是完成的代码：

```python
# gpasort.py
#     A program to sort student information into GPA order.

from gpa import Student, makeStudent

def readStudents(filename):
    infile = open(filename, 'r')
    students = []
    for line in infile:
        students.append(makeStudent(line))
    infile.close()
    return students


def writeStudents(students, filename):
    outfile = open(filename, 'w')
    for s in students:
        print("{0}\t{1}\t{2}".
                  format(s.getName(), s.getHours(), s.getQPoints()),
              file=outfile)
    outfile.close()


def main():
    print("This program sorts student grade information by GPA")
    filename = input("Enter the name of the data file: ")
    data = readStudents(filename)
    data.sort(key=Student.gpa)
    filename = input("Enter a name for the output file: ")
    writeStudents(data, filename)
    print("The data has been written to", filename)

if __name__ == '__main__':
    main()
```

11.4 用列表和类设计

列表和类一起给了我们强大的工具，用于在程序中组织数据。让我们将这些工具用于一些更复杂的例子。

还记得上一章的 DieView 类吗？为了显示骰子的六个可能的值，每个 DieView 对象记录了 7 个圆圈，代表骰子一面上点的位置。在以前的版本中，我们用实例变量保存这些圆圈，如 pip1、pip2、pip3 等。

让我们考虑将一组 Circle 对象保存为一个列表，代码看起来会如何。基本思想是用一个名为 pips 的列表来代替 7 个实例变量。我们的第一个问题是要创建一个合适的是列表。这会在 DieView 类的构造函数中完成。

我们在以前的版本中，这些点是用__init__中的这段代码创建的：

```python
self.pip1 = self.__makePip(cx-offset, cy-offset)
self.pip2 = self.__makePip(cx-offset, cy)
self.pip3 = self.__makePip(cx-offset, cy+offset)
```

```
self.pip4 = self.__makePip(cx, cy)
self.pip5 = self.__makePip(cx+offset, cy-offset)
self.pip6 = self.__makePip(cx+offset, cy)
self.pip7 = self.__makePip(cx+offset, cy+offset)
```

回想一下，makePip 是 DieView 类的一个局部方法，以其参数指定的位置为圆心，创建一个圆。

我们要替换这些行的代码来创建点的列表。一种方法是从空的 pips 列表开始，每次创建一个点，得到最终的列表：

```
pips = []
pips.append(self.__makePip(cx-offset, cy-offset))
pips.append(self.__makePip(cx-offset, cy))
pips.append(self.__makePip(cx-offset, cy+offset))
pips.append(self.__makePip(cx, cy))
pips.append(self.__makePip(cx+offset, cy-offset))
pips.append(self.__makePip(cx+offset, cy))
pips.append(self.__makePip(cx+offset, cy+offset))
self.pips = pips
```

一种更简单的方法是直接创建列表，在列表构造的方括号内调用 makePip，就像下面这样：

```
self.pips = [ self.__makePip(cx-offset, cy-offset),
              self.__makePip(cx-offset, cy),
              self.__makePip(cx-offset, cy+offset),
              self.__makePip(cx, cy),
              self.__makePip(cx+offset, cy-offset),
              self.__makePip(cx+offset, cy),
              self.__makePip(cx+offset, cy+offset)
            ]
```

请注意，我是如何格式化这条语句的。不是很长的一行，我把一个列表元素作为一行。同样，Python 足够聪明，知道该语句的末尾还没有达到，直到它发现匹配的方括号。像这样，每行列出一个复杂对象，让我们更容易看到发生了什么。只要确保在中间行的末尾加上逗号，分隔列表中的数据项。

点列表的优点在于，很容易对整个集合执行动作。例如，我们可以将所有点的颜色设成与背景一样，清空骰子：

```
for pip in self.pips:
    pip.setFill(self.background)
```

看到吗？这两行代码循环遍历整个点的集合，改变它们的颜色。在以前使用单独实例变量的版本中，这需要 7 行代码。

同样，我们可以索引 pips 列表中的适当位置，将一组点设置回来。在原来程序中，pips1、pips4 和 pips7 被设置为值 3：

```
self.pip1.setFill(self.foreground)
self.pip4.setFill(self.foreground)
self.pip7.setFill(self.foreground)
```

在新版本中，由于 pips 列表的索引从 0 开始，这对应于位置 0、3 和 6 的点。一个等价的方法用这三行代码完成该任务：

```
self.pips[0].setFill(self.foreground)
```

```
self.pips[3].setFill(self.foreground)
self.pips[6].setFill(self.foreground)
```

这样做，明确了第一个版本使用的各个实例变量与第二个版本中的列表元素之间的对应关系。通过列表索引，我们可以取得单个点对象，就像它们是独立变量一样。但是，这段代码并没有真正利用新表示法的优势。

下面是更简单的方法，点亮相同的三个点：

```
for i in [0,3,6]:
    self.pips[i].setFill(self.foreground)
```

在循环中使用的索引变量，我们可以用一行代码点亮所有三个点。

第二种方法大大缩短了 DieView 类的 setValue 方法所需的代码。下面是更新的算法：

```
Loop through pips and turn all off
Determine the list of pip indexes to turn on
Loop through the list of indexes and turn on those pips.
```

我们可以用多路选择，再加一个循环来实现这个算法：

```
for pip in self.pips:
    self.pip.setFill(self.background)
if value == 1:
    on = [3]
elif value == 2:
    on = [0,6]
elif value == 3:
    on = [0,3,6]
elif value == 4:
    on = [0,2,4,6]
elif value == 5:
    on = [0,2,3,4,6]
else:
    on = [0,1,2,4,5,6]
for i in on:
    self.pips[i].setFill(self.foreground)
```

没有列表的版本需要 36 行代码来完成同样的任务。但我们可以做得比这更好。

请注意，这段代码仍然采用 if-elif 结构，以确定哪些点应该点亮。由于正确的索引列表是由 value 决定的（1～6 之间的数字），我们可以将这个判断换成"表驱动"的。我们的想法是用一个列表，列表中的每个数据项本身是点索引的列表。例如，位置 3 的数据项应该是列表[0,3,6]，因为要显示值 3，这些点必须点亮。

下面是表驱动方法的代码：

```
onTable = [ [], [3], [2,4], [2,3,4],
            [0,2,4,6], [0,2,3,4,6], [0,1,2,4,5,6] ]

for pip in self.pips:
    self.pip.setFill(self.background)
on = onTable[value]
for i in on:
    self.pips[i].setFill(self.foreground)
```

我称这个点索引的表为 onTable。请注意，我将一个空列表放在第一个位置，填充该表。如果 value 是 0，则 DieView 将是空的。现在，我们已经将 36 行代码减少为 7 行。此外，这个版本很容易修改。如果你希望改变不同的值显示哪些点，只需修改 onTable 的数据项。

还有最后一个问题要解决。在任何特定 DieView 的生命周期中，该 onTable 将保持不变。不需要每次显示一个新值时（重新）创建此表，最好是在构造方法中创建该表，并将其保存在一个实例变量中[①]。将 onTable 的定义放在 __init__ 中，得到了这个完善的类：

```python
# dieview2.py
from graphics import *
class DieView:
    """ DieView is a widget that displays a graphical
    representation of a standard six-sided die."""

    def __init__(self, win, center, size):
        """Create a view of a die, e.g.:
            d1 = GDie(myWin, Point(40,50), 20)
        creates a die centered at (40,50) having sides
        of length 20."""

        # first define some standard values
        self.win = win
        self.background = "white" # color of die face
        self.foreground = "black" # color of the pips
        self.psize = 0.1 * size   # radius of each pip
        hsize = size / 2.0        # half of size
        offset = 0.6 * hsize      # distance from center
                                  #   to outer pips

        # create a square for the face
        cx, cy = center.getX(), center.getY()
        p1 = Point(cx-hsize, cy-hsize)
        p2 = Point(cx+hsize, cy+hsize)
        rect = Rectangle(p1,p2)
        rect.draw(win)
        rect.setFill(self.background)
        # Create 7 circles for standard pip locations
        self.pips = [ self.__makePip(cx-offset, cy-offset),
                      self.__makePip(cx-offset, cy),
                      self.__makePip(cx-offset, cy+offset),
                      self.__makePip(cx, cy),
                      self.__makePip(cx+offset, cy-offset),
                      self.__makePip(cx+offset, cy),
                      self.__makePip(cx+offset, cy+offset) ]

        # Create a table for which pips are on for each value
        self.onTable = [ [], [3], [2,4], [2,3,4],
            [0,2,4,6], [0,2,3,4,6], [0,1,2,4,5,6] ]

        self.setValue(1)

    def __makePip(self, x, y):
        """Internal helper method to draw a pip at (x,y)"""
        pip = Circle(Point(x,y), self.psize)
        pip.setFill(self.background)
        pip.setOutline(self.background)
        pip.draw(self.win)
        return pip

    def setValue(self, value):
        """ Set this die to display value."""
        # Turn all the pips off
```

[①] 更好的方法是用一个类变量，但类变量超出了本书目前讨论的范围。

```
for pip in self.pips:
    pip.setFill(self.background)

# Turn the appropriate pips back on
for i in self.onTable[value]:
    self.pips[i].setFill(self.foreground)
```

这个例子也展示了第 10 章中谈到的封装的优势。我们显著改进了 DieView 类的实现，但没有改变它支持的方法集。我们完全可以在所有使用 DieView 的程序中代入这个改进的版本，而无需修改任何其他代码。对象的封装让我们能够将复杂的软件系统写成一组"可插拔的模块"。

11.5　案例分析：Python 计算器

改进后的 DieView 类展示了列表可以如何有效地用作对象的实例变量。有趣的是，我们的点列表和 onTable 列表分别包含圆圈和列表，它们本身也是对象。通过嵌套和组合集合与对象，我们可以在程序中设计存储数据的优雅方式。

我们甚至可以更进一步，将程序本身看成数据结构（集合和对象）的集合以及操作那些数据结构的一组算法。现在，如果一个程序包含数据和操作，一种自然的组织程序方式是将整个应用程序作为一个对象。

11.5.1　计算器作为对象

作为一个例子，我们将开发一个程序，实现简单的 Python 计算器。我们的计算器有十个数字（0~9）、小数点（.）、四种运算（+、−、*、/）以及一些特殊按钮：C 用于清除显示，<-用于回退删除显示的字符，=用于计算。

我们将采用一种非常简单的方法来进行计算。按钮被点击时，对应的字符将显示在显示器上，从而允许用户创建一个表达式。如果按下=键，该表达式将被求值，并在显示屏上显示结果值。图 11.1 展示了运行中的计算器的快照。

基本上，我们可以将计算器的功能分为创建界面和与用户交互两个部分。在这个例子中，用户界面由一个显示控件和一堆按钮组成。我们可以用实例变量来记录这些 GUI 控件。用户交互可以通过一组操作控件的方法进行管理。

为了实现这种分工，我们将创建一个 Calculator 类，代表程序中的计算器。该类的构造方法将创建初始的界面。通过调用一个特殊的 run 方法，我们让计算器响应用户交互。

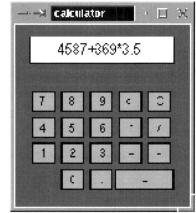

图 11.1　Python 计算器在运行中

11.5.2　构建界面

让我们仔细看看 Calculator 类的构造方法。首先，我们需要创建一个图形窗口，用于绘制界面：

```
def __init__(self):
    # create the window for the calculator
    win = GraphWin("Calculator")
    win.setCoords(0,0,6,7)
    win.setBackground("slategray")
    self.win = win
```

选择窗口的坐标以简化按钮的布局。在最后一行，窗口对象被放入一个实例变量，以便其他方法可以引用它。

接着是创建按钮。我们将复用上一章中的按钮类。由于有很多类似的按钮，所以我们用一个列表来存储它们。以下是创建按钮列表的代码：

```
# create list of buttons
# start with all the standard sized buttons
# bSpecs gives center coords and label of buttons
bSpecs = [(2,1,'0'), (3,1,'.'),
          (1,2,'1'), (2,2,'2'), (3,2,'3'), (4,2,'+'), (5,2,'-'),
          (1,3,'4'), (2,3,'5'), (3,3,'6'), (4,3,'*'), (5,3,'/'),
          (1,4,'7'), (2,4,'8'), (3,4,'9'), (4,4,'<-'),(5,4,'C')]

self.buttons = []
for (cx,cy,label) in bSpecs:
    self.buttons.append(Button(self.win,Point(cx,cy),
                               .75,.75,label))
# create the larger '=' button
self.buttons.append(Button(self.win, Point(4.5,1),
                           1.75, .75, "="))
# activate all buttons
for b in self.buttons:
    b.activate()
```

请仔细研究这段代码。通常通过提供中心点、宽度、高度和标签来指定按钮。键入对 Button 构造方法的调用，带上每个按钮的所有信息，这会很乏味。这段代码没有直接创建按钮，而是首先创建一个按钮规格说明的列表 bSpecs。然后利用这个规格说明列表来创建按钮。

每个规格说明是一个"元组"，由按钮中心的 x 和 y 坐标及其标签组成。元组看起来像一个列表，但它被括在圆括号()中，而不是方括号[]中。元组只是 Python 中的另一种序列。元组就像列表，但元组是不可变的，即这些数据项不能被改变。如果序列的内容在创建之后不会被更改，则使用元组比使用列表更有效率。

第三步是遍历规格说明列表，并为每个条目创建一个相应的按钮。看看循环头：

```
for (cx,cy,label) in bSpecs:
```

根据 for 循环的定义，元组（cx，cy，label）将被分配给列表 bSpecs 中的每个连续数据项。

换句话说，在概念上，循环的每次迭代开始于赋值：

```
(cx,cy,label) = <next item from bSpecs>
```

当然，bSpecs 中的每个数据项也是一个元组。当在赋值的左侧使用一个变量元组时，右侧的元组的相应部分将被"解包"到左侧的变量中。事实上，这是 Python 实际实现所有同时赋值的方式。

第一次通过循环，就像我们完成了这个同时赋值：

```
cx, cy, label = 2, 1, "0"
```

每次通过循环，bSpecs 中的另一个元组将被解包到循环头中的变量中。然后，这些值用于创建按钮，附加到按钮列表中。

在所有标准尺寸的按钮被创建后，大的=按钮被创建并加入列表：

```
self.buttons.append(Button(self.win, Point(4.5,1), 1.75, .75, "="))
```

我可以为以前的每个按钮写一行这样的语句，但我希望你可以看到，对于创建 17 个类似按钮，规格说明列表/循环的方法的吸引力。

与按钮相比，创建计算器显示非常简单。显示就是一个矩形，一些文本在它中心。我们需要将文本对象保存为实例变量，以便在按钮点击处理时可以访问并更改其内容。以下是创建显示的代码：

```
bg = Rectangle(Point(.5,5.5), Point(5.5,6.5))
bg.setFill('white')
bg.draw(self.win)
text = Text(Point(3,6), "")
text.draw(self.win)
text.setFace("courier")
text.setStyle("bold")
text.setSize(16)
self.display = text
```

11.5.3 处理按钮

现在我们已经绘制了一个界面，需要一个方法实际让计算器运行。我们的计算器将使用一个经典的事件循环，等待按钮被点击，然后处理该按钮。我们将它封装在一个 run 方法中：

```
def run(self):
    while True:
        key = self.getKeyPress()
        self.processKey(key)
```

请注意，这是一个无限循环。要退出程序，用户将不得不"杀死"计算器窗口。剩下的就是实现 getKeyPress 和 processKey 方法。

获得按键很容易。我们不断获得鼠标点击，直到其中一个鼠标点击在一个按钮上。要确定按钮是否已被点击，我们循环浏览按钮列表并检查每个按钮。结果是一个嵌套循环：

```
def getKeyPress(self):
    # Waits for a button to be clicked
    # Returns the label of the button that was clicked.
    while True:
        # loop for each mouse click
        p = self.win.getMouse()
        for b in self.buttons:
            # loop for each button
            if b.clicked(p):
                return b.getLabel() # method exit
```

你可以看到，将按钮放在列表中在这里很方便。我们可以使用 for 循环依次查看每个按钮。如果点击的点 p 处于其中一个按钮中，则返回该按钮的标签，为无限的 while 循环中提供了一个出口。

最后一步是根据哪个按钮被点击来更新计算器的显示。这是在 processKey 中完成的。基本上，这是一个多路判断，检查按键标签并采取适当的行动。数字或操作符只是附加到显示器上。如果 key 包含按钮的标签，text 包含显示的当前内容，则相应的代码行如下：

```
self.display.setText(text+key)
```

清除键清空显示屏：

```
self.display.setText("")
```

退格键删除一个字符：

```
self.display.setText(text[:-1])
```

最后，等号键让显示中的表达式被求值，并显示结果：

```
try:
    result = eval(text)
except:
    result = 'ERROR'
self.display.setText(str(result))
```

这里的 try-except 语句是有必要的，这是为了捕获因不合法的 Python 表达式输入引起的运行时错误。如果发生错误，计算器将显示错误而不是导致程序崩溃。

下面是完整的程序：

```
# calc.pyw --A four function calculator using Python arithmetic.
#     Illustrates use of objects and lists to build a simple GUI.

from graphics import *
from button import Button

class Calculator:
    # This class implements a simple calculator GUI

    def __init__(self):
        # create the window for the calculator
        win = GraphWin("calculator")
        win.setCoords(0,0,6,7)
        win.setBackground("slategray")
        self.win = win
        # Now create the widgets
        self.__createButtons()
        self.__createDisplay()

    def __createButtons(self):
        # create list of buttons
        # start with all the standard sized buttons
        # bSpecs gives center coords and label of buttons
        bSpecs = [(2,1,'0'), (3,1,'.'),
                  (1,2,'1'), (2,2,'2'), (3,2,'3'), (4,2,'+'), (5,2,'-'),
                  (1,3,'4'), (2,3,'5'), (3,3,'6'), (4,3,'*'), (5,3,'/'),
                  (1,4,'7'), (2,4,'8'), (3,4,'9'), (4,4,'<-'),(5,4,'C')]
        self.buttons = []
        for (cx,cy,label) in bSpecs:
            self.buttons.append(Button(self.win,Point(cx,cy),.75,.75,label))
        # create the larger = button
        self.buttons.append(Button(self.win, Point(4.5,1), 1.75, .75, "="))
```

```
                # activate all buttons
                for b in self.buttons:
                    b.activate()

        def __createDisplay(self):
            bg = Rectangle(Point(.5,5.5), Point(5.5,6.5))
            bg.setFill('white')
            bg.draw(self.win)
            text = Text(Point(3,6), "")
            text.draw(self.win)
            text.setFace("courier")
            text.setStyle("bold")
            text.setSize(16)
            self.display = text

        def getButton(self):
            # Waits for a button to be clicked and returns the label of
            #    the button that was clicked.
            while True:
                p = self.win.getMouse()
                for b in self.buttons:
                    if b.clicked(p):
                        return b.getLabel() # method exit

        def processButton(self, key):
            # Updates the display of the calculator for press of this key
            text = self.display.getText()
            if key == 'C':
                self.display.setText("")
            elif key == '<-':
                # Backspace, slice off the last character.
                self.display.setText(text[:-1])
            elif key == '=':
                # Evaluate the expresssion and display the result.
                # the try...except mechanism "catches" errors in the
                # formula being evaluated.
                try:
                    result = eval(text)
                except:
                    result = 'ERROR'
                self.display.setText(str(result))
            else:
                # Normal key press, append it to the end of the display
                self.display.setText(text+key)

        def run(self):
            # Infinite event loop to process button clicks.
            while True:
                key = self.getButton()
                self.processButton(key)

# This runs the program.
if __name__ == '__main__':
    # First create a calculator object
    theCalc = Calculator()
    # Now call the calculator's run method.
    theCalc.run()
```

特别要注意程序的末尾。要运行应用程序，我们创建一个 Calculator 类的实例，然后调用它的 run 方法。

11.6   案例研究：更好的炮弹动画

计算器示例利用 Button 对象列表来简化代码。在这个例子中，将类似对象的集合作为列表就是为了编程的方便，因为按钮列表的内容从未改变。如果集合在程序执行期间动态变化，列表（或其他集合类型）就变得至关重要。

考虑上一章的炮弹动画。之前的情况是，程序一次只能显示一次。在本节中，我们将扩展该程序，允许多次射击。这样做需要跟踪目前所有的炮弹。这是一个不断变化的集合，我们将用列表来管理它。

11.6.1   创建发射器

在用列表实现多次射击动画之前，我们需要更新程序的用户界面，以便能够多次射击。在以前的程序版本中，我们通过一个简单的对话窗口从用户那里获得了信息。对于这个版本，我们希望添加一个新控件，允许用户以各种起始角度和速度快速射击，更像视频游戏。

发射器控件将显示一个准备发射的炮弹，同时显示一个箭头，表示发射角度和速度的当前设置。图 11.2 显示了发射器在左边缘和多次射击的动画。箭头的角度表示发射方向，箭头的长度表示初始速度。（喜欢数学的读者可能意识到，箭头是初始速度的标准向量表示）。整个模拟将在键盘控制下，一些键用于增大/减小发射角、增大/减小速度以及射击。

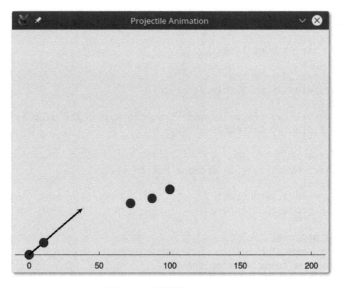

图 11.2   增强的炮弹动画

我们首先定义一个合适的类，描述 Launcher 的行为。显然，发射器需要记录当前的角度和速度，我们用实例变量 self.angle 和 self.vel 记录这些值。我们必须决定它们的测量单位。

速度的明显选择是米/秒，因为这是 Projectile 类使用的。对于角度，度或弧度都是合理的选择。在内部，最有效的方法是使用弧度，因为这是 Python 库使用的。作为输入值，度是有用的，因为它们对于大多数程序员来说更直观。

　　该类的构造方法是最难写的方法，因为它将绘制发射器，并初始化所有实例变量。我们先来写一些其他方法，从而了解构造方法必须实现的内容。首先，我们需要设值方法来改变角度和速度。当我们按某个键时，我们希望角度增加或减少确定的大小。确切的改变大小取决于接口，因此我们将其作为参数传递给该方法。当角度发生变化时，我们还需要重绘"发射器"以反映新的值。下面是合适的方法：

```
class Launcher:

    def adjAngle(self, amt):
        """Change launch angle by amt degrees"""

        self.angle = self.angle + radians(amt)
        self.redraw()
```

请注意，重新绘制是通过单独的（尚未编写的）方法完成的。由于调整速度也需要重新绘制，因此将该操作提取出来作为辅助方法是有意义的。你还可以看到，调整量 amt 将从度数转换为弧度，并简单地添加到现有值。正值会提高发射角度，负值会降低发射角度。

　　按照相同的模式，我们可以轻松地编写一个调整速度的方法：

```
    def adjVel(self, amt):
        """change launch velocity by amt"""

        self.vel = self.vel + amt
        self.redraw()
```

与 adjAngle 一样，我们可以使用正值或负值的 amt，分别提高或降低速度。

　　要完成这两个方法，我们需要提供 redraw 方法。它有什么作用？它应该擦除当前箭头，然后用 self.angle 和 self.vel 的值来绘制新的箭头。但什么是箭头？它只是一个 Line 对象。如果你回顾第 4 章末尾的 Line 类的文档，会看到可以使用 setArrow 方法将一个箭头放在一端或两端。现在，为了擦除之前的 Line（箭头），我们需要一个存储它的实例变量，以便能够要求它自己擦除。我们称该实例变量为 self.arrow。了解了这一点以及通过一些三角学知识来获取速度的 x 和 y 分量（参见 10.2 节），我们的 redraw 方法如下所示：

```
    def redraw(self):
        """ redraw the arrow to show current angle and velocity"""

        self.arrow.undraw()
        pt2 = Point(self.vel*cos(self.angle),
                    self.vel*sin(self.angle))
        self.arrow = Line(Point(0,0), pt2).draw(self.win)
        self.arrow.setArrow("last")
        self.arrow.setWidth(3)
```

这段代码将擦除存储在实例变量 self.arrow 中的现有 Line，然后创建一个新的。你可以看到箭头的开始位于（0,0），终点由角度和速度决定。新 Line 被创建、绘制，然后保存到实例变量中。调用 setArrow("last")导致该 Line 在第二个端点有一个箭头。

我们还需要一个方法从“发射器”中“开炮”。回忆一下，我们已经在第 10 章中设计了一个 ShotTracker 类，所以可以复用该类创建一次合适的射击。ShotTracker 需要窗口、角度、速度和高度作为参数。初始高度将为 0，角度和速度为实例变量，但窗口呢？我们不希望创建一个新的窗口，我们要使用原有的窗口来绘制发射器。这意味着我们需要另一个实例变量 self.win。有了这个假设，该方法实际上已经写好了：

```python
def fire(self):
    return ShotTracker(self.win, degrees(self.angle), self.vel, 0.0)
```

请注意，该方法只返回一个适当的 ShotTracker 对象。需要靠界面来实际完成射击动画。fire 方法不适合动画循环。你明白为什么吗？（提示：发射器的互动是否应该是模态的？）

剩下的就是写一个合适的构造方法。它需要绘制基本炮弹，初始化实例变量（win、angle、vel 和 arrow），并调用 redraw 显示正确的箭头：

```python
def __init__(self, win):
    # draw the base shot of the launcher
    base = Circle(Point(0,0), 3)
    base.setFill("red")
    base.setOutline("red")
    base.draw(win)

    # save the window and create initial angle and velocity
    self.win = win
    self.angle = radians(45.0)
    self.vel = 40.0

    # create initial "dummy" arrow (needed by redraw)
    self.arrow = Line(Point(0,0), Point(0,0)).draw(win)
    # replace it with the correct arrow
    self.redraw()
```

11.6.2　追踪多次射击

有了发射器，我们可以转而处理这个程序中有趣的问题，即同时发生多件事情。我们希望能够调整发射器和发射更多的炮弹，而一些炮弹仍然在空中飞。为了做到这些，在一些炮弹飞行时，监视键盘输入的事件循环必须运行（以保持交互正常）。本质上，我们的事件循环必须完成双重任务，同时也可以作为当前“活着”的所有炮弹的动画循环。基本思想是让事件循环以合适的速度进行动画，例如每秒 30 次迭代，每次通过循环，我们移动所有飞行的炮弹，并执行用户请求的任何动作。

考虑到这个程序的复杂性，我们可以像使用计算器示例一样创建应用程序对象，这是一个好主意。我称之为 ProjectileApp。该类将包含绘制界面并初始化所有必需变量的构造方法，以及一个 run 方法来实现组合的事件/动画循环。下面是类的开始，包含一个合适的构造方法：

```python
class ProjectileApp:

    def __init__(self):
        # create graphics window with a scale line at the bottom
        self.win = GraphWin("Projectile Animation", 640, 480)
```

```
self.win.setCoords(-10, -10, 210, 155)
Line(Point(-10,0), Point(210,0)).draw(self.win)
for x in range(0, 210, 50):
    Text(Point(x,-7), str(x)).draw(self.win)
    Line(Point(x,0), Point(x,2)).draw(self.win)

# add the launcher to the window
self.launcher = Launcher(self.win)

# start with an empty list of "live" shots
self.shots = []
```

用于创建动画窗口的代码就像在之前版本的程序中一样。该方法底部的行添加了两个新实例变量，作为发射器以及正在动画的飞行炮弹列表。

以下是实现事件/动画循环的 run 方法：

```
def run(self):

    # main event/animation loop
    while True:
        self.updateShots(1/30)

        key = self.win.checkKey()
        if key in ["q", "Q"]:
            break

        if key == "Up":
            self.launcher.adjAngle(5)
        elif key == "Down":
            self.launcher.adjAngle(-5)
        elif key == "Right":
            self.launcher.adjVel(5)
        elif key == "Left":
            self.launcher.adjVel(-5)
        elif key in ["f", "F"]:
            self.shots.append(self.launcher.fire())

        update(30)

    win.close()
```

这个循环没有太多的事情。第一行调用一个辅助方法，移动所有的飞行炮弹。我们还要写那个方法，但它的意图很明显：它是循环的动画部分。循环的其余部分处理键盘事件。我们使用 checkKey，确保循环不断地发生，即使没有按下任何键，也可以保持炮弹的移动。"Up" "Down" "Left" 和 "Right" 键指代键盘上的相应箭头，上、下用于更改发射器角度，左、右用于改变发射器速度。

你看到实际上发射一颗炮弹多么容易吗？当用户点击 F 键时，我们从发射器中获取一个 ShotTracker 对象，并将其简单添加到飞行炮弹列表中。由发射器的 fire 方法创建的 ShotTracker 会自动绘制在窗口中，并将其添加到炮弹列表（通过 self.shots.append），确保每次通过循环都会更改其位置（这是由于顶部的 updateShots 调用）。循环的最后一行确保所有图形更新都被绘制，并将循环调节为每秒最多 30 次迭代，从而匹配在循环顶部的调用中使用的时间间隔（1/30）。同样，你可以调整这两个值来改变动画的速度。

最后，还剩下编写处理炮弹动画的 updateShots 方法。该方法有两项工作：移动所有的飞行炮弹，更新列表以删除任何已经"死亡"的炮弹（落地或者水平地飞出窗口）。第二个任务是修剪列表，让它仅包含需要动画的炮弹。执行第一个任务的代码是简单的。我们只需要遍历 ShotTracker 对象列表，并要求每个对象进行更新。像下面这样做就可以：

```
def updateShots(self, dt):
    for shot in self.shots:
        shot.update(dt)
```

回忆一下，参数 dt 表示将来移动炮弹的时间量。

第二个任务是删除死亡的炮弹。我们可以测试它的 y 位置是否大于 0，并且 x 是否在 −10～210 之间，从而判断炮弹是否还活着。添加一个 if 语句来检查这一点，然后就从列表中删除一个死亡的炮弹，这样做很诱人。

```
if shot.getY() < 0 or shot.getX() < -10 or shot.getX() > 210:
    self.shots.remove(shot)
```

但这是一个不好的想法，可能会导致不稳定的行为。原因是循环正在遍历 self.shots，在循环遍历它时修改该列表可能会产生奇怪的异常。

更好的方法是使用另一个列表来跟踪哪些炮弹仍然在飞行，然后在方法结束时更改 self.shots。采用这种方法，下面是 updateShots 的代码：

```
def updateShots(self, dt):
    alive = []
    for shot in self.shots:
        shot.update(dt)
        if shot.getY() >= 0 and -10 < shot.getX() < 210:
            alive.append(shot)
        else:
            shot.undraw()
    self.shots = alive
```

注意这段代码如何积累仍然活着的炮弹列表，然后在循环完成后更新自身。此外，我已经添加了一个 else 来擦除死亡的炮弹。如果我们要发射很多炮弹，我们不希望所有的死亡炮弹都堆在窗口的底部。

最后一步是在实际运行应用程序的底部添加一行代码：

```
if __name__ == "__main__":
    ProjectileApp().run()
```

这个动画很好玩，你需要从支持材料中获取示例程序 animation2.py，并运行它。本章末尾的练习包括一些修改的想法。然而，在做这些练习之前，至关重要的是牢固掌握到目前为止我们所建造的东西。

了解最终程序的关键，是要牢记每个类的工作以及它们如何协作。图 11.3 描述了主要的类。

这些框展示了一个类的实例变量和方法，箭头展示了一个类如何依赖于另一个类。箭头上的数字是指向该类的"依赖"对象的数量。例如，ProjectileApp 具有单个 GraphWin 和单个 Launcher 的实例变量，但它维护了一个列表，包含多个 ShotTrackers（由计数表明，n）。我使用 Launcher 到 ShotTracker 的虚线箭头，因为启动器创建了 ShotTracker 的实例，但是在创建 ShotTracker 之后不会存储或操纵炮弹，那是 ProjectileApp 的工作。

这样的类图是第 9 章中使用的结构图的面向对象模拟。它记录了最终系统的整体结构，而不会陷入代码的所有细节。其实这只是我们完成的程序的一部分图。你是否注意到 ShotTracker 的依赖关系不包括在内？我故意遗漏了这些，是为了将重点放在主要的类上。我将它作为一个练习，让你完成这张图。对于思考面向对象的程序，类图常常很有用，你应该练习绘制。

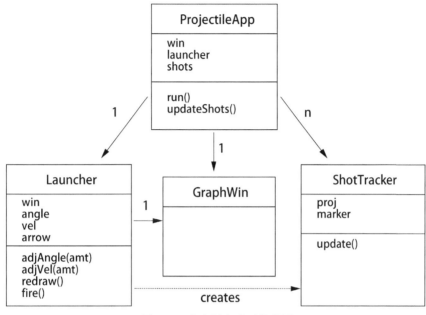

图 11.3 多次射击动画的类图

11.7 无顺序集合

Python 为集合提供了几种内置的数据类型。除列表外，名为"字典"的集合类型可能是最广泛使用的。虽然字典功能强大，但它们在其他语言中不如列表（数组）那么常见。本书余下部分的示例程序不会使用字典，因此，对于集合，如果你已经学习了你希望了解的一切，可以跳过本节的其余部分。

11.7.1 字典基础

列表允许我们从顺序集合中存储和检索项目。要访问集合中的项目时，我们通过索引查找它在集合中的位置。许多应用程序需要更灵活的方式来查找信息。例如，我们可能希望根据 ID 号来检索有关学生或员工的信息。在编程术语中，这是一个"键值对"。我们访问与特定键（ID 号）相关联的值（学生信息）。如果你考虑一下，可以提出许多其他有用的键值对的例子，如姓名和电话号码、用户名和密码、邮政编码和运输费用、州名和首府、销售物品和库存数量等。

允许查找与任意键相关联的信息的集合称为"映射"。Python 的字典是映射。一些其他编程语言提供了类似的结构，称为"散列"或"关联数组"。通过在大括号内列出键值对，可以在 Python 中创建一个字典。下面是一个简单的字典，用于存储一些用户名和密码：

```
>>> passwd = {"guido":"superprogrammer", "turing":"genius",
              "bill":"monopoly"}
```

请注意，键和值用"："连接，逗号用于分隔键值对。

字典的主要用途是查找与特定键相关的值。这是通过索引符号来完成的。

```
>>> passwd["guido"]
'superprogrammer'
>>> passwd["bill"]
'monopoly'
```

一般来说，\<dictionary\>[\<key\>]返回与给定键相关联的对象。

字典是可变的，可以通过赋值来更改与键相关的值。

```
>>> passwd["bill"] = "bluescreen"
>>> passwd
{'turing': 'genius', 'bill': 'bluescreen', \
 'guido': 'superprogrammer'}
```

在这个例子中，你可以看到与"bill"相关联的值已更改为"bluescreen"。

还要注意，字典打印出来的顺序与原来创建的顺序不同。这不是一个错误。映射本质上是无序的。在内部，Python 以一种使关键字查找非常有效的方式存储字典。当字典打印出来时，键的顺序看起来基本上是随机的。如果要按照特定顺序保存数据项集合，则需要一个序列，而不是映射。

总之，字典是可变集合，实现从键到值的映射。我们的密码示例展示了一个字典，拥有字符串作为键和值。通常，键可以是任何不变的类型，值可以是任何类型，包括程序员定义的类。Python 的字典非常高效，可以常规存储数十万个数据项。

11.7.2　字典操作

像列表一样，Python 字典支持一些方便的内置操作。你已经看到，可以在花括号中明确列出键值对，从而定义字典。你还可以通过添加新条目来扩展字典。假设一个新用户被添加到我们的密码系统中。我们可以通过为新用户名分配密码来扩展字典：

```
>>> passwd['newuser'] = 'ImANewbie'
>>> passwd
{'turing': 'genius', 'bill': 'bluescreen', \
 'newuser': 'ImANewbie', 'guido': 'superprogrammer'}
```

事实上，构建字典的常用方法是从一个空集合开始，一次添加一个键值对。假设用户名和密码存储在一个名为 passwords 的文件中，文件的每一行都包含一个以空格分隔的用户名和密码。我们可以从文件中轻松地创建 passwd 字典：

```
passwd = {}
for line in open('passwords','r'):
    user, pass = line.split()
    passwd[user] = pass
```

为了操作字典的内容，Python 提供了如表 11.3 所列的方法。

表 11.3   Python 的字典操作方法及含义

方法	含义
<key> in <dict>	如果字典包含指定的键就返回真，否则返回假
<dict>.keys()	返回键的序列
<dict>.values()	返回值的序列
<dict>.items()	返回一个元组（key,value）的序列，表示键值对
<dict>.get(<key>, <default>)	如果字典包含键 key 就返回它的值，否则返回 default
del <dict>[<key>]	删除指定的条目
<dict>.clear()	删除所有条目
for <var> in <dict>:	循环遍历所有键

这些方法大多不言自明。为了说明，下面是用我们的密码字典的交互式会话：

```
>>> list(passwd.keys())
['turing', 'bill', 'newuser', 'guido']
>>> list(passwd.values())
['genius', 'bluescreen', 'ImANewbie', 'superprogrammer']
>>> list(passwd.items())
[('turing', 'genius'), ('bill', 'bluescreen'),\
 ('newuser', 'ImANewbie'),('guido', 'superprogrammer')]
>>> "bill" in passwd
True
>>> 'fred' in passwd
False
>>> passwd.get('bill','unknown')
'bluescreen'
>>>    passwd.get('john','unknown')
'unknown'
>>> passwd.clear()
>>> passwd
{}
```

11.7.3 示例程序：词频

我们来编写一个程序，分析文本文档并计算每个单词在文档中出现的次数。这种分析有时被用作两个文档之间风格相似度的粗略测量，也被自动索引和归档程序（如互联网搜索引擎）使用。

在最高层面上，这就是一个多累积器问题。我们需要对文档中出现的每个单词进行计数。我们可以用循环来迭代文档中的每个单词，并对合适的计数器加一。唯一的难题是我们需要数百或数千个累积器，每个用于文档中一个独特的单词。这就是 Python 字典方便的地方。

我们将使用一个字典，其中键是表示文档中的单词的字符串，值是计算单词出现次数的整数。我们称这个字典为 counts。要更新特定单词 w 的计数，只需要一行代码：

```
counts[w] = counts[w] + 1
```

这表示将 w 关联的计数设置为比 w 的当前计数多一个。

在这里使用字典有一个小毛病。第一次遇到一个单词时，它在 counts 中还没有。尝试访问不存在的键会产生运行时 KeyError。为了防范这种情况，我们需要在算法中做出判断：

```
if w is already in counts:
    add one to the count for w
else:
    set count for w to 1
```

这个判断确保第一次遇到一个单词，它将被输入字典中，计数为 1。

实现这个判断的一种方法是使用 in 运算符：

```
if w in counts:
    counts[w] = counts[w] + 1
else:
    counts[w] = 1
```

更优雅的方法是使用 get 方法：

```
counts[w] = counts.get(w,0) + 1
```

如果 w 不在字典中，这个 get 将返回 0，结果是 w 的条目设置为 1。

字典更新代码将构成程序的核心。我们只需要填充它周围的部分。我们需要将文本文档分成一系列单词。但在拆分之前，将所有文本转换为小写是有用的（这样出现"Foo"将匹配"foo"），并消除标点符号（这样"foo,"匹配"foo"）。以下是执行这三个任务的代码：

```
fname = input("File to analyze: ")

# read file as one long string
text = open(fname,"r").read()

# convert all letters to lower case
text = text.lower()
# replace each punctuation character with a space
for ch in '!"#$%&()*+,-./:;<=>?@[\\]^_'{|}~':
    text = text.replace(ch, " ")

# split string at whitespace to form a list of words
words = text.split()
```

现在我们可以轻松地循环遍历这些单词，构建 counts 字典。

```
counts = {}
for w in words:
    counts[w] = counts.get(w,0) + 1
```

最后一步是打印一份报告，总结 counts 的内容。一种方法是按字母顺序打印出单词列表及其关联的计数。以下是做到这一点的方法：

```
# get list of words that appear in document
uniqueWords = list(counts.keys())

# put list of words in alphabetical order
uniqueWords.sort()

# print words and associated counts
for w in uniqueWords:
    print(w, counts[w])
```

然而，对于一个大文件，这不太有用。单词会太多，其中大部分只出现几次。更有趣的分析是打印文档中 n 个最常见单词的计数。为了做到这一点，我们需要创建一个按计数排序的列表（最多到最少），然后选择列表中的前 n 项。

我们开始可以用字典的 items 方法，获取键值对的列表：

```
items = list(counts.items())
```

这里的 items 将是一个元组列表（例如[（'foo', 5），（'bar', 7），（'spam'，376），……]）。如果我们简单地排序这个列表（items.sort()），Python 会对它们按标准顺序排序。不幸的是，当 Python 比较元组时，它会按部分从左到右排序。由于每一对的第一个部分是单词，所以 items.sort()将按照字母顺序排列此列表，这不是我们希望的。

要按照词频对数据项列表进行排序，我们可以再次使用键函数。这一次，键函数将采用一对数据作为一个参数，并返回该对数据中的第二项：

```
def byFreq(pair):
    return pair[1]
```

注意，元组像列表一样从 0 开始索引，所以 pair[1]将元组的词频部分返回。利用这个比较函数，现在按照词频排序数据项很简单：

```
items.sort(key=byFreq)
```

但是我们还没有完成。当我们有多个具有相同频率的单词时，如果这些单词在它们的频率小组内以字母的顺序出现在列表中，那会很好。也就是说，我们希望对的列表主要按词频排序，但在词频相同时按字母顺序排列。如何处理这种双重排序呢？

查看 sort 方法的文档（通过 help([].sort)），你会看到此方法执行 "stable sort *IN PLACE*."。你可以推断，"in place" 是指方法修改它作用的列表，而不是生成列表的新排序版本。但是我们这里的关键点是"稳定"。如果等效项（具有相等键的项）保持在原始列表中相同的相对位置，则排序算法是稳定的。由于 Python 排序算法是稳定的，如果在按词频排序之前，所有单词按照字母顺序排列，那么具有相同词频的单词仍将按照字母顺序排列。为了得到我们希望的结果，我们只需要对列表进行两次排序，先按单词排序，再按频率排序：

```
items.sort()                         # orders pairs alphabetically
items.sort(key=byFreq, reverse=True) # orders by frequency
```

我在这里增加了最后一点障碍。提供关键字参数 reverse 并将其设置为 True，可以让 Python 以相反的顺序对列表进行排序。结果列表将从最高词频到最低词频排列。现在数据项按照从最频繁到最不频繁的顺序排列，我们准备打印 n 个最常见的单词的报告。下面的循环将实现这一点：

```
for i in range(n):
    word, count = items[i]
    print("{0:<15}{1:>5}".format(word, count))
```

循环索引 i 用于从数据项列表中获取下一对，并将该数据项解包到 word 和 count 中。然后，单词在十五个空格中左对齐印刷，接着是在五个空格中右对齐的数字[①]。

就这样了。下面是完整的程序（wordfreq.py）：

---

① 经验丰富的 Python 程序员可能会利用元组拆包操作符*，将这个循环体写成 print("{0:<15}{1:>5}".format(*items[i])一行。关于这个方便的操作符，好奇的读者可参考 Python 文档来了解更多信息。

```
def byFreq(pair):
    return pair[1]

def main():
    print("This program analyzes word frequency in a file")
    print("and prints a report on the n most frequent words.\n")

    # get the sequence of words from the file
    fname = input("File to analyze: ")
    text = open(fname,'r').read()
    text = text.lower()
    for ch in '!"#$%&()*+,-./:;<=>?@[\\]^_`{|}~':
        text = text.replace(ch, ' ')
    words = text.split()

    # construct a dictionary of word counts
    counts = {}
    for w in words:
        counts[w] = counts.get(w,0) + 1

    # output analysis of n most frequent words.
    n = eval(input("Output analysis of how many words? "))
    items = list(counts.items())
    items.sort()
    items.sort(key=byFreq, reverse=True)
    for i in range(n):
        word, count = items[i]
        print("{0:<15}{1:>5}".format(word, count))

if __name__ == '__main__': main()
```

只是为了好玩，下面的结果是运行这个程序，找出你正在阅读的书的草稿中的二十个最常见的单词：

```
This program analyzes word frequency in a file
and prints a report on the n most frequent words.

File to analyze: book.txt
Output analysis of how many words? 20

the            6428
a              2845
of             2622
to             2468
is             1936
that           1332
and            1259
in             1240
we             1030
this            985
for             719
you             702
program         684
be              670
it              618
are             612
as              607
can             583
will            480
an              470
```

11.8 小结

本章讨论了处理相关信息集合的技术。以下是一些关键思想的小结。

列表对象是任意对象的可变序列。数据项可以通过索引和切片来获得。可以通过赋值来更改列表的数据项。

- Python 列表与其他编程语言中的数组类似。Python 列表更灵活，因为它们的大小可以变化，并且它们是异质的。Python 列表还支持一些有用的方法。
- 排序是一种特别重要的数据处理操作。Python 列表的 sort 方法可以通过提供合适的键函数来定制。这允许程序对任意对象的列表进行排序。
- 类可以利用列表来维护集合，将它们存储为实例变量。通常使用列表比使用单独的实例变量更灵活。例如，GUI 应用程序可能使用按钮的列表，而不是每个按钮用一个实例变量。
- 整个程序可以视为一组数据和一组操作（一个对象）。这是构建 GUI 应用程序的常用方法。
- Python 字典实现从键到值的任意映射。这对于表示非顺序集合非常有用。

11.9 练习

复习问题

判断对错

1. 中位数是一组数据的平均值。
2. 标准差衡量数据集的偏离方式。
3. 数组通常是异质的，但列表是同质的。
4. Python 列表的大小不能增长和缩小。
5. 与字符串不同，Python 列表不可变。
6. 列表必须至少包含一个数据项。
7. 可以使用 del 操作符从列表中删除数据项。
8. 一个元组类似于一个不可变的列表。
9. Python 字典是一种序列。

选择题

1. 数学家使用下标，计算机程序员使用_____。
a. 切片　　　　　 b. 索引　　　　　 c. Python　　　　　 d. 咖啡因

2. 以下_____项不是 Python 中的内置序列操作。

a. 排序   b. 连接   c. 切片   d. 重复

3. 将单个数据项添加到列表末尾的方法是_____。

a. extend   b. add   c. plus   d. append

4. 以下_____项不是 Python 列表方法。

a. index   b. insert   c. get   d. pop

5. 以下_____项不是 Python 列表的特点。

a. 它是一个对象   b. 它是一个序列

c. 它可以容纳对象   d. 它是不可变的

6. 以下_____表达式正确地测试 x 是偶数。

a. x%2 == 0   b. even(x)   c. not odd(x)   d. x%2 == x

7. stdDev 中的参数 xbar 是_____。

a. 中位数   b. 模   c. 偏离   d. 均值

8. _____关键字参数用于将键函数传入 sort 方法。

a. reverse   b. reversed   c. cmp   d. key

9. 以下_____不是字典方法。

a. get   b. keys   c. sort   d. clear

10. items 字典方法返回_____。

a. int   b. 元组序列   c. bool   d. 字典

讨论

1. 给定初始化语句

```
s1 = [2,1,4,3]
s2 = ['c','a','b']
```

显示以下每个序列表达式求值的结果。

a. s1+ s2

b. 3 * s1+ 2* s2

c. s1[1]

d. s1[1:3]

e. s1 + s2[-1]

2. 给定上一个问题相同的初始语句，在执行以下每个语句后，显示 s1 和 s2 的值。 独立地处理每个部分（即，假定 s1 和 s2 每次从其初始值开始）。

a. s1.remove(2)

b. s1.sort()

c. s1.append([s2.index('b')])

d. s2.pop(s1.pop(2))

e. s2.insert(s1[0], 'd')

编程练习

1．修改本章的统计程序，让客户程序在计算平均值和标准差时灵活性更大。具体来说，重新设计库，包含以下函数：

mean(nums) 返回 nums 中数字的平均值。

stdDev(nums) 返回 nums 的标准差。

meanStdDev(nums) 返回 nums 的平均值和标准差。

2．扩展 gpasort 程序，让它允许用户根据 GPA、姓名或学分对学生的文件进行排序。你的程序应提示输入文件、要排序的字段和输出文件。

3．扩展对前一个问题的解决方案，添加一个选项，按升序或降序对列表排序。

4．为前一个练习中的程序提供图形界面。应该用一些 Entry 对象，处理输入和输出的文件名称，并为每种排序顺序提供一个按钮。加分需求：允许用户进行多重排序，并添加一个按钮用于退出。

5．大多数语言没有 Python 所具有的灵活的内置列表（数组）操作。请为以下每个 Python 操作编写一个算法，并在适当的函数中写出来，测试你的算法。例如，作为一个函数，reverse(myList)应该和 myList.reverse()一样。当然，不能使用相应的 Python 方法来实现你的函数。

a）count(myList, x)（类似 myList.count(x)）

b）isin(myList, x)（类似 x in myList)）

c）index(myList, x)（类似 myList.index(x)）

d）reverse(myList)（类似 myList.reverse()）

e）sort(myList)（类似 myList.sort()）

6．编写并测试一个函数 shuffle(myList)，它随机打乱一个列表的顺序，像扑克牌洗牌那样。

7．编写并测试一个函数 innerProd(x，y)，它计算两个（相同长度）列表的内积。x 和 y 的内积计算如下：

$$\sum_{i=0}^{n-1} x_i y_i$$

8．编写并测试一个函数 removeDuplicates(somelist)，从列表中删除重复值。

9．将函数传入列表的 sort 方法有一个缺点，它使排序更慢，因为 Python 会在比较各个数据项时重复调用该函数。

创建特殊键函数的替代方法是创建一个"装饰过的"列表，用标准的 Python 排序就能得到期望的顺序。例如，要通过 GPA 对 Student 对象进行排序，我们首先可以创建一个元组列表[(gpa0，Student0)，(gpa1，Student1)，……]，然后对这个列表排序时不传入键函数。这些元组将按照 GPA 排序。然后可以遍历生成的列表，以 GPA 顺序重建学生对象的列表。请用这种方式重写 gpasort 程序。

10．埃拉托斯特尼筛法是一种优雅的算法，用于确定不超过 n 的所有素数。基本思想是首先创建从 2 到 n 的数字列表。第一个数字从列表中删除，并作为素数公布，而且将该数字的所有倍数从列表中删除。此过程一直持续到列表为空。

例如，如果我们希望找到不超过 10 的所有素数，该列表最初将包含 2、3、4、5、6、7、8、9、10。2 被删除并宣布为素数。然后 4、6、8 和 10 被删除，因为它们是 2 的倍数。这会留下 3、5、7、9。重复该过程，3 被宣布为素数并删除，并且 9 被删除，因为它 3 的倍数。这会留下 5 和 7。算法继续宣布 5 是素数，并将它从列表中删除。最后，7 被宣布和删除，我们完工了。

编写一个程序提示用户输入 n，然后用筛选算法找出小于或等于 n 的所有素数。

11．编写一个自动审查程序，从文件读取文本，并创建一个新的文件，其中所有的四个字母的单词都被替换为"****"。你可以忽略标点符号，假设文件中的任何文字都不会跨越多行。

12．扩展前一个练习的程序，接受一个包含审查词的文件，作为另一个输入。原始文件中的单词如果出现在审查词文件中，就被长度等于审查词字符数的"*"字符串替换。

13．编程创建一个 Card 对象列表（参见第 10 章中的编程实例 11），并按照花色和顺序打印出纸牌。程序应该从文件中读取纸牌列表，其中文件中的每一行代表一张纸牌，其中点值和花色以空格分隔。（提示：先按点值，再按花色排序。）

14．扩展前一个程序，分析一手五张牌的列表。打印纸牌后，程序会相应分类。

皇家同花顺：10，J，Q，K，A，都是相同花色。

同花顺：连续五张牌，都是相同花色。

四张同号：四张相同点值。满堂红：三张相同及另两张相同。

同花：五张同花色。

顺子： 连续五张牌。

三张同号：三张相同（但不是满堂红或四张同号）。

两对：两对不同的点值。

对子：两张相同（但不是两对，三张同号或四张同号）。

最大 X：如果前面类别都不符合，X 是最高点值。例如，如果最大点值是 11，那么这手牌就是"最大 J"。

15．创建一个 Deck 类表示一副扑克牌。该类应该有以下方法。

构造方法：以标准顺序创建新的 52 张纸牌。

shuffle：随机洗牌。

dealCard：从一副牌顶部返回单张纸牌，并将它从这副牌中移除。

cardsLeft：返回这副牌剩余的纸牌数。

测试你的程序，从一副洗过的牌中依次发出 n 张牌，n 由用户输入。你还可以用 Deck 对象来实现二十一点模拟，其中发牌盒是有限的。参见第 9 章中的编程练习 8 和 9。

16．创建一个名为 StatSet 的类，可以用来进行简单的统计计算。类的方法是：

__init__(self) 创建没有数据的 StatSet。

addNumber(self, x) x 是一个数字。将值 x 添加到 statSet。

mean(self) 返回这个 statSet 中数字的均值。

median(self) 返回这个 statSet 中数字的中位数。

stdDev(self) 返回这个 statSet 中数字的标准差。

count(self) 返回这个 statSet 中数字的计数。

min(self) 返回这个 statSet 中的最小值。

max(self) 返回这个 statSet 中的最大值。

使用类似于本章简单统计程序的程序来测试你的类。

17. 在图形应用程序中，常常将一张图的一些单独部分组合成一个对象，这是非常有用的。例如，可以从单个形状绘制面孔，然后作为整体来定位。创建一个可以用于此目的的新类 GraphicsGroup。GraphicsGroup 将管理图形对象列表，并具有以下方法：

__init__(self, anchor) anchor 是一个 Point。用给定的锚点创建一个空组。

getAnchor(self) 返回锚点的克隆。

addObject(self, gObject) gObject 是一个图形对象。将 gObject 添加到组中。

move(self, dx, dy) 移动组中的所有对象（包括锚点）。

draw(self, win) 将组中的所有对象绘制到窗口 win 中。锚点不绘制。

undrawn(self) 擦除组中的所有对象。

用你的新类编写一个程序，可以使用多个组件绘制一些简单的图片，并将它移动到用户单击的任意位置。

18. 扩展第 9 章（编程实例 12）中的随机行走程序。将人行道视为正方形序列，每一步将步行者移动一个正方形。程序应该记录人行道的每个正方形被踩多少次。让步行者从长度为 n 的人行道的中间开始，其中 n 由用户输入，并持续进行模拟，直到它走出其中一个端。然后打印出每个正方开被踩的次数。

19. 创建并测试一个 Set 类来表示一个经典集合。你的集合应支持以下方法：

Set(elements) 创建一个集合（elements 是集合中项目的初始列表）。

addElement(x) 将 x 添加到集合中。

deleteElement(x) 从集合中删除 x（如果存在）。如果 x 不在集合中，则该集合保持不变。

member(x) 如果 x 在集合中，则返回 true，否则返回 false。

intersection(set2) 返回一个新集合，仅包含这个集合和 set2 的共有元素。

union(set2) 返回一个新集合，包含这个集合和 set2 中的所有元素。

subtract(set2) 返回一个新集合，包含该集合中不在 set2 中的所有元素。

顺便说一句，集合是非常有用的，Python 实际上有一个内置的 set 数据类型。虽然你可能希望研究 Python 的 set，但不应该在这里使用它。本练习的重点是帮助你用列表和字典培养算法开发技能。

20. 扩展本章的炮弹动画，让用户调整发射器的初始高度。高度调整的处理方式应与角度和速度方向相似。用你自己选择的一对键来调整高度。

21. 扩展炮弹动画示例，包含目标对象。目标是一个随机大小的矩形，放置在动画中的某个地方。目标被击中后消失，并产生一个新目标。进一步的扩展可能包括移动目标，并记录命中次数。

第 12 章　面向对象设计

学习目标

- 理解面向对象设计的过程。
- 能够阅读和理解面向对象的程序。
- 理解封装、多态和继承的概念，因为它们从属于面向对象的设计和编程。
- 能够利用面向对象设计来设计中等复杂程度的软件。

12.1　OOD 的过程

既然你知道了一些数据结构技术，现在就可以展开翅膀，真正用这些工具来工作。大多数现代计算机应用程序是用以数据为中心的计算视图进行设计的。这种所谓的面向对象设计（OOD）过程，是自顶向下设计的有力补充，用于开发可靠的、性价比高的软件系统。在本章中，我们将介绍 OOD 的基本原理，并将它应用于几个案例研究。

设计的本质是从魔法黑盒及其接口的角度来描述系统。每个组件通过其接口提供一组服务。其他组件是服务的用户或"客户"。

客户端只需要了解服务的接口，该服务的实现细节并不重要。事实上，内部细节可能会发生根本变化，但不会影响客户。类似地，提供服务的组件不必考虑如何使用该服务。黑盒只需要确保该服务被忠实地提供。这种关注点分离使复杂系统的设计成为可能。

在自顶向下的设计中，函数扮演着魔法黑盒的角色。客户程序只要能理解一个函数的功能，就可以使用该函数。函数完成的细节被封装在函数定义中。

在面向对象设计中，黑盒是对象。对象背后的魔法在于定义。一旦编写了一个合适的类定义，就可以完全忽略该类的工作方式，仅仅依赖于外部接口，即方法。这让你可以在图形窗口中绘制圆形，而不必看一眼 graphics 模块中的代码。所有的细节都封装在 GraphWin 和 Circle 的类定义中。

如果我们可以将一个大问题分解为一系列合作的类，在理解程序任何给定的部分时，就会大大降低要考虑的复杂程度。每个类都是独立的。面向对象设计是一个过程，针对给定问题来寻找并定义一组有用的类。像所有设计一样，它既是艺术又是科学。

OOD 有许多不同的方法，每种方法都有自己的特殊技术、符号、专家和教科书。我不能假装在简短的一个章中教会你所有的 OOD。另一方面，我也不确定阅读很多大部头专著会有太大的帮助。了解设计的最佳方式是去做。你设计得越多越好。

仅仅为了让你起步，以下是面向对象设计的一些直观指导。

（1）**寻找候选对象**。你的目标是定义一组有助于解决问题的对象。首先仔细考虑问题陈述。对象通常由名词描述。你可以在问题陈述中划出所有名词，并逐一考虑。其中哪些实际上会在程序中表示出来？哪些有"有趣"的行为？可以表示为基本数据类型（数字或字符串）的东西可能不是重要的候选对象。似乎涉及一组相关数据项的东西可能是。

（2）**识别实例变量**。一旦你发现了一些可能的对象，应考虑每个对象完成工作所需的信息。实例变量有什么样的值？一些对象属性将具有基本类型的值，其他属性可能是复杂的类型，表明需要其他有用的对象/类。努力为程序中的所有数据找到良好的"家庭"类。

（3）**考虑接口**。当你识别出潜在的对象/类和一些关联的数据时，请考虑该类的对象需要哪些操作才能使用。你可以先考虑问题陈述中的动词。动词用于描述动作：必须做什么。列出类需要的方法。请记住，对象数据的所有操作应通过你提供的方法进行。

（4）**精化不简单的方法**。一些方法看起来可以用几行代码来完成。其他方法则需要相当大的努力来开发一种算法。使用自顶向下的设计和逐步求精来了解更多较难方法的细节。随着你取得进展，可能会发现需要与其他类进行一些新的交互，这可能迫使你向其他类添加新的方法。有时你可能会发现需要一种全新的对象，要求对另一个类进行定义。

（5）**迭代式设计**。在设计过程中，你会在设计新类和向已有类添加方法之间进行多次反复。任何事情，只要似乎值得你注意，就为之投入工作。没有人以线性、系统的方式，自顶向下来设计程序。在似乎应该取得进展的地方取得进展。

（6）**尝试替代方案**。不要害怕废除似乎不能工作的方法，也不要害怕探索一个想法，看看它会把你带到哪里。良好的设计涉及大量的试错。当你查看他人的程序时，会看到完成的作品，而不是他们实现的过程。如果程序设计良好，可能不是第一次尝试的结果。传奇的软件工程师弗雷德·布鲁克斯（Fred Brooks）说过这样的名言："计划扔掉一个。"通常你用错误的方式构建了系统之后，才会真正知道如何构建系统。

（7）**保持简单**。在设计的每个步骤中，尝试找出解决手头问题的最简单方法。除非需要更复杂的方法，否则不要设计出更加复杂的设计。接下来的部分将通过几个案例研究，说明 OOD 的各个方面。一旦深入了解这些示例，你就可以处理自己的程序并提升设计技巧。

12.2 案例研究：壁球模拟

作为第一个案例研究，我们回到第 9 章的壁球模拟。你可能希望回顾一下使用自顶向下设计开发的程序。

这个问题的关键在于模拟多场比赛，其中两名对手的能力是以他们在发球时获胜的概率来表示的。模拟的输入是选手 A 的概率、选手 B 的概率以及游戏的模拟次数。输出是格式良好的结果。

在第 9 章的程序版本中，我们在其中一名选手达到 15 分时结束了比赛。这一次，还要考虑一下零封。如果一名选手在另一名选手得分之前得到 7 分，那么游戏就结束了。我们的模拟应该记录每名选手胜利的次数和零封的次数。

12.2.1　候选对象和方法

我们的第一个任务是找出可能有助于解决这个问题的一组对象。我们需要模拟两名选手之间的一系列壁球比赛，并记录关于一系列游戏的一些统计数据。这个简短的描述已经表明了在程序中划分工作的一种方法。我们基本上需要做两件事：模拟游戏并记录一些统计数据。

首先来处理游戏的模拟。我们可以用一个对象代表一局壁球游戏。游戏必须记录有关两名选手的信息。创建一局新游戏时，我们将指定选手的技能水平。这意味着一个类（我们称之为 RBallGame），它带有一个构造函数，需要两名选手的概率参数。

我们的程序需要对比赛做什么？显然，它需要"打"。让我们提供一个 play 方法来模拟比赛直到结束。可以用两行代码创建并打一场壁球比赛：

```
theGame = RBallGame(probA, probB)
theGame.play()
```

要打很多场比赛，只需在这段代码外面套上一个循环。这就是在 RBallGame 中真正需要编写的主要程序。让我们把注意力转向收集关于游戏的统计数据。

显然，我们必须追踪 A 的获胜数、B 的获胜数、A 的零封数和 B 的零封数至少四个计数，以打印模拟的摘要。我们还要打印出模拟的比赛局数，但这可以通过 A 和 B 的胜利之和来计算。这里我们有四种相关的信息。我们不是单独对待它们，而是将它们组成一个对象。该对象将是 SimStats 类的实例。

SimStats 对象将记录有关一系列比赛的所有信息。我们已经分析了四种重要信息。现在我们必须决定什么操作是有用的。作为开始，我们需要一个构建方法，将所有计数初始化为 0。

我们还需要一种方法，在每场新比赛被模拟时更新计数。让我们给对象一个 update 方法。统计的更新将基于比赛的结果。我们必须向统计对象发送一些信息，以便更新可以正确地进行。一个简单的方法将是发送整个比赛，并让 update 提取所需的任何信息。

最后，当所有比赛都被模拟后，需要打印结果报告。这意味着一个 printReport 方法，它打印出很好的统计报告。

我们现在已经完成足够的设计，可以实际编写程序的主函数了。大部分的细节都被推到了两个类的定义中。

```
def main():
    printIntro()
    probA, probB, n = getInputs()
    # Play the games
    stats = SimStats()
    for i in range(n):
        theGame = RBallGame(probA, probB) # create a new game
        theGame.play()                    # play it
        stats.update(theGame)             # get info about completed game
    # Print the results
    stats.printReport()
```

我也使用几个辅助函数打印介绍并获取输入。编写这些函数对你应该没有困难。

现在必须弄清楚两个类的细节。SimStats 类看起来很容易，我们先来解决一下。

12.2.2 实现 SimStats

SimStats 的构造方法只需要将四个计数初始化为 0。下面是明显的方法：

```
class SimStats:
    def __init__(self):
        self.winsA = 0
        self.winsB = 0
        self.shutsA = 0
        self.shutsB = 0
```

现在来看看 update 方法。它需要一个比赛对象作为普通参数，必须相应地更新四个计数。该方法的签名看起来如下：

```
def update(self, aGame):
```

但是我们具体怎么知道该怎么办？我们需要知道比赛的最终得分，但是这个信息在 aGame 中。记住，我们不允许直接访问 aGame 的实例变量，甚至不知道这些实例变量会是什么。

我们的分析表明，在 RBallGame 类中需要一种新方法。我们需要扩展接口，让 aGame 具有报告最终得分的方法。我们称新方法为 getScores，让它返回选手 A 的得分和选手 B 的得分。

现在 update 的算法很简单：

```
def update(self, aGame):
    a, b = aGame.getScores()
    if a > b:                            # A won the game
        self.winsA = self.winsA + 1
        if b == 0:
            self.shutsA = self.shutsA + 1
    else:                                # B won the game
        self.winsB = self.winsB + 1
        if a == 0:
            self.shutsB = self.shutsB + 1
```

我们可以编写打印结果的方法，从而完成 SimStats 类。printReport 方法将生成一个表，显示每个选手的胜利局数、胜率，零封局数和零封百分比。下面是示例输出：

```
Summary of 500 games:

          wins (% total)    shutouts (% wins)
--------------------------------------------
Player A:   411  82.2%          60   14.6%
Player B:    89  17.8%           7    7.9%
```

很容易打印出这个表格的标题，但是线条的格式化需要更小心。我们希望将列排列得很好，必须避免在计算没有获得任何胜利的选手的零封百分比时除以 0。我们来写这个基本方法，但是推迟一下，把行格式化的细节推到另外一个方法 printLine 中。printLine 方法将需要选手标签（A 或 B）、胜利和零封局数以及比赛总数（用于计算百分比）。

```
def printReport(self):
    # Print a nicely formatted report
    n = self.winsA + self.winsB
    print("Summary of", n , "games:\n")
```

```
print("            wins (% total) shutouts (% wins) ")
print("--------------------------------------")
self.printLine("A", self.winsA, self.shutsA, n)
self.printLine("B", self.winsB, self.shutsB, n)
```

要完成这个类，我们要实现 printLine 方法。该方法将大量用到字符串格式化。好的开始是为每一行出现的信息定义一个模板：

```
def printLine(self, label, wins, shuts, n):
    template = "Player {0}:{1:5} ({2:5.1%}) {3:11}    ({4})"
    if wins == 0:          # Avoid division by zero!
        shutStr = "-----"
    else:
        shutStr = "{0:4.1%}".format(float(shuts)/wins)
    print(template.format(label, wins, float(wins)/n, shuts, shutStr))
```

请注意如何处理零封百分比。主模板将它作为第 5 个插槽，if 语句负责格式化这一部分，以防止除零。

12.2.3　实现 RBallGame

既然已经封装了 SimStats 类，我们就需要将注意力转向 RBallGame。总结到目前为止我们已经确定的信息：该类需要一个构造方法（它接受两个概率作为参数）、一个 play 方法进行比赛以及一个 getScores 方法报告得分。

一局壁球比赛需要知道什么？要进行这局比赛，我们必须记住每名选手的概率每名选手的得分以及哪名选手在发球。如果仔细考虑这一点，你会看到概率和得分是与特定"选手"相关的属性，而发球是两名选手之间的"比赛"属性。这意味着我们可能只要考虑比赛选手是谁、谁正在发球。选手本身可以是对象，知道他们的概率和得分。用这种方式来考虑 RBallGame 类，我们可以设计出一些新对象。

如果选手是对象，就需要另一个类来定义他们的行为。我们称该类为 Player。Player 对象将记录其概率和当前得分。当 Player 第一次创建时，概率将作为一个参数提供，但分数将从 0 开始。在处理 RBallGame 时，我们将展示 Player 类方法的设计。

我们现在可以定义 RBallGame 的构造方法。比赛将需要两名选手的实例变量以及另一个变量来记录哪名选手正在发球：

```
class RBallGame:
    def __init__(self, probA, probB):
        self.playerA = Player(probA)
        self.playerB = Player(probB)
        self.server = self.playerA  # Player A always serves first
```

有时候，画出我们正在创建的对象之间的关系会有帮助。假设我们创建这样的 RBallGame 实例：

```
theGame = RBallGame(.6,.5)
```

图 12.1 展示了由该语句及其相互关系创建的对象的抽象视图。

好的，既然可以创建一个 RBallGame，我们就需要弄清楚如何比赛。回到第 9 章关于壁球的讨论，我们需要一个算法，继续发球回合，或者得分，要么换发球，直到比赛结束。我们几乎可以将这个松散的算法直接转化为基于对象的代码。

首先，只要比赛没有结束，就需要一个循环继续。显然，比赛是否结束，只能通过查看比赛对象本身来做出决定。我们假设可以写一个合适的 isOver 方法。play 方法开始可以利用这个（尚未编写的）方法：

```
def play(self):
    while not self.isOver():
```

在循环中，我们需要让选手发球，并根据结果决定要做什么。这表明 Player 对象应该有一个执行发球的方法。毕竟，发球是否获胜取决于存储在每个 Player 对象内部的概率。我们会问发球选手这次发球赢或输：

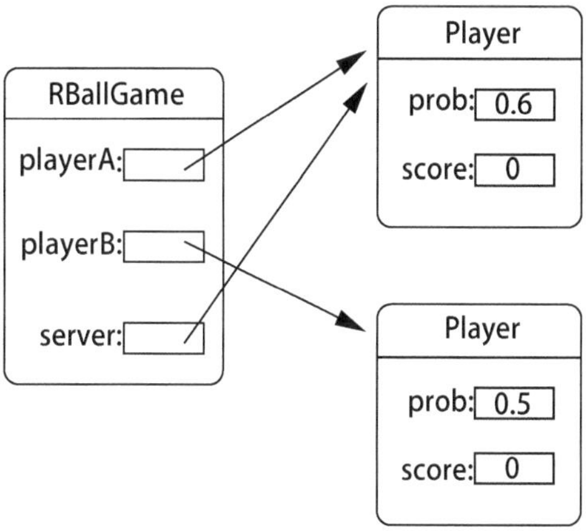

图 12.1　RBallGame 对象的抽象视图

```
        if self.server.winsServe():
```

基于这个结果，我们可以得分或换发球。要得分，我们需要改变选手的得分。这又要求 Player 做点事，即增加得分。另一方面，换发球是在比赛层面上完成的，因为该信息保存在 RBallGame 的 server 实例变量中。

综上所述，我们的 play 方法如下：

```
def play(self):
    while not self.isOver():
        if self.server.winsServe():
            self.server.incScore()
        else:
            self.changeServer()
```

只要你记住 self 是一个 RBallGame，这段代码应该是清楚的。当比赛还未结束时，如果发球选手赢得发球回合，发球选手得分，否则换发球。

当然，我们为这个简单的算法付出了代价，现在有两个新方法（isOver 和 changeServer）需要在 RBallGame 类中实现，另外两个方法（winsServe 和 incScore）需要在 Player 类中实现。

在攻克这些新方法之前，我们再回顾一下 RBallGame 类的另一个顶层方法，即 getScores。这只是返回两名选手的得分。当然，我们再次遇到同样的问题。选手的对象实际上知道得分，所以我们需要一个方法，要求选手返回得分。

```
def getScores(self):
    return self.playerA.getScore(), self.playerB.getScore()
```

这增加了一个要在 Player 类中实现的方法。确保把它放在我们的清单上，以便稍后完成。

要完成 RBallGame 类，我们需要编写方法 isOver 和 changeServer。鉴于我们已经开发了这个程序以前的版本，这些方法很简单。现在我会将这些工作当作一个练习。如果你正打算寻找我的解决方案，请跳到本节末尾的完整代码。

12.2.4　实现 Player

在开发 RBallGame 类时，我们发现需要一个 Player 类来封装选手的发球获胜概率和当前分数。Player 类需要一个合适的构造方法以及 winsServe、incScore 和 getScore 方法。

如果你掌握了这种面向对象的方法，应该不难写出构造方法。我们只需要初始化实例变量。选手的概率将作为参数传递，得分从 0 开始：

```
def __init__(self, prob):
    # Create a player with this probability
    self.prob = prob
    self.score = 0
```

Player 类的其他方法更简单。为了看一名选手是否赢得了一次发球，我们将概率与 0～1 之间的随机数进行比较：

```
def winsServe(self):
    return random() < self.prob
```

要让选手得分，只要让 score 加一：

```
def incScore(self):
    self.score = self.score + 1
```

最后的方法就是返回 score 的值：

```
def getScore(self):
    return self.score
```

最初，你可能会认为用一行或两行方法创建一个类是很愚蠢的。实际上，一个模块化的、面向对象的程序有很多微小的方法是很常见的。设计的要点是将问题分解成更简单的部分。如果这些部分非常简单，以至于它们的实现是显而易见的，我们就有理由确信它是正确的。

12.2.5　完整程序

面向对象版本的壁球模拟划上了句号。完整的程序如下。你应该阅读它，确保你明确了解每个类的作用和做法。如果你对任何部分有任何疑问，请回到前面的讨论，弄清楚。

```
# objrball.py -- Simulation of a racquet game.
#                Illustrates design with objects.

from random import random

class Player:
    # A Player keeps track of service probability and score

    def __init__(self, prob):
        # Create a player with this probability
        self.prob = prob
        self.score = 0

    def winsServe(self):
        # Returns a Boolean that is true with probability self.prob
        return random() < self.prob

    def incScore(self):
        # Add a point to this player's score
        self.score = self.score + 1
```

```
    def getScore(self):
        # Returns this player's current score
        return self.score

class RBallGame:
    # A RBallGame represents a game in progress. A game has two players
    # and keeps track of which one is currently serving.

    def __init__(self, probA, probB):
        # Create a new game having players with the given probs.
        self.playerA = Player(probA)
        self.playerB = Player(probB)
        self.server = self.playerA # Player A always serves first

    def play(self):
        # Play the game to completion
        while not self.isOver():
            if self.server.winsServe():
                self.server.incScore()
            else:
                self.changeServer()

    def isOver(self):
        # Returns game is finished (i.e. one of the players has won).
        a,b = self.getScores()
        return a == 15 or b == 15 or \
               (a == 7 and b == 0) or (b==7 and a == 0)

    def changeServer(self):
        # Switch which player is serving
        if self.server == self.playerA:
            self.server = self.playerB
        else:
            self.server = self.playerA

    def getScores(self):
        # Returns the current scores of player A and player B
        return self.playerA.getScore(), self.playerB.getScore()

class SimStats:
    # SimStats handles accumulation of statistics across multiple
    #   (completed) games. This version tracks the wins and shutouts for
    #   each player.

    def __init__(self):
        # Create a new accumulator for a series of games
        self.winsA = 0
        self.winsB = 0
        self.shutsA = 0
        self.shutsB = 0

    def update(self, aGame):
        # Determine the outcome of aGame and update statistics
        a, b = aGame.getScores()
        if a > b:                              # A won the game
            self.winsA = self.winsA + 1
            if b == 0:
                self.shutsA = self.shutsA + 1
        else:                                  # B won the game
            self.winsB = self.winsB + 1
```

```
                if a == 0:
                    self.shutsB = self.shutsB + 1

        def printReport(self):
            # Print a nicely formatted report
            n = self.winsA + self.winsB
            print("Summary of", n , "games:\n")
            print("                wins (% total) shutouts (% wins) ")
            print("-------------------------------------------------")
            self.printLine("A", self.winsA, self.shutsA, n)
            self.printLine("B", self.winsB, self.shutsB, n)

        def printLine(self, label, wins, shuts, n):
            template = "Player {0}:{1:5} ({2:5.1%}) {3:11} ({4})"
            if wins == 0: # Avoid division by zero!
                shutStr = "-----"
            else:
                shutStr = "{0:4.1%}".format(float(shuts)/wins)
            print(template.format(label, wins, float(wins)/n, shuts, shutStr))

def printIntro():
    print("This program simulates games of racquetball between two")
    print('players called "A" and "B." The ability of each player is')
    print("indicated by a probability (a number between 0 and 1) that")
    print("the player wins the point when serving. Player A always")
    print("has the first serve.\n")

def getInputs():
    # Returns the three simulation parameters
    a = float(input("What is the prob. player A wins a serve? "))
    b = float(input("What is the prob. player B wins a serve? "))
    n = int(input("How many games to simulate? "))
    return a, b, n

def main():
    printIntro()

    probA, probB, n = getInputs()

    # Play the games
    stats = SimStats()
    for i in range(n):
        theGame = RBallGame(probA, probB) # create a new game
        theGame.play()                    # play it
        stats.update(theGame)             # extract info

    # Print the results
    stats.printReport()

main()
input("\nPress <Enter> to quit")
```

12.3 案例研究：骰子扑克

回到第 10 章，我提出对象对图形用户界面的设计特别有用。让我们来看看使用前几章开发的部分控件的一个图形应用程序，完成本章的内容。

12.3.1 程序规格说明

我们的目标是编写一个游戏程序，允许用户用骰子玩扑克视频游戏。该程序将显示由五个骰子得到的一手牌。基本规则如下：

- 玩家从 100 美元开始。
- 每轮要花 10 美元。这个数额在一轮开始时从玩家的钱中扣除。
- 玩家最初掷出完全随机的一手牌（即掷出所有五个骰子）。
- 玩家有两次机会，通过重掷部分或全部骰子来增强这手牌。
- 在这手牌结束时，玩家的钱根据如表 12.1 所列支付策略更新。

表 12.1 牌面情况和支付数额

牌面	支付
两对	5 美元
三张同号	8 美元
满堂红	12 美元
四张同号	15 美元
顺子（1～5 或 2～6）	20 美元
五张同号	30 美元

最后，我们希望这个程序提供很好的图形界面。交互通过鼠标点击完成。界面应具有以下特点：

- 当前得分（金额）不断显示。
- 如果玩家破产，程序会自动终止。
- 玩家可以选择在游戏过程的适当时候退出。
- 该界面将提供视觉线索，表明在某个给定时刻发生了什么，以及有效的用户响应是什么。

12.3.2 识别候选对象

我们的第一步是分析程序描述并识别一些对象，它们有助于解决这个问题。这是一个涉及骰子和金钱的游戏。这些是好的对象候选者吗？钱和单个骰子都可以简单地表示为数字。它们自己似乎不是好候选者。然而，游戏使用的是骰子，这听起来像是一个集合。我们需要能够掷出所有的骰子或选择的骰子，并分析该集合，看看它的得分。

我们可以将骰子的信息封装在 Dice 类中。以下是这个类必须实现的一些明显的操作。

构造方法：创建初始集合。

rollAll：为每个骰子分配随机值。

roll：将随机值分配给骰子的某个子集，同时保持其他骰子的当前值。

values：返回当前五个骰子的值。

score：返回骰子的得分。

我们也可以将整个程序视为对象。我们称之为 PokerApp。PokerApp 对象将记录当前的金额、骰子、掷出次数等。它将实现一个 run 方法，我们用它来启动程序，还有一些辅助方法用于实现 run。在设计主要算法之前，我们不知道究竟需要哪些方法。

到目前为止，我一直在关注要实现的实际游戏。该程序的另一个组件是用户界面。分解较复杂程序有一个好方法，即将用户界面与程序的主要内容分开。这通常被称为"模型视图"方法。我们的程序实现了一些模型（在这个例子中，它建立一个扑克游戏），界面是模型当前状态的视图。

分离界面的一种方法是将界面的决策封装在单独的界面对象中。这种方法有一个优点，我们可以通过替换不同的界面对象来改变程序的观感。例如，我们可能有一个基于文本的程序版本和图形版本。

假设我们的程序将使用一个界面对象，名为 PokerInterface。目前还不清楚该类需要怎样的行为，但是当我们修改 PokerApp 类时，需要从用户那里获取信息，并显示游戏相关的信息。这些将对应于 PokerInterface 类实现的方法。

12.3.3　实现模型

到目前为止，我们很清楚地了解 Dice 类要做什么，也知道了实现 PokerApp 类的起点。我们可以从其中一个类开始工作。如果没有 Dice，就不能真正尝试 PokerApp 类，所以我们从低级别的 Dice 类开始。

实现 Dice

Dice 类实现了一个骰子的集合，它们只是改变数字。明显的表示方式就是用五个整数的列表。我们的构造方法需要创建一个列表并分配一些初始值：

```
class Dice:
    def __init__(self):
        self.dice = [0]*5
        self.rollAll()
```

这段代码首先创建了五个 0 的列表。它们需要设置为一些随机值。由于我们会实现一个 rollAll 函数，所以在这里调用它可以避免重复的代码。

我们需要一些方法来掷出选定的骰子，也可以掷出所有骰子。由于后者是前者的特殊情况，所以我们将注意力转向 roll 函数，它将掷出一个子集。我们可以通过传递索引列表来指定要掷出的骰子。例如，roll([0,3,4])将掷出骰子列表中位于 0、3 和 4 的骰子。我们只需要一个循环，遍历该参数，并为每个列出的位置生成一个新的随机值：

```
def roll(self, which):
    for pos in which:
        self.dice[pos] = randrange(1,7)
```

接下来，我们可以用 roll 来实现 rollAll，如下所示：

```
def rollAll(self):
    self.roll(range(5))
```

我使用 range(5)来生成所有索引的序列。

values 函数用于返回骰子的值，以便它们可以显示。另一个一行足够的方法是：

```
def values(self):
    return self.dice[:]
```

请注意，我通过切片创建了骰子列表的副本。这样，如果 Dice 客户端修改它从 values 返回的列表，不会影响存储在 Dice 对象中的原始副本。这种防御性编程会阻止代码的其他部分不小心弄乱我们的对象。

最后，我们来看 score 方法。这个函数将确定当前骰子的价值。我们需要检查这些值，并确定是否有任何一种可以带来收益的模式，即五张同号、四张同号、满堂红、三张同号、两对或顺子。我们的函数需要某种方式来表明收益是多少。让我们返回一个字符串，标注这手牌是什么，以及一个整数，给出收益金额。

我们可以把这个函数看作一个多路判断。我们只需要检查每种可能的牌面。如果以合理的顺序这样做，就可以保证给出正确的收益。例如，满堂红也包含三张同号。我们需要先检查满堂红，再检查三张同号，因为满堂红更有价值。

检查一手牌有一种简单方法，即生成每个值的计数列表。也就是说，计数[i]将是值 i 在骰子中发生的次数。如果骰子是[3,2,5,2,3]，那么计数列表将是[0,0,2,2,0,1,0]。请注意，计数[0]始终为零，因为骰子值在 1～6 范围内。然后可以通过查找各种数值来完成各种牌面的检查。例如，如果计数包含 3 和 2，则牌面包含三张和一对，因此它是满堂红。

以下是代码：

```
def score(self):
    # Create the counts list
    counts = [0] * 7
    for value in self.dice:
        counts[value] = counts[value] + 1

    # score the hand
    if 5 in counts:
        return "Five of a Kind", 30
    elif 4 in counts:
        return "Four of a Kind", 15
    elif (3 in counts) and (2 in counts):
        return "Full House", 12
    elif 3 in counts:
        return "Three of a Kind", 8
    elif not (2 in counts) and (counts[1]==0 or counts[6] == 0):
        return "Straight", 20
    elif counts.count(2) == 2:
        return "Two Pairs", 5
    else:
        return "Garbage", 0
```

唯一棘手的部分是测试顺子。由于我们已经检查了 5、4 和 3 张同号，检查了没有对（not (2 in counts)），所以保证骰子显示五个不同的值。如果没有 6，则值必为 1～5。同样，没有 1 则值必为 2～6。

现在，我们可以尝试 Dice 类来确保它正常工作。下面简短的交互，展示了该类能做的一些事：

```
>>> from dice import Dice
>>> d = Dice()
>>> d.values()
[6, 3, 3, 6, 5]
```

```
>>> d.score()
('Two Pairs', 5)
>>> d.roll([4])
>>> d.values()
[6, 3, 3, 6, 4]
>>> d.roll([4])
>>> d.values()
[6, 3, 3, 6, 3]
>>> d.score()
('Full House', 12)
```

我们希望确保每种牌面得分正确。

实现 PokerApp

现在我们已经准备好把注意力转向实际执行扑克游戏的任务了。我们可以用自顶向下的设计来充实详细信息，也提出 PokerInterface 类将实现什么方法。

开始，我们知道 PokerApp 将需要记录骰子、金额以及一些用户界面。我们在构造方法中初始化这些值：

```
class PokerApp:
    def __init__(self):
        self.dice = Dice()
        self.money = 100
        self.interface = PokerInterface()
```

要运行程序，我们将创建这个类的一个实例，并调用它的 run 方法。基本上，程序将循环，允许用户继续玩下一轮，直到用户没钱或选择退出。由于玩一轮花费 10 美元，所以只要 self.money >= 10，就可以继续进行。确定用户是否真想玩下一手必须来自用户界面。下面是 run 方法的一种可能编码方式：

```
def run(self):
    while self.money >= 10 and self.interface.wantToPlay():
        self.playRound()
    self.interface.close()
```

注意在底部调用的 interface.close。这将允许我们进行所有必要的清理工作，如为用户打印最终消息或关闭图形窗口。

该程序的大部分工作现已被推入 playRound 方法。让我们将注意力集中在这里，继续自顶向下的过程。每轮将包含一系列掷骰子。根据这些掷骰子的结果，程序必须调整玩家的得分：

```
def playRound(self):
    self.money = self.money - 10
    self.interface.setMoney(self.money)
    self.doRolls()
    result, score = self.dice.score()
    self.interface.showResult(result, score)
    self.money = self.money + score
    self.interface.setMoney(self.money)
```

这段代码实际上只处理一轮游戏的得分。在必须向用户显示新信息的时候，要调用 interface 的合适方法。

玩一轮的 10 美元费用首先扣除，界面更新剩余的金额。程序然后处理一系列掷骰子

（doRolls），向用户显示结果，并相应地更新金额。

最后，我们深入到了实现骰子滚动过程的细节。开始，所有的骰子将掷出。然后，我们需要一个循环，继续掷出用户选择的骰子，直到用户选择退出掷骰子或达到三次掷骰子的限制。让我们用一个局部变量 rolls 来记录骰子掷出的次数。显然，显示骰子和获取骰子列表必须通过 interface，来自与用户的交互。

```python
def doRolls(self):
    self.dice.rollAll()
    roll= 1
    self.interface.setDice(self.dice.values())
    toRoll = self.interface.chooseDice()
    while roll < 3 and toRoll != []:
        self.dice.roll(toRoll)
        roll= roll+ 1
        self.interface.setDice(self.dice.values())
        if roll < 3:
            toRoll = self.interface.chooseDice()
```

现在，我们完成了互动扑克程序的基本函数。也就是说，我们有一个玩扑克过程的模型。然而，由于没有用户界面，所以我们还无法真正测试这个程序。

12.3.4 基于文本的 UI

在设计 PokerApp 时，我们还制定了一个通用的 PokerInterface 类的规格说明。我们的界面必须支持显示信息的方法 setMoney、setDice 和 showResult。它还必须具有允许用户输入的方法 wantToPlay 和 chooseDice。这些方法可以用许多不同的方式实现，即使底层模型 PokerApp 仍然保持不变，产品程序看起来也是截然不同的。

通常，图形界面的设计和构建比基于文本的界面复杂得多。如果我们急于让应用程序运行，可能会尝试构建一个简单的基于文本的界面。我们可以用它来测试和调试模型，而不需要完整 GUI 的任何额外的复杂性。首先，我们调整一下 PokerApp 类，以便将用户界面作为参数提供给构造方法：

```python
class PokerApp:
    def __init__(self, interface):
        self.dice = Dice()
        self.money = 100
        self.interface = interface
```

然后，我们可以用不同的界面轻松创建扑克程序的版本。

现在让我们考虑一个基本界面来测试这个扑克程序。我们的基于文本的版本不会提供一个完整的应用程序，而是提供一个简单的界面，只是为了让程序运行。每个必要的方法都可以给出一个极简单的实现。

下面是利用这种方法的完整的 TextInterface 类：

```python
# textpoker

class TextInterface:

    def __init__(self):
        print("Welcome to video poker.")
```

```
def setMoney(self, amt):
    print("You currently have ${0}.".format(amt))

def setDice(self, values):
    print("Dice:", values)

def wantToPlay(self):
    ans = input("Do you wish to try your luck? ")
    return ans[0] in "yY"

def close(self):
    print("\nThanks for playing!")

def showResult(self, msg, score):
    print("{0}. You win ${1}.".format(msg, score))

def chooseDice(self):
    return eval(input("Enter list of which to change ([] to stop) "))
```

像通常的测试代码一样，我尝试以最简单的方式实现每个必需的方法。尤其要注意，在 chooseDice 中使用 eval 作为一种简单的方式（虽然可能不安全），直接输入应该再次掷出的骰子的索引列表。利用这个界面，我们可以测试 PokerApp 程序，判断是否实现了正确的模型。下面是使用我们开发的模块的完整程序：

```
# textpoker.py --video dice poker using a text-based interface.

from pokerapp import PokerApp
from textpoker import TextInterface

inter = TextInterface()
app = PokerApp(inter)
app.run()
```

基本上，这个程序所做的就是创建一个基于文本的界面，然后使用该界面构建一个 PokerApp 并开始运行。我们没有为此创建单独的模块，而是在 textpoker 模块的末尾添加必要的启动代码。

运行这个程序时，我们得到了粗糙但可以使用的交互：

```
Welcome to video poker.
Do you wish to try your luck? y
You currently have $90.
Dice: [6, 4, 4, 2, 4]
Enter list of which to change ([] to stop) [0,4]
Dice: [1, 4, 4, 2, 2]
Enter list of which to change ([] to stop) [0]
Dice: [2, 4, 4, 2, 2]
Full House. You win $12.
You currently have $102.
Do you wish to try your luck? y
You currently have $92.
Dice: [5, 6, 4, 4, 5]
Enter list of which to change ([] to stop) [1]
Dice: [5, 5, 4, 4, 5]
Enter list of which to change ([] to stop) []
Full House. You win $12.
You currently have $104.
Do you wish to try your luck? y
You currently have $94.
```

```
Dice: [3, 2, 1, 1, 1]
Enter list of which to change ([] to stop) [0,1]
Dice: [5, 6, 1, 1, 1]
Enter list of which to change ([] to stop) [0,1]
Dice: [1, 5, 1, 1, 1]
Four of a Kind. You win $15.
You currently have $109.
Do you wish to try your luck? N

Thanks for playing!
```

你可以看到这个界面提供了足够的功能，让我们可以测试模型。事实上，我们有了一个有趣好玩的游戏！

12.3.5 开发 GUI

既然有了一个能工作的程序，我们就把注意力转向图形界面吧。我们的第一步必须是准确地确定界面的外观和功能。该界面必须支持基于文本的版本中实现的各种方法，并且还可能会有一些其他辅助方法。

设计交互

让我们从必须支持的基本方法开始，确定与用户的交互将如何发生。显然，在图形界面中，应该连续显示骰子的面值和当前的分数。setDice 和 setMoney 方法将用于更改这些显示。这导致一个输出方法 showResult，我们需要添加它。处理这种瞬态信息的一种常见方法是在窗口底部显示一条消息。这有时被称为"状态栏"。

为了从用户那里获取信息，我们将使用按钮。在 wantToPlay 中，用户必须决定掷骰子或退出。我们可以选择"Roll Dice"和"Quit"按钮。剩下来就是弄清楚用户应该如何选择骰子。

要实现 chooseDice，我们可以为每个骰子提供一个按钮，并让用户点击他们希望掷出的骰子的按钮。当用户选完骰子后，可以再次单击"Roll Dice"按钮，掷出所选的骰子。精心设计这个想法，如果允许用户在选择骰子时改变主意，那会很好。也许单击当前选定的骰子的按钮将导致它被取消选择。点击按钮将作为一种切换，选择或取消选择特定的骰子。用户通过点击"Roll Dice"确定特定的选择。

我们对 chooseDice 的设想暗示了接口的几个调整。首先，我们应该有一些方法来显示用户当前选择的骰子。有很多方法可以做到这一点。一种简单的方法是改变骰子的颜色。我们让选中要掷的骰子上的点"变灰"。其次，我们需要一种很好的方式让用户表明他们希望停止掷骰子。也就是说，他们希望骰子就是当前的得分。可以在没有骰子被选中时，让他们点击"Roll Dice"按钮，从而请求程序不要掷骰子。另一种方法是提供一个单独的按钮，让骰子被计分。后一种方法似乎更直观，信息明确。让我们在界面添加一个"Score"按钮。

关于界面如何运作，现在我们有了基本的想法。我们仍然需要弄清楚它的外观。窗口控件的确切布局如何？图 12.2 是界面的外观样例。我相信那些更具艺术气息的人可以提出更美观的界面，但我们会用这个作为设计实现。

图 12.2　骰子扑克视频游戏的 GUI 界面

管理控件

我们正在开发的图形界面使用按钮和骰子。我们的目的是复用前几章开发的 Button 和 DieView 类，作为这些控件。Button 类可以按原样使用，因为我们有很多按钮要管理，所以可以用一个按钮列表，类似于在第 11 章使用的计算器程序。

与计算器程序中的按钮不同，我们的扑克界面的按钮不会一直处于活动状态。例如，只有当用户实际上正在选择骰子的过程中，骰子按钮才处于活动状态。当需要用户输入时，该交互的有效按钮将被设置为活动，其他按钮将处于非活动状态。为了实现这个行为，我们可以为 PokerInterface 类添加一个辅助方法 choose。

choose 方法接受按钮标签列表作为参数，激活它们，然后等待用户单击其中一个。函数的返回值是被点击的按钮的标签。需要用户的输入时，我们可以调用 choose 方法。例如，如果我们等待用户选择"Roll Dice"或"Quit"按钮，会使用如下代码序列：

```
choice = self.choose(["Roll Dice", "Quit"])
if choice == "Roll Dice":
    ...
```

假设按钮存储在名为 buttons 的实例变量中，下面是 choose 的一种可能实现：

```
def choose(self, choices):
    buttons = self.buttons

    # activate choice buttons, deactivate others
    for b in buttons:
        if b.getLabel() in choices:
            b.activate()
        else:
            b.deactivate()
```

```
        # get mouse clicks until an active button is clicked
        while True:
            p = self.win.getMouse()
            for b in buttons:
                if b.clicked(p):
                    return b.getLabel()  # function exit here.
```

界面中的其他控件是前两章中开发的 DieView。基本上，我们将使用与以前相同的类，但我们需要添加一些新功能。如上所述，我们希望改变骰子的颜色，以表明是否选择重新掷出。

你可能需要回去查看 DieView 类。回忆一下，类构造方法绘制一个正方形和七个圆，以表示各种值的点将出现的位置。setValue 方法点亮适当的点，以显示给定的值。为了唤起你的记忆，下面是之前的 setValue 方法：

```
def setValue(self, value):
    # Turn all the pips off
    for pip in self.pips:
        pip.setFill(self.background)

    # Turn the appropriate pips back on
    for i in self.onTable[value]:
        self.pips[i].setFill(self.foreground)
```

我们需要修改 DieView 类，添加一个 setColor 方法。此方法将用于更改绘制点的颜色。正如你在 setValue 的代码中看到的，点的颜色由实例变量 foreground 的值决定。当然，改变 foreground 的值实际上不会改变骰子的外观，直到使用新的颜色重绘。

setColor 的算法看起来很简单。我们需要两个步骤：

```
change foreground to the new color
redraw the current value of the die
```

不幸的是，第二步有一点小障碍。我们已经有了绘制一个值的代码，即 setValue。 但是 setValue 需要我们将值作为参数发送，并且当前版本的 DieView 不会将该值存储在任何地方。一旦适当的点被点亮，实际值就被丢弃。

为了实现 setColor，我们需要调整 setValue，让它记住当前的值。然后 setColor 可以用它的当前值重绘骰子。setValue 的更改很简单，我们只需要添加一行：

```
self.value = value
```

该行将 value 参数存储在名为 value 的实例变量中。使用 setValue 的修改版本，实现 setColor 是一件轻而易举的事情。

```
def setColor(self, color):
    self.foreground = color
    self.setValue(self.value)
```

注意最后一行如何简单地调用 setValue()重新绘制骰子，传递最后一次调用 setValue 时保存的值。

创建界面

既然我们已经掌握了控件，就可以实际实现 GUI 扑克界面了。构造方法将创建所有控件，为后续交互设置界面：

```
class GraphicsInterface:
    def __init__(self):
        self.win = GraphWin("Dice Poker", 600, 400)
        self.win.setBackground("green3")
        banner = Text(Point(300,30), "Python Poker Parlor")
        banner.setSize(24)
        banner.setFill("yellow2")
        banner.setStyle("bold")
        banner.draw(self.win)
        self.msg = Text(Point(300,380), "Welcome to the Dice Table")
        self.msg.setSize(18)
        self.msg.draw(self.win)
        self.createDice(Point(300,100), 75)
        self.buttons = []
        self.addDiceButtons(Point(300,170), 75, 30)
        b = Button(self.win, Point(300, 230), 400, 40, "Roll Dice")
        self.buttons.append(b)
        b = Button(self.win, Point(300, 280), 150, 40, "Score")
        self.buttons.append(b)
        b = Button(self.win, Point(570,375), 40, 30, "Quit")
        self.buttons.append(b)
        self.money = Text(Point(300,325), "$100")
        self.money.setSize(18)
        self.money.draw(self.win)
```

你应该将这段代码与图 12.2 进行比较，以确保你了解如何创建和定位界面的元素。希望你注意到，我把骰子的创建及其相关的按钮放在两个辅助方法中。以下是必要的定义：

```
def createDice(self, center, size):
    center.move(-3*size,0)
    self.dice = []
    for i in range(5):
        view = DieView(self.win, center, size)
        self.dice.append(view)
        center.move(1.5*size,0)

def addDiceButtons(self, center, width, height):
    center.move(-3*width, 0)
    for i in range(1,6):
        label = "Die {0}".format(i)
        b = Button(self.win, center, width, height, label)
        self.buttons.append(b)
        center.move(1.5*width, 0)
```

这两个方法类似，因为它们利用一个循环来绘制五个相似的控件。在这两种情况下，Point 变量 center 都用于计算下一个窗口控件的正确位置。

实现交互

现在你可能有点害怕，GUI 界面的构造方法非常复杂。即使简单的图形界面也涉及许多独立的组件。将它们全部设置和初始化通常是界面编码最繁琐的部分。既然我们已经解决了这一部分，则实际上编写处理交互的代码就不会太难，只要我们每次处理一块。

我们先从简单的输出方法 setMoney 和 showResult 开始。这两个方法在界面窗口中显示一些文本。由于构造方法负责创建和定位相关的 Text 对象，所以所有的方法都只要针对适当的对象调用 setText 方法：

```
def setMoney(self, amt):
    self.money.setText("${0}".format(amt))

def showResult(self, msg, score):
    if score > 0:
        text = "{0}! You win ${1}".format(msg, score)
    else:
        text = "You rolled {0}".format(msg)
    self.msg.setText(text)
```

根据类似的思路，输出方法 setDice 必须调用 dice 中适当的 DieView 对象的 setValue 方法。我们可以用 for 循环来完成：

```
def setDice(self, values):
    for i in range(5):
        self.dice[i].setValue(values[i])
```

仔细观察循环体中的代码行。它设置第 i 个骰子，以显示第 i 个值。

如你所见，一旦界面被构建，让它生效不会太难。我们的输出方法只需几行代码即可完成。输入方法只是稍微复杂一些。

wantToPlay 方法将等待用户单击 "Roll Dice" 或 "Quit"。我们可以用 choose 辅助方法来完成此操作。

```
def wantToPlay(self):
    ans = self.choose(["Roll Dice", "Quit"])
    self.msg.setText("")
    return ans == "Roll Dice"
```

等待用户单击适当的按钮后，此方法将 msg 文本设置为空字符串，从而清除所有消息（如以前的结果）。该方法然后检查 choose 返回的标签，返回一个布尔值。

接下来观察 chooseDice 方法。这里我们必须实现更多的用户交互。chooseDice 方法返回用户希望掷出的骰子的索引列表。

在 GUI 中，用户将通过点击相应的按钮来选择骰子。我们需要维护一个选择了哪个骰子的列表。每次单击一个骰子按钮时，都会选择该骰子（其索引附加到列表中）或取消选择（其索引从列表中移除）。此外，相应的 DieView 的颜色反映了骰子的状态。当用户单击 roll 按钮或 score 按钮时，交互结束。如果单击 roll 按钮，该方法将返回当前选择的索引列表。如果点击 score 按钮，该函数返回一个空列表，表示玩家结束掷骰子。

下面是实现骰子选择的一种方法。这段代码中的注释解释了算法：

```
def chooseDice(self):
    # choices is a list of the indexes of the selected dice
    choices = []                    # No dice chosen yet
    while True:
        # wait for user to click a valid button
        b = self.choose(["Die 1", "Die 2", "Die 3", "Die 4", "Die 5",
                         "Roll Dice", "Score"])

        if b[0] == "D":             # User clicked a die button
            i = int(b[4]) -1        # Translate label to die index
            if i in choices:        # Currently selected, unselect it
                choices.remove(i)
                self.dice[i].setColor("black")
            else:                   # Currently deselected, select it
                choices.append(i)
```

```
                    self.dice[i].setColor("gray")
        else:                      # User clicked Roll or Score
            for d in self.dice:    # Revert appearance of all dice
                d.setColor("black")
            if b == "Score":       # Score clicked, ignore choices
                return []
            elif choices != []:    # Don't accept Roll unless some
                return choices     # dice are actually selected
```

这样程序就完成了。界面类中唯一缺少的是 close 方法。要关闭图形程序版本，只需要关闭图形窗口：

```
def close(self):
    self.win.close()
```

最后，我们需要几行才能真正让图形化扑克程序开始。这段代码与文本版本的起始代码完全相同，只是用 GraphicsInterface 代替了 TextInterface：

```
inter = GraphicsInterface()
app = PokerApp(inter)
app.run()
```

我们现在有了一个完整、可用的骰子扑克视频游戏。当然，我们的游戏缺少很多的花俏的东西，比如打印一个很好的介绍、提供规则的帮助文档、记录高分。我试图让这个例子保持比较简单，同时仍然展示使用对象的 GUI 设计中的重要问题。改进作为练习留给你。祝你玩得开心！

12.4　OO 概念

壁球和扑克视频游戏案例研究的目标，是让你品尝 OOD 的所有内容。其实，你所看到的只是对这两个程序设计过程的精炼。基本上，我已经走过了两个完整设计的算法和推理过程。我没有记录每一个决定、错误的开始以及期间走过的弯路。这样做会让这个（已经很长的）章节的规模至少增加三倍。通过做出自己的决定，发现自己的错误，你会学得最好，而不是通过阅读我的经历。

然而，这些小的例子说明了面向对象方法的大部分能力和魅力。希望你可以看到，为什么 OO 技术已经成为软件开发的标准做法。最重要的是，OO 方法有助于生产更可靠和更具成本效益的复杂软件。但是，我还没有定义什么是面向对象开发。

大多数 OO 专家谈论三个特点，它们一起构成了真正的面向对象开发：封装、多态和继承。我不打算大讲特讲这些概念，但是如果没有对这些术语含义的基本了解，面向对象设计和编程的介绍就不完整。

12.4.1　封装

在以前的对象讨论中，我已经提到了术语"封装"。你知道，对象知道一些事情，做一些事情。它们结合了数据和操作。将一些数据和可以对数据执行的一组操作打包，这个过程称为封装。

封装是使用对象的主要吸引力之一。它提供了一种方便的方式来组成复杂的解决方案，这种方式对应于我们对世界如何运作的直觉观点。我们自然地认为，周围的世界是由互动对象组成的。每个对象都有自己的标识,知道对象的种类可以让我们了解它的性质和能力。透过窗户,我看到房屋、汽车和树木,而不是无数的分子或原子。

从设计的角度来看,封装还提供了一种关键服务,分离了"做什么"与"怎么做"。对象的实际实现与其使用无关。实现可以改变,但只要接口保持不变,依赖对象的其他组件就不会被破坏。封装让我们能够隔离主要的设计决策,特别是可能会发生变化的设计决策。

封装的另一个优点是它支持代码复用。它允许我们打包一般组件,在不同程序中使用。DieView 类和 Button 类是可复用组件的好例子。

封装可能是使用对象的主要好处,但只有封装的系统只是"基于对象"的。要真正"面向"对象,开发方法也必须包含多态和继承。

12.4.2 多态

从字面上来说,"多态"一词意味着"许多形式"。在面向对象的文献中使用时,这是指一个对象响应一个消息(一个方法调用)所做的事情取决于对象的类型或类。

我们的扑克程序说明了多态的一个方面。PokerApp 类与 TextInterface 和 GraphicsInterface 一起使用。有两种不同的界面形式,而 PokerApp 类与其中任何一个都工作得很好。例如,当 PokerApp 调用 showDice 方法时,TextInterface 以一种方式显示了骰子,而 GraphicsInterface 则以另一种方式表现出来。

在扑克示例中,我们使用了文本界面或图形界面。然而,关于多态的非凡之处在于,程序中的给定行可以从一个时刻到下一个时刻调用完全不同的方法。作为一个简单的例子,假设你有一个图形对象列表,要在屏幕上绘制,该列表可能混合包含了圆、矩形、多边形等。你可以用这段简单的代码绘制列表中的所有对象:

```
for obj in objects:
    obj.draw(win)
```

现在问问自己,这个循环实际执行什么操作?当 obj 是一个圆时,它从 circle 类执行 draw 方法;当 obj 是矩形时,它是 rectangle 类的 draw 方法等。

多态让面向对象的系统具有灵活性,每个对象执行的动作就是应该对该对象执行的动作。在面向对象之前,这种灵活性实现起来要困难得多。

12.4.3 继承

面向对象方法的第三个重要特点是"继承",这是我们尚未使用的方法。继承背后的想法是,可以定义一个新类来从另一个类借用行为。新类(借用者)被称为"子类",现有的类(被借用的类)是其"超类"。

例如,如果我们正在建立一个记录员工的系统,我们可能会有一个 Employee 类,其中包含所有员工的一般信息。一个示例属性将是 homeAddress 方法,返回雇员的家庭地址。在所有雇员的类别中,我们可以区分 SalariedEmployee 和 HourlyEmployee。我们可以创建 Employee 的这些子类,所以它们可以共享 homeAddress 这样的方法。然而,每个子类都有自己的 monthlyPay 函数,因为这些不同类别的员工的薪酬是不同的。

继承有两个好处。一个是我们可以构建一个系统的类,以避免重复操作。我们不必为

HourlyEmployee 和 SalariedEmployee 类编写一个单独的 homeAddress 方法。另一个密切相关的好处是，新类通常可以基于原有的类，促进代码复用。

　　我们可以用继承来建立我们的扑克程序。当我们第一次写 DieView 类时，它没有提供改变骰子外观的方法。我们通过修改原来的类定义来解决这个问题。一种替代方法是原来的类保持不变，创建一个新的子类 ColorDieView。ColorDieView 就像一个 DieView，但它包含一个允许我们改变其颜色的附加方法。以下是它在 Python 中的样子：

```python
class ColorDieView(DieView):
    def setValue(self, value):
        self.value = value
        DieView.setValue(self, value)

    def setColor(self, color):
        self.foreground = color
        self.setValue(self.value)
```

　　该定义的第一行说，我们定义了一个基于 DieView 的新类 ColorDieView（即子类）。在新类中，我们定义了两个方法。第二个方法 setColor 添加新的操作。当然，为了让 setColor 工作，我们还需要稍微修改 setValue 操作。

　　ColorDieView 中的 setValue 方法重新定义或“覆写”了 DieView 类中提供的 setValue 的定义。新类中的 setValue 方法先存储该值，然后依赖于超类 DieView 的 setValue 方法来实际绘制点数。请注意如何调用超类的方法。通常的方法 self.setValue(value)将引用 ColorDieView 类的 setValue 方法，因为 self 是 ColorDieView 的一个实例。为了从超类调用原来的 setValue 方法，有必要把类名放在通常放对象的位置。

```python
DieView.setValue(self, value)
```

　　然后将应用该方法的实际对象作为第一个参数传入。

12.5　小结

　　本章没有引入新的技术内容，而是通过壁球模拟和骰子扑克案例研究来说明面向对象设计的过程。OOD 的主要思想如下。

- 面向对象设计（OOD）是开发一组类来解决问题的过程。它类似于自顶向下的设计，目标是开发一套黑盒子和相关接口。自顶向下的设计寻找函数，而 OOD 寻找对象。
- OOD 有很多不同的方法。最好的学习方法是在做中学。一些直观的指导可以帮助：
  - （1）寻找候选者。
  - （2）识别实例变量。
  - （3）考虑接口。
  - （4）精化不简单的方法。
  - （5）迭代式设计。
  - （6）尝试替代方案。
  - （7）保持简单。

- 开发具有复杂用户界面的程序时,将程序分成模型和视图组件非常有用。这种方法的一个优点是它允许程序运行多个外观(如文本和 GUI 界面)。
- 有三项基本原则让软件成为面向对象的。

封装:将对象的实现细节与对象的使用方式分开。这允许复杂程序的模块化设计。

多态:不同的类可以实现具有相同签名的方法。这让程序更加灵活,允许单行代码在不同情况下调用不同的方法。

继承:可以从现有类派生一个新类。这支持类之间的方法共享与代码复用。

12.6 练习

复习问题

判断对错

1. 面向对象的设计是为了解决问题、寻找和定义的一组有用的函数的过程。
2. 可以通过在问题描述中查看动词来找到候选对象。
3. 通常,设计过程涉及大量的试错。
4. GUI 通常使用模型视图架构来构建。
5. 在类定义中隐藏对象的细节称为实例化。
6. 多态字面意思是"许多变化"。
7. 超类从其子类继承行为。
8. GUI 通常比基于文本的界面更容易编写。

选择题

1. 以下_____项不是在壁球模拟中的类。
   a. Player   b. SimStats   c. RballGame   d. Score
2. RBallGame 中 server 的数据类型是_____。
   a. SimStats   b. RballGame   c. Player   d. PokerApp
3. 在_____类中定义了 isOver 方法。
   a. SimStats   b. RballGame   c. Player   d. PokerApp
4. 以下_____项不是面向对象设计/编程的基本特征之一。
   a. 继承   b. 多态   c. 通用   d. 封装
5. 将用户界面与应用程序的"内脏"分开称为_____方法。
   a. 抽象   b. 面向对象   c. 模型理论   d. 模型视图

讨论

1. 用你自己的话描述 OOD 的过程。

2．用你自己的话定义封装、多态和继承。

编程练习

1．修改本章的骰子扑克程序，以包括以下一个或全部功能。

a）启动画面。当程序首次打开时，打印关于程序的简短介绍信息，并包含"Let's Play"和"Exit"按钮。除非用户选择"Let's Play"，否则主界面不出现。

b）添加一个"Help"按钮，弹出另一个显示游戏规则的窗口（收益表是最重要的部分）。

c）添加高分功能。程序应该记录 10 个最佳成绩。如果用户退出时分数足够好，会邀请他输入名字。当程序第一次运行时，列表应打印在启动画面中。高分列表必须存储在文件中，以便下次程序运行仍然保持这些高分。

2．利用本章的思路，实现另一场壁球比赛的模拟。参考第 9 章的编程练习，寻找一些想法。

3．编写一个程序来记录会议与会者。对于每个与会者，你的程序应记录名称、公司、州和电子邮件地址。程序应允许用户做一些事，例如添加新的与会者、显示与会者的信息、删除与会者、列出所有与会者的姓名和电子邮件地址、列出指定州的所有与会者的姓名和电子邮件地址。与会者列表应存储在文件中，并在程序启动时加载。

4．编写一个模拟自动取款机（ATM）的程序。由于你可能无法访问读卡器，因此请先输入用户 ID 和 PIN 密码。用户 ID 将用于查找用户账户的信息（包括 PIN，以查看其是否与用户类型相匹配）。每个用户都可以访问支票账户和储蓄账户。用户应该能检查账户余额，提取现金和在账户间转账。将你的界面设计成类似当地 ATM 的界面。程序终止时，用户账户信息应存储在文件中。程序重新启动时，该文件被再次读入。

5．找到一个有趣的骰子游戏的规则，编写一个交互式程序来进行游戏。例如花旗骰（craps）、快艇（yacht）、贪婪（greed）和臭鼬（shunk）。

6．编写一个处理四手桥牌的程序，计算它们有多少积分，并给出开叫。你可能需要查看桥牌初学者指南来获得帮助。

7．找到一个你喜欢的简单的纸牌游戏，并实现一个互动的方案来玩这个游戏。例如战争（war）、二十一点（blackjack）、各种单人纸牌游戏和 8 是万能的（crazy eights）。

8．写一个棋盘游戏的交互式程序。例如黑白棋（Othello，reversi）、四子棋（Connect Four）、海战棋（Battleship）、对不起！（Sorry!）和巴棋戏（Parcheesi）。

9．（高级）查找经典的视频游戏，如行星游戏（Asteroids）、青蛙过河（Frogger）、打砖块（Breakout）、俄罗斯方块（Tetris）等，并使用第 11 章的动画技术创建自己的版本。

第 13 章　算法设计与递归

学习目标

- 理解分析算法效率的基本技巧。
- 知道查找是什么，并且理解线性和二分查找的算法。
- 理解递归定义和函数的基本原理，并能够编写简单的递归函数。
- 深入理解排序，并理解选择排序和归并排序的算法。
- 理解算法分析如何证明一些问题是难解的，另一些问题是无解的。

如果你已读到这里，就走在了成为一名程序员的路上。在第 1 章，我讨论了计算机科学与编程之间的关系。既然你有了一些编程技能，就可以开始考虑一些更广泛的问题。这里我们将讨论一个核心问题，即算法的设计和分析。在这个过程中，你会看到递归，这是特别强大的思考算法的方法。

13.1　查找

先考虑一个非常普遍和深入研究过的编程问题：查找。查找是在集合中寻找特定值的过程。例如，维护俱乐部成员名单的程序，可能需要查找有关特定成员的信息。这涉及某种形式的查找过程。

13.1.1　简单的查找问题

为了让查找算法的讨论尽可能简单，我们将问题简化到其本质。下面是一个简单的查找函数的规格说明：

```
def search(x, nums):
    # nums 是一个数字的列表，x 是一个数字
    # 返回 x 出现在列表中的位置，如果 x 不在列表中，就返回-1
```

以下是一些交互示例，说明其行为：

```
>>> search(4, [3, 1, 4, 2, 5])
2
>>> search(7, [3, 1, 4, 2, 5])
-1
```

在第一个例子中，该函数返回索引，指出 4 出现在列表中何处。在第二个示例中，返

回值-1 表示 7 不在列表中。

从我们对列表操作的讨论中，你可以回想起，Python 实际上提供了许多内置的查找相关方法。例如，我们可以测试一个值是否出现在序列中：

```
if x in nums:
    # do something
```

如果我们希望知道 x 在一个列表中的位置，index 方法会干得很好：

```
>>> nums = [3,1,4,2,5]
>>> nums.index(4)
2
```

实际上，我们的 search 函数和 index 之间的唯一区别在于，如果目标值没有出现在列表中，后者会引发异常。我们可以通过简单地捕获异常并返回-1，用 index 来实现 search。

```
def search(x, nums):
    try:
        return nums.index(x)
    except:
        return -1
```

然而，这种方法回避了问题。真正的问题是：Python 实际如何查找列表？什么是算法？

13.1.2　策略 1：线性查找

让我们用一个简单的"变成计算机"策略来开发查找算法。假设我给你一页满满的数字，没有特定顺序，并询问数字 13 是否在列表中。你如何解决这个问题？如果你像大多数人一样，会简单地扫描列表，将每个值与 13 比较。当你在列表中看到 13 时，退出并告诉我你发现了它。如果到了列表的最后也没有看到 13，那么你告诉我它不其中。

这个策略叫做"线性查找"。你将逐个查找数据项列表，直到找到目标值。该算法可以直接转换成简单的代码：

```
def search(x, nums):
    for i in range(len(nums)):
        if nums[i] == x:   # item found, return the index value
            return i
    return -1              # loop finished, item was not in list
```

这个算法并不难开发，对于适度大小的列表来说，这个算法工作得很好；对于无序列表，该算法与所有算法一样好。Python 的 in 和 index 操作都实现了线性查找算法。

如果有一个非常大的数据集合，我们可能希望以某种方式进行组织，这样不必查看每个数据项就能确定特定值在列表中的显示位置。假设列表按顺序存储（从最低到最高）。一旦我们遇到一个大于目标值的值，就可以退出线性查找，而不必查看剩余的列表。平均而言，这节省了大约一半的工作。但如果列表有序，我们可以做得比这更好。

13.1.3　策略 2：二分查找

当列表有序时，有一个更好的查找策略，你可能已经知道了。玩过猜数字游戏吗？我选择 1~100 之间的一个数字，你试着猜测它是什么。每次猜测，我会告诉你，猜测是正确、太高还是太低。你的策略是什么？

如果你和很小的孩子玩这个游戏，他们可能会采取随机猜测数字的策略。较大的孩子可能采用对应于线性查找的系统方法，猜测 1，2，3，4，……直到找到神秘的值。

当然，几乎任何一个成年人都会猜到 50。如果说该数字更高，则可能的值范围是 50～100。下一个逻辑猜测是 75。每次我们猜剩下数字的中间值，尝试缩小可能的范围。该策略称为"二分查找"。二分是指"两个"，在每个步骤中，我们将剩余的数字分为两部分。

我们可以用二分查找策略来查找有序列表。基本思想是用两个变量来跟踪数据项列表中范围的端点。最初，目标可以是列表中的任何位置，所以开始我们将变量 low 和 high 分别设置为列表的第一个和最后一个位置。

算法的核心是一个循环，查看剩余范围中间的数据项，将它与 x 进行比较。如果 x 小于中间数据项，则移动 high，这样查找缩小到下半部分；如果 x 较大，则我们移动 low，查找缩小到上半部分。当找到 x 或不再有更多地方（即 low>high）时，循环终止。下面是代码：

```
def search(x, nums):
    low =0
    high = len(nums) -1
    while low <= high:          # There is still a range to search
        mid = (low + high)//2   # position of middle item
        item = nums[mid]
        if x == item :          # Found it! Return the index
        return mid
        elif x < item:          # x is in lower half of range
            high = mid - 1      #    move top marker down
        else:                   # x is in upper half
            low = mid + 1       #    move bottom marker up
    return -1                   # no range left to search,
                                # x is not there
```

这个算法比简单的线性查找要复杂得多。你可能希望通过几个查找的例子让自己确信，这确实能工作。

13.1.4 比较算法

到目前为止，我们已经开发了两个简单的查找问题的解决方案。哪一个更好？好吧，这取决于更好的是什么意思。线性查找算法易于理解和实现。另一方面，我们预期二分查找会更有效率，因为它不必查看列表中的每个值。直观地，我们可能预期线性查找是小列表的更好选择，二分查找是较大列表的更好选择。如何真正证明这种直觉呢？

一种做法是进行实证检验。我们可以简单地对这两种算法进行编程，并在各种大小的列表中进行测试，查看查找需要多长时间。这些算法都很短，所以运行一些实验并不难。在我的特定计算机（一个有点过时的笔记本）上测试算法时，线性查找长度为 10 或更少的列表更快，并且在 10～1000 的长度范围内没有太显著的差异。之后，二分查找明显胜出。对于 100 万个元素的列表，线性查找平均花 2.5 秒找出一个随机值，而二分查找平均只有 0.0003 秒。

实证分析证实了我们的直觉，但这些是特定情况下的特定机器（内存量、处理器速度、当前负载等）的结果。我们如何确定结果将永远一样呢？

另一种方法是抽象地分析算法，以了解它们的效率。其他因素一样，我们预期具有最少"步骤"的算法更有效率。但是我们如何计算步数呢？例如，任一算法通过其主循环的次数将取决于具体的输入。我们已经猜到二分查找的优势随着列表的大小而增加。

　　计算机科学家解决这些问题的方法，是分析算法的步骤数与要解决的特定问题实例的大小或难度的关系。对于查找，困难取决于集合的大小。显然，在 100 万个元素的集合中找一个数，比在 10 个元素的集合中找一个数需要更多的步骤。准确的问题是"需要多少步骤来找出大小为 n 的列表中的值？"我们特别感兴趣的是，n 变得非常大会如何。

　　先考虑线性查找。如果有十个数据项的列表，我们的算法可能要做的最多的工作是依次查看每个数据项。循环最多将迭代十次。假设列表有两倍大。那么它可能需要查看两倍的数据项。如果列表有三倍大，则需要三倍的时间，依此类推。一般来说，所需的时间量与列表 n 的大小呈线性关系。这就是计算机科学家所说的"线性时间"算法。现在你真的知道为什么它被称为线性查找了。

　　二分查找怎样？首先考虑一个具体的例子。假设列表包含 16 个数据项。每次循环时，剩余的范围都被削减一半。一次循环后，有 8 项要考虑。下一次将有 4 个，然后 2 个，最后 1 个。循环执行多少次？这取决于在使用数据之前可以将范围折半的次数。表 13.1 可能有助于理清思路。

表 13.1　　　　　　　　　　　　　列表大小与折半次数的关系

列表大小	折半次数
1	0
2	1
4	2
8	3
16	4

　　你能看到这里的模式吗？循环每多一次迭代，让列表的大小增加一倍。如果二分查找循环 i 次，则可以在大小为 2^i 的列表中找到单个值。每次循环时，它会查看列表中的一个值（中间）。要查看大小为 n 的列表中检查的数据项数，我们需要解关系式 $n = 2^i$ 求 i。在这个公式中，i 就是一个基数为 2 的指数。使用适当的对数给出关系式 $i = \log_2 n$。如果你不太熟悉对数，请记住，该值是将大小为 n 的集合缩小一半的次数。

　　好的，这一点数学告诉我们什么？二分查找是"对数时间"算法的一个例子。解决给定问题所需的时间随着问题大小的对数而增长。在二分查找的情况下，每多一次迭代让可以解决的问题的大小加倍。

　　你也许不能体会二分查找实际上多有效。让我试着解释一下。假设你有一本纽约市的电话簿，比如有 1200 万个名字按字母顺序列出。你在街上走向一个典型的纽约客，并提出以下命题（假设他们的号码被列出）："我要尝试猜你的名字。每次我猜一个名字，你就告诉我，按照字母顺序，你的名字在我猜的名字之前或之后。"你需要猜几次？

　　我们上面的分析显示，这个问题的答案是 $\log_2 12000000$。如果你手上没有计算器，下面是一种快速估计结果的方法。$2^{10} = 1024$，即大约 1000，$1000 \times 1000 = 1000000$。这意味着 $2^{10} \times 2^{10} = 2^{20} \approx 1000000$。也就是说，$2^{20}$ 大约是 100 万。所以查找 100 万个数据项只需要 20 次猜测。继续，我们需要 21 次猜测 200 万，22 次 400 万，23 次 800 万，24 个猜测在 1600 万个名字中查找。我们只要用 24 次猜测来确定纽约市一个陌生人的名字！相比之下，线性查找将需要（平均）600万次猜测。二分查找是一个非常好的算法！

我之前说过，Python 使用线性查找算法来实现其内置的查找方法。如果二分查找好多了，为什么 Python 不用呢？原因是二分查找不太通用。为了能工作，列表必须有序。如果要在无序列表中使用二分查找，首先需要让它有序或对它"排序"。这是计算机科学中另一个深入研究的问题，我们应该看看。但在转向排序之前，我们需要将用于开发二分查找的算法设计技术一般化。

·

13.2 递归问题解决

请记住，二分查找算法背后的基本思想是将问题一分为二。这有时被称为"分而治之"的算法设计方法，它常常导致非常有效的算法。

分而治之算法的一个有趣的方面是，原始问题分解成的子问题就是原始问题的较小版本。

要明白我的意思，请再考虑一下二分查找。最初，要查找的范围是整个列表。我们的第一步是查看列表中的中间项。如果中间项就是目标，那就完成了。如果不是目标，我们继续在列表的上半部分或下半部分执行二分查找。

利用这种洞见，我们可以用另一种方式表达二分查找算法：

```
Algorithm: binarySearch --search for x in nums[low]...nums[high]

mid = (low + high) // 2
if low > high
    x is not in nums
elif x < nums[mid]
    perform binary search for x in nums[low]...nums[mid-1]
else
    perform binary search for x in nums[mid+1]...nums[high]
```

没有使用循环，这种二分查找的定义似乎是指向自身。这里发生了什么？这样的事情有实际意义吗？

13.2.1 递归定义

对自身引用的东西的描述称为"递归"定义。在上一个表述中，二分查找算法利用了它自己的描述。对二分查找的调用"重复出现"（recurs）在定义中，因此，称为"递归定义"。

乍看之下，你可能认为递归定义只是废话。你肯定有过一位老师，坚持说不能在一个词的定义中使用自己，对吧？这被称为"循环定义"，通常在考试中不会得多少分。

但在数学中，一直使用某些递归定义。只要谨慎对待递归定义的制定和使用，它们可以非常方便，并且惊人的强大。数学中的经典递归例子是阶乘。

回到第3章，我们像这样定义了一个值的阶乘：

$$n! = n(n-1)(n-2) \cdots \cdots \quad (1)$$

例如，我们可以计算

$$5! = 5(4)(3)(2)(1)$$

回想一下，我们实现了一个程序，用累积乘积的简单循环来计算阶乘。

看看 5!的计算，你会注意到有趣的事情。如果我们从前面删除 5，剩下的就是计算 4!。一般来说，n!= n(n-1)!。事实上，这种关系让我们能用另一种一般方式来表达阶乘。下面是递归定义：

$$n!=\begin{cases} 1, n=0 \\ n(n-1)!, n>0 \end{cases}$$

这个定义说，按照定义，0 的阶乘是 1，而任何其他数字的阶乘被定义为该数乘以比该数少 1 的数的阶乘。

尽管这个定义是递归的，但它不是循环的。事实上，它提供了一个非常简单的计算阶乘的方法。考虑 4!的值。根据定义，我们有 4! = 4(4 − 1)! = 4(3!)。但是 3!是什么？为了找出结果，我们再次应用定义 4! = 4(3!) = 4 [(3)(3 − 1)!] = 4(3)(2!)。现在，我们必须扩展 2!，它需要 1!，它又需要 0!。因为 0!就是 1，那就结束了。

4! = 4(3!) = 4(3)(2!)= 4(3)(2)(1!)= 4(3)(2)(1)(0!)= 4(3)(2)(1)(1)= 24

可以看到，递归定义不是循环的，因为每次应用定义，程序都会导致我们请求较小数的阶乘。最终下降到 0，这不需要再次应用定义。这被称为递归的"基本情况"。当递归到底时，我们得到一个可以直接计算的闭合表达式。所有良好的递归定义具有以下关键特征：

（1）有一个或多个基本情况，不需要递归。

（2）所有递归链最终都归结于其中一种基本情况。

要确保满足这两个条件，最简单的方法是确保每个递归总是导致原来问题的"较小"版本。问题非常小的版本不用递归就可以解决，于是成为基本情况。这就是阶乘定义的工作方式。

13.2.2 递归函数

你已经知道，可以用带有累积器的循环来计算阶乘。这种实现自然对应到原始的阶乘定义。我们还能按照递归定义实现一个阶乘版本吗？

如果我们将阶乘写成一个单独的函数，递归定义将直接转换为代码：

```
def fact(n):
    if n == 0:
        return 1
    else:
        return n * fact(n-1)
```

看到引用自己的定义如何变成一个调用自己的函数吗？这称为"递归函数"。函数首先检查是否处于基本情况 n == 0，如果是，则返回 1。如果还没有处于基本情况，函数返回 n 乘以 n-1 的阶乘的结果。后者通过递归调用 fact(n-1)来计算。

我想你会同意，这是递归定义的合理翻译。真正酷的是它实际上能工作！我们可以用这个递归函数来计算阶乘值：

```
>>> from recursions import fact
>>> fact(4)
24
>>> fact(10)
3628800
```

一些新程序员对这个结果感到惊讶，但它很自然地符合第 6 章讨论的函数的语义。回忆一下，每次调用函数都重新开始执行这个函数。这意味着它有自己的所有局部值的副本，包括参数的值。图 13.1 展示了计算 5!的递归调用顺序。请注意，每个返回值如何乘以 n，适配每次函数调用。n 的值存储在调用链上，然后在函数调用返回时回过来使用。

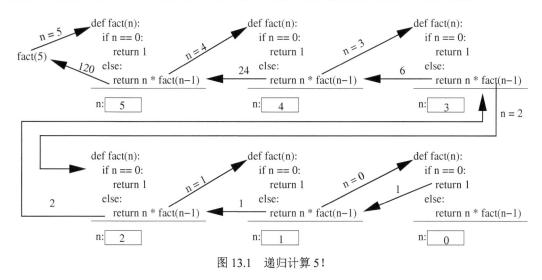

图 13.1 递归计算 5!

对于许多问题，递归可以产生优雅和有效率的解决方案。接下来的几节将介绍递归解决问题的例子。

13.2.3 示例：字符串反转

Python 列表有内置方法，可用于反转列表。假设你希望计算字符串的反转。有效处理该问题的一种方法是将字符串转换为字符列表，反转列表，并将列表重新转换为字符串。但使用递归，我们可以轻松地编写一个直接计算反转的函数，而不必借助列表表示。

基本思想是将一个字符串视为递归对象。大的字符串由较小的对象组成，这些对象也是字符串。事实上，分割任何序列有一个非常方便的方法，即将它看成第一个数据项和后面跟随的另一个序列。对于字符串，我们可以将它划分为第一个字符和"所有其他字符"。如果我们反转字符串的剩下部分，然后将第一个字符放在最后一个字符之后，就反转了整个字符串。

让我们对该算法进行编码，看看会发生什么：

```
def reverse(s):
    return reverse(s[1:]) + s[0]
```

注意这个函数是如何工作的。切片 s[1:]给出去掉第一个字符的字符串。我们反转该切片（递归地），然后将第一个字符（s[0]）连接到结果的末尾。考虑一个具体的例子也许有帮助。如果 s 是字符串 "abc"，则 s[1:]是字符串 "bc"。反转过来是 "cb"，加上 s[0]得到了 "cba"。这就是我们希望的。

不幸的是，这个函数并不完美。下面是尝试的时候发生的情况：

```
>>> reverse("Hello")
Traceback (most recent call last):
    File "<stdin>", line 1, in ?
    File "<stdin>", line 2, in reverse
```

```
    File "<stdin>", line 2, in reverse
...
    File "<stdin>", line 2, in reverse
RuntimeError: maximum recursion depth exceeded
```

我只显示了一部分输出，实际上它有 1000 行！发生了什么？

记住，为了构建一个正确的递归函数，我们需要一个不用递归的基本情况，否则递归是循环的。在急于编写函数的时候，我们忘了包含基本情况。我们写的是一个无限的递归。每次对 reverse 的调用都包含另一个对 reverse 的调用，所以没有调用会返回。当然，每次调用一个函数时，都会占用一些内存（存储参数和局部变量），所以这个过程不会永远继续下去。在 1000 次调用之后，Python 会停止它，这是默认的"最大递归深度"。

让我们回过去加入一个合适的基本情况。在序列上执行递归时，基本情况通常是一个空序列或仅包含一个数据项的序列。对于反转问题，我们可以用一个空字符串作为基本情况，因为一个空字符串是自己的反转。对 reverse 的递归调用总是针对一个比原来字符短的字符串，所以最终将得到一个空字符串。下面是正确的 reverse 版本：

```
def reverse(s):
    if s == "":
        return s
    else:
        return reverse(s[1:]) + s[0]
```

这个版本的行为符合预期：

```
>>> reverse("Hello")
'olleH'
```

13.2.4　示例：重组词

通过重新排列单词的字母形成一个重组词。重组词常用于文字游戏，形成重组词是产生序列的可能排列（重排列）的一种特殊情况，产生可能排列是在计算和数学的许多领域频繁出现的问题。

让我们尝试编写一个函数，生成一个字符串所有可能重组词的列表。我们将应用与上一个例子中相同的方法，将第一个字符从字符串中切出。假设原来的字符串是"abc"，那么字符串的尾巴是"bc"。生成尾巴所有重组词的列表，得到["bc"，"cb"]，因为两个字符的排列只有两种可能。要添加第一个字母，我们需要将它放在这两个较小的重组词中所有可能的位置，即["abc"，"bac"，"bca"，"acb"，"cab"，"cba"]。前三个重组词源于将"a"插入"bc"中的每个可能位置，后三个源于将"a"插入"cb"。

像前面的例子一样，我们可以用一个空字符串作为递归的基本情况。空字符串中唯一可能排列的字符是空字符串本身。下面是完成的递归函数：

```
def anagrams(s):
    if s == "":
        return [s]
    else:
        ans = []
        for w in anagrams(s[1:]):
            for pos in range(len(w)+1):
                ans.append(w[:pos]+s[0]+w[pos:])
        return ans
```

注意，在 else 中，用了一个列表积累了最后的结果。在嵌套的 for 循环中，外部循环遍历 s 尾部的每个重组词，内部循环遍历重组词中的每个位置，并创建一个新的字符串，并将原来的第一个字符插入该位置。表达式 w[:pos] + s[0] + w[pos:] 看起来有点麻烦，但是不难弄明白。w[:pos] 给出了 w 从开头到 pos（但不包括）的部分，w[pos:] 产生从 pos 到结尾的所有内容。这两者之间粘贴 s[0] 实际上将它插入到 w 的 pos 位置。内循环直到 len(w)+1，以便新字符可以添加到重组词的最后端。

下面是函数的效果：

```
>>> anagrams("abc")
['abc', 'bac', 'bca', 'acb', 'cab', 'cba']
```

我没有用"Hello"作为例子，因为它会产生太多重组词，超出我的期望。一个单词的重组词数是该词长度的阶乘。

13.2.5 示例：快速指数

递归的另一个好例子，是求值的整数次幂的聪明算法。对于正整数 n，计算 a^n 的初级方法是简单地将 a 乘以自己 n 次，即 $a^n = a * a * a * \cdots\cdots * a$。我们可以用简单的累积器循环轻松实现：

```
def loopPower(a, n):
    ans =1
    for i in range(n):
        ans = ans * a
    return ans
```

分而治之提出了另一种执行该计算的方法。假设我们要计算 2^8。根据指数的定律，我们知道 $2^8 = 2^4(2^4)$。所以如果先计算 2^4，就可以再做一次乘法得到 2^8。要计算 2^4，我们可以利用 $2^4 = 2^2(2^2)$ 的事实。当然，$2^2 = 2(2)$。将计算结合在一起，我们有 2(2)= 4 和 4(4)= 16 和 16(16)= 256。我们利用三次乘法计算了 2^8 的值。基本的洞见是利用 $a^n = a^{n/2}(a^{n/2})$ 的关系。

在我给出的例子中，指数都是偶数的。为了将这个想法变成一个通用算法，我们也要处理 n 的奇数值。这可以通过一个乘法来完成。例如，$2^9 = 2^4(2^4)(2)$。下面是一般关系：

$$a^n = \begin{cases} a^{n//2} \ (a^{n//2}), & n为偶数 \\ a^{n//2} \ (a^{n//2}) \ (a), & n为奇数 \end{cases}$$

这个公式利用了整数除法。如果 n 为 9，那么 n // 2 为 4。

我们可以利用这种关系作为递归函数的基础：只需要找到一个合适的基本情况。注意，计算第 n 次幂需要计算两个较小的幂（n // 2）。如果我们继续使用越来越小的 n 值，它将最终达到 0（整数除法中 1 // 2 = 0）。正如你从数学课中学到的，对于任何值 a（0 除外），$a^0 = 1$。这就是基本情况。

如果全部按数学来，函数的实现很简单：

```
def recPower(a, n):
     # raises a to the int power n
    if n == 0:
        return 1
    else:
        factor = recPower(a, n//2)
        if n%2 == 0: # n is even
```

```
        return factor * factor
    else:          # n is odd
        return factor * factor * a
```

有一点需要注意，我用了一个中间变量 factor，使得 $a^{n/2}$ 只需要计算一次。这让函数更有效率。

13.2.6 示例：二分查找

既然你知道如何实现递归函数，就可以再次回顾一下递归的二分查找。记住，基本思想是查看中间值，然后递归查找数组的下半部分或上半部分。

递归的基本情况是我们可以停止的条件，即当找到目标值或者查找空间已耗尽。递归调用每次将问题的大小减半。为了做到这一点，我们需要为每个递归调用指定列表中仍然"有效"的位置范围。我们可以传入 low 和 high 的值，与列表一起作为参数。每次调用将查找 low 和 high 索引之间的列表。

下面是利用这些想法的递归算法的直接实现：

```
def recBinSearch(x, nums, low, high):
    if low > high:              # No place left to look, return -1
        return -1
    mid = (low + high) // 2
    item = nums[mid]
    if item == x:              # Found it! Return the index
        return mid
    elif x < item:            # Look in lower half
        return recBinSearch(x, nums, low, mid-1)
    else:                     # Look in upper half
        return recBinSearch(x, nums, mid+1, high)
```

然后，就可以用对递归二分查找的合适调用，来实现原来的查找功能，告诉它在 0 和 len(nums)−1 之间开始查找。

```
def search(x, nums):
    return recBinSearch(x, nums, 0, len(nums)-1)
```

当然，原来的循环版本可能比这个版本更快一些，因为调用函数通常比迭代循环慢。然而，递归版本使得二分查找的分而治之结构更加明显。在下面我们将看到的一些例子中，递归的分而治之方法为使用循环不方便的一些问题提供了自然的解决方案。

13.2.7 递归与迭代

我肯定你现在已经注意到迭代（循环）和递归之间有一些相似之处。实际上，递归函数是循环的一般化。任何可以用循环完成的任务也可以通过一种简单的递归函数来完成。事实上，有一些编程语言只能使用递归。另一方面，一些可以非常简单地使用递归的事情，对于循环来说是非常困难的。

对于之前看到的一些问题，我们已经有了迭代和递归的解决方案。在阶乘和二分查找的例子中，循环版本和递归版本的计算基本相同，它们的效率大致一样。循环版本可能要快一些，因为调用函数通常比迭代循环慢，但在现代语言中，递归算法可能足够快。

在求幂算法的例子中，递归版本和循环版本实际上实现了非常不同的算法。如果你考虑一下，会发现循环版本是线性的，而递归版本以对数时间执行。这两者之间的差异与线性查找和二分查找之间的差异相似，所以递归算法显然是优越的。下一节将介绍一种非常有效率的递归排序算法。

如你所见，递归可以是一种非常有用的问题解决技术，可能导致高效可行的算法。但你必须小心。也可能编写一些非常无效的递归算法。一个典型的例子是计算第 n 个斐波那契数。

斐波那契序列是数字 1、1、2、3、5、8 ……的序列，它以两个 1 开始，后续的数字是前两个数之和。计算第 n 个斐波那契值的一种方法是使用产生序列的连续项的循环。

为了计算下一个斐波那契数，总是需要记录前两个。我们可以用两个变量 curr 和 prev 来跟踪这些值。然后我们只需要一个循环，将它们加在一起以获得下一个值。这时，curr 的旧值成为了 prev 的新值。下面是 Python 中的一种实现方法：

```python
def loopfib(n):
    # returns the nth Fibonacci number

    curr = 1
    prev = 1
    for i in range(n-2):
        curr, prev = curr+prev, curr
    return curr
```

我用同时赋值在一个步骤中计算 curr 和 prev 的下一个值。请注意，循环只有大约 n − 2 次，因为前两个值已经被指定，不需要添加。

斐波那契序列还有优雅的递归定义：

$$fib(n)=\begin{cases} 1 & \text{如果} n < 3 \\ fib(n-1)+fib(n-2) & \text{否则} \end{cases}$$

可以将此递归定义直接转换为递归函数：

```python
def fib(n):
    if n < 3:
        return 1
    else:
        return fib(n-1) + fib(n-2)
```

此函数符合我们定下的规则。递归总是在较小的值上，并且确定了一些非递归的基本情况。因此，这个函数会工作。事实证明，这是一个可怕的无效算法。虽然我们的循环版本可以轻松地计算非常大的 n 值的结果（在我的计算机上，loopFib(50000)几乎是瞬间完成的），但是这个版本只有在大约 30 以内才有用。

斐波那契函数的递归公式的问题在于它执行大量的重复计算。图 13.2 显示了计算 fib(6) 的计算图。请注意，fib(4)计算两次，fib(3)计算三次，fib(2)计算五次等。如果从较大的数字开始，你可以看到这种冗余如何积累！

这告诉我们什么？递归只是解决问题的武器库中的另一个工具。有时一个递归解决方案是很好的，因为它比循环版本更优雅或更有效。在这种情况下请使用递归。通常，循环和递归版本非常相似。在这种情况下，优势可能偏向循环，因为它会稍快一些。有时递归版本是非常不合格的。在这种情况下，要避免它，除非你考虑不出一个迭代算法。正如你将在本章的后面看到的，有时候只是没有一个很好的解决方案。

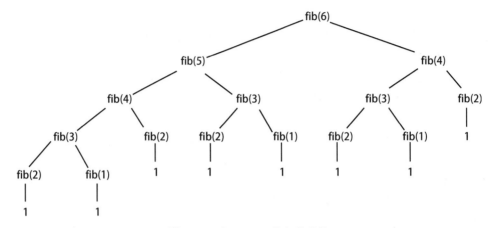

图 13.2　对 fib（6）执行的计算

13.3　排序算法

排序问题为我们一直在讨论的算法设计技术提供了不错的测试台。记住，基本的排序问题是对一个列表重新排列，让值按增加（实际上是非减少）的顺序排列。

13.3.1　天真的排序：选择排序

我们以一个简单的"变成计算机"的方式开始排序。假设你有一堆索引卡片，每个都有一个数字。这些卡片被打乱了，你需要将卡片排好序。如何完成这项工作呢？

有许多很好的系统方法。一个简单的方法是寻找这些卡片中的最小值，然后将该值放在这堆卡片的前面（也许单独放在一堆）。然后，你可以找出剩下卡片中最小的卡，放在下一个位置。当然，这意味着还需要一个算法来确定剩余卡片的最小值。你可以用确定列表最大值的相同方法（参见第 7 章）。在遍历过程中，你可以记录到目前为止所看到的最小值，只要找到更小的值就更新该值。

我刚刚描述的算法叫做"选择排序"。基本上，算法由一个循环组成，每次通过循环，我们选择最小的剩余元素并将其移动到正确的位置。将这个想法应用到 n 个元素的列表中，我们找到列表中的最小值，并将其放入第 0 个位置。然后找到剩余值中最小的（从位置 1 至（n-1）），并将其放入第 1 个位置。接下来，位置 2 至（n-1）的最小值放入位置 2 等。当我们到达列表末尾时，一切都将在适当的位置。

实现这个算法有一个微妙之处。当我们把值放在正确的位置时，需要确保不会意外地丢失最初存储在该位置的价值。例如，如果最小的项目处于位置 10，则将其移动到位置 0 需要赋值：

```
nums[0] = nums[10]
```

但是，这会擦除当前在 nums [0]中的值。它实际上需要移动到列表中的另一个位置。保存值的一种简单方法是将它与正在移动的值进行交换。使用同时赋值语句 nums[0], nums[10] =

nums[10], nums[0]将位置 10 的值放在列表的前面，但通过将其保存到位置 10 来保留原来的第一个值。

利用这个思路，在 Python 中编写选择排序是很简单的事。我用变量 bottom 来记录当前要填充的列表位置，用变量 mp 来记录剩余值中最小值的位置。这段代码中的注释解释了这种选择排序的实现：

```
def selSort(nums):
    # sort nums into ascending order

    n = len(nums)

    # For each position in the list (except the very last)
    for bottom in range(n-1):
        # find the smallest item in nums[bottom]..nums[n-1]

        mp = bottom                    # bottom is smallest initially
        for i in range(bottom+1,n):    # look at each position
            if nums[i] < nums[mp]:     # this one is smaller
                mp = i                 #    remember its index

        # swap smallest item to the bottom
        nums[bottom], nums[mp] = nums[mp], nums[bottom]
```

关于这个算法有一点要注意，即用于确定最小值的累积器。mp 不是实际存储到目前为止所看到的最小值，只是记住了最小值的位置。通过将位置 i 中的数据项与位置 mp 中的数据项进行比较来测试新值。你还应注意到，bottom 在列表中倒数第 2 个位置停止。一旦最后一个数据项之前的所有数据项都放在了适当的位置，最后一个数据肯定是最大的，所以没有必要再去看它。

选择排序算法易于编写，适用于中等大小的列表，但并不是一种非常有效的排序算法。在开发另一种算法后，我们会回来分析一下。

13.3.2 分而治之：归并排序

如前所述，常常用于开发有效算法的一种技术是分而治之。假设一位朋友和我正在一起努力把一堆卡片排序。我们可以通过将卡片分成两半来分割问题，每人对一半排序。然后我们只需要找出一种方法，合并两堆排好序的卡片。

将两个排序列表合并成单个排序列表的过程称为"归并"。这个分而治之算法的基本概念，称为"归并排序"，如下所示：

```
Algorithm: merge sort nums

split nums into two halves
sort the first half
sort the second half
merge the two sorted halves back into nums
```

算法的第一步很简单，我们可以用列表切片来实现。最后一步是将列表合并在一起。如果你想一想，合并很简单。让我们回到一堆卡片的例子来了解详细信息。由于两堆卡片是排好序的，每堆头部都有最小值。无论哪个头部值，最小的都将是合并列表中的第一个数据项。一旦较小的值被删除，我们可以再次查看卡片堆的头部，无论哪个头部卡片较小都将是列表中的下一个数据项。我们只要继续这个过程，将两个头部值中的较小值放入大列表中，直到其中一堆清空。这时，我们用剩下堆中的卡片填完列表。

下面是 Python 实现的归并过程。在这段代码中，lst1 和 lst2 是较小的列表，lst3 是放置结果的较大列表。为了使合并进程能工作，lst3 的长度必须等于 lst1 和 lst2 的长度之和。你应该能够通过研究附带的注释读懂下列代码：

```python
def merge(lst1, lst2, lst3):
    # merge sorted lists lst1 and lst2 into lst3

    # these indexes keep track of current position in each list
    i1, i2, i3 = 0, 0, 0 # all start at the front
    n1, n2 = len(lst1), len(lst2)

    # Loop while both lst1 and lst2 have more items
    while i1< n1 and i2 < n2:
        if lst1[i1] < lst2[i2]:   # top of lst1 is smaller
            lst3[i3] = lst1[i1]   # copy it into current spot in lst3
            i1 = i1 + 1
        else:                     # top of lst2 is smaller
            lst3[i3] = lst2[i2]   # copy it into current spot in lst3
            i2 = i2 + 1
        i3 = i3 + 1               # item added to lst3, update position

    # Here either lst1 or lst2 is done. One of the following loops will
    # execute to finish up the merge.

    # Copy remaining items (if any) from lst1
    while i1 < n1:
        lst3[i3] = lst1[i1]
        i1 = i1 + 1
        i3 = i3 + 1
    # Copy remaining items (if any) from lst2
    while i2 < n2:
        lst3[i3] = lst2[i2]
        i2 = i2 + 1
        i3 = i3 + 1
```

好的，现在我们可以将列表分成两部分，如果这些列表是排好序的，我们知道如何将它们合并到一个列表中。但如何对较小的列表进行排序呢？让我们来想想。我们正在尝试排序列表，算法要求对两个较小的列表进行排序。这听起来像是使用递归的完美情形。也许可以用 mergeSort 本身对这两个列表进行排序。让我们回到递归指南，来开发适当的递归算法。

为了递归运行，需要找到至少一个不用递归调用的基本情况，还必须确保递归调用总是在原始问题的较小版本上进行。mergeSort 中的递归将始终发生在一个大约为原始大小一半的列表中，所以后一个特性自动满足。最后，列表将非常小，只包含一个数据项，或不包含数据项。幸运的是，这些列表已经排好序了！瞧，我们有一个基本情况。当列表的长度小于 2 时，我们什么都不做，保持列表不变。

根据我们的分析，可以更新归并排序算法，让它能够正确递归：

```
if len(nums) > 1:
    split nums into two halves
    mergeSort the first half
    mergeSort the second half
    merge the two sorted halves back into nums
```

然后可以将该算法直接转换成 Python 代码:

```
def mergeSort(nums):
    # Put items of nums in ascending order
    n = len(nums)
    # Do nothing if nums contains 0 or 1 items
    if n > 1:
        # split into two sublists
        m= n //2
        nums1, nums2 = nums[:m], nums[m:]
        # recursively sort each piece
        mergeSort(nums1)
        mergeSort(nums2)
        # merge the sorted pieces back into original list
        merge(nums1, nums2, nums)
```

你可以尝试使用一个小列表来追踪该算法（例如 8 个元素），只是为了让自己相信它真的有效。但一般来说，追踪递归算法可能很乏味，通常不是很有启发性。

递归与数学归纳法密切相关，需要实践才能习惯。只要遵循规则，并确保每个递归的调用链最终达到基本情况，你的算法就可以工作。你只需要相信，不必担心令人讨厌的细节。让 Python 来操心！

13.3.3 排序比较

现在我们已经开发了两种排序算法，应该使用哪种算法呢？在实际尝试之前，让我们进行一些分析。像在查找问题中一样，排序列表的困难取决于列表的大小。我们要确定排序算法需要多少步骤，它是待排序列表大小的函数。

回顾选择排序的算法。回忆一下，该算法首先确定最小的数据项，然后找出剩余最小的数据项，依此类推。假设我们从大小为 n 的列表开始。为了找出最小的值，算法必须检查 n 个数据项中的每一个。下一轮外层循环，它必须找到剩余的 n-1 项中的最小值。第三次，要检查 $n-2$ 个数据项。这个过程继续下去，直到只剩下一个数据项。因此，用于选择排序的内循环的总次数，可以用递减序列的和来计算。

$$n + (n - 1) + (n - 2) + (n - 3) + \cdots\cdots + 1$$

换句话说，对 n 个数据项的列表进行排序，选择排序所需的时间与前 n 个整数的和成正比。这个结果有一个众所周知的公式，但就算不知道公式，也很容易推导出来。如果将序列中的第一个和最后一个数字相加，会得到 n+1。第二个和倒数第二个值相加，得到(n-1)+2 = n+1。如果从外到内保持对值配对，则所有对之和都是 n+1。由于有 n 个数字，一定有 n 个对。这意味着所有的总和为 n(n+1)/2。

你可以看到最终公式包含 n^2 项。这意味着算法中的步数与列表大小的平方成正比。如果列表的大小加倍，则步数增加四倍。如果大小变为 3 倍，则需要 9 倍的时间才能完成。计算机科学家称之为"二次算法"或 n^2 算法。

我们来看看如何与归并排序算法进行比较。在归并排序的情况下，我们将列表分成两部分，对每一部分进行排序，再将它们合并在一起。实际工作将在合并过程中完成，即将子列表中的值复制回原始列表时。

图 13.3 描述了对列表[3,1,4,1,5,9,2,6]进行排序的归并过程。虚线显示原始列表如何连续减

半，直到每个数据项都是其自身的列表，其值显示在底部。然后将单数据项列表合并为两数据项列表，以产生第二级中显示的值。归并过程继续向上，产生顶部显示的最终排序版本。

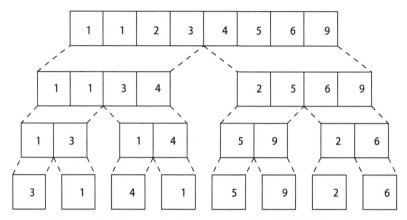

图 13.3　对[3，1，4，1，5，9，2，6]进行排序所需的归并

图 13.3 让归并排序的分析变得容易。从底层开始，我们必须将 n 个值复制到第二级。从第二级到第三级，n 个值需要重新复制。每个归并级别都要复制 n 个值。要解决的唯一问题是有多少级别？这归结为可以将大小为 n 的列表分成两半的次数。从二分查找的分析中你已经知道，这就是 $\log_2 n$。因此，排序 n 个项目所需的总工作量为 $n \log_2 n$。计算机科学家称之为“$n \log n$”算法。

哪个更好，n^2 的选择排序还是 $n \log n$ 的归并排序？如果输入规模较小，则选择排序可能会稍微快些一点，因为代码更简单，而且开销较少。然而，随着 n 越来越大，会发生什么呢？我们在分析二分查找中看到 log 函数增长非常缓慢（$\log_2 16000000 \approx 24$），所以 $n(\log_2 n)$ 的增长比 $n(n)$ 慢得多。

这两种算法的实证检验证实了这一分析。在我的计算机上，直到列表大小约为 50 时，选择排序胜过归并排序，约需 0.008 秒。在较大的列表中，归并排序胜出。图 13.4 展示了

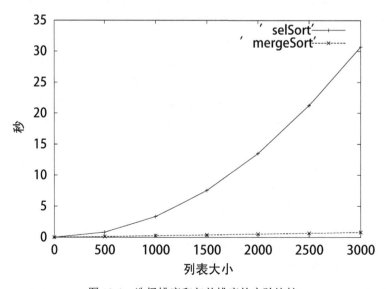

图 13.4　选择排序和归并排序的实验比较

排序列表大小直到 3000 的时间比较。你可以看到，选择排序的曲线快速向上（形成抛物线的一半），而归并排序曲线看起来几乎是直的（看底部）。对于 3000 个数据项，选择排序需要超过 30 秒，而归并排序在约 3 秒钟内完成任务。归并排序可以在不到 6 秒内对 20000 个数据项进行排序，选择排序大约需要 20 分钟。这区别很大！

13.4　难题

利用分而治之的方法，我们能够为查找和排序问题设计好的算法。分而治之和递归是算法设计的非常强大的技术。然而，并非所有的问题都有高效率的解决方案。

13.4.1　汉诺依塔

递归问题解决有一个非常优雅的应用，即解决通常所谓的汉诺依塔或梵天塔的数学难题。这个难题一般归功于法国数学家爱德华·卢卡斯（Edouard Lucas），他在 1883 年发表了一篇关于它的文章。围绕这个难题的传说是这样的：

在世界偏远地区的某个地方有一个修道院，遵守非常虔诚的宗教秩序。僧侣们承担了一项神圣的任务，为宇宙保持时间。在一切之初，僧侣得到了一张桌子，上面有三个垂直的柱子。其中一个柱子是一堆 64 个同心的黄金盘子。盘子有不同的半径，堆叠成美丽的金字塔形状。僧侣负责将盘子从第一个柱子移动到第三个柱子。当僧人完成任务时，一切将会化为微尘，宇宙就会结束。

当然，如果这就是问题，宇宙很久以前就结束了。为了维护神圣秩序，僧人必须遵守一定的规则：

第一，一次只能移动一个盘子。

第二，盘子不能"放在一边"。它只能堆放在三个柱子中的一个上。

第三，较大的盘子永远不能放在较小的盘子之上。

这个难题的各种版本一度颇受欢迎，你现在仍然可以在玩具商店中找到这个主题的不同版本。图 13.5 显示了只包含八个盘子的小版本。任务是在过程中将塔从第一个柱子移动到第三个柱子，用中间的柱子作为临时中转的地方。当然，你必须遵循上面给出的三条规则。

我们希望为这个难题开发一个算法。你可以将我们的算法视为僧侣需要执行的一组步骤，或作为生成一组指令的程序。例如，如果我们标记三个柱子 A、B 和 C，指令可能会像这样开始：

```
Move disk from A to C.
Move disk from A to B.
Move disk from C to B.
...
```

这对于大多数人来说是一个困难的难题。当然，这并不奇怪，因为大多数人没有接受过算法设计的训练。解决过程其实很简单，如果你知道递归。

首先考虑一些很容易的案例。假设我们有一个版本的难题，它只有一个盘子。移动由单个盘子组成的塔架很简单，我们从 A 中删除它并将它放在 C 上，问题解决。好的，如果有两个盘子呢？我需要将两个盘子中的较大的盘子放在 C 上，而较小的盘子则位于其上。我需要移走较小的盘子，我可以将它移动到 B，从而做到这一点。现在 A 上的大盘子没有阻碍，我可以把它移动到 C，然后将较小的盘子从 B 移动到 C。

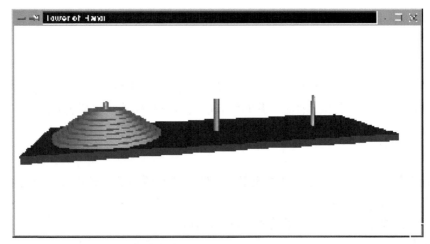

图 13.5　具有 8 个盘子的汉诺依塔

现在我们考虑一下有三个盘子的塔。为了将最大的盘子移动到 C，首先必须移动两个较小的盘子。两个较小的盘子形成大小为二的塔。利用上面描述的过程，我可以将这个两个盘子的塔移到 B 上，这样就可以释放出最大的盘子，以便将它移动到 C。然后我只需要从 B 移动两个盘子的塔到 C。解决三盘子的情况归结为三个步骤：

第一步，将两个盘子的塔从 A 移到 B。

第二步，将一个盘子从 A 移动到 C。

第三步，将两个盘子的塔从 B 移到 C。

第一个和第三个步骤涉及移动两个盘子的塔。幸运的是，我们已经确定了如何做到这一点。这就像解决两个盘子的难题，只是我们利用 C 作为临时中转的地方，将塔从 A 移到 B，然后利用 A 作为临时中转的地方，从 B 移到 C。

我们刚刚开发了一个简单递归算法的概要，用于将任何大小的塔从一个柱子移动到另一个柱子的一般过程。

算法：利用中转柱，从源柱到目标柱移动 n 个盘子的塔
从源柱到中转柱，移动 n-1 个盘子的塔
从源柱到目标柱，移动 1 个盘子
从中转柱到目标柱，移动 n-1 个盘子

这个递归过程的基本情况是什么？注意 n 个盘子的移动如何导致 n-1 个盘子的两次递归移动。由于我们每次减少一个，所以塔的大小最终将是 1。只需移动单个盘子就可以直接移动大小为 1 的塔。我们不需要任何递归调用来移除它上面的盘子。

修正一般算法，让它包括基本情况，就得到了一个能工作的 moveTower 算法。让我们用 Python 编写它。我们的 moveTower 函数将需要参数来表示塔的大小（n）、源柱（source）、目标柱（dest）和临时中转柱（temp）。我们可以对 n 使用整型，对柱子使用字符串。以下

是 moveTower 的代码：

```
def moveTower(n, source, dest, temp):
    if n == 1:
        print("Move disk from", source, "to", dest+".")
    else:
        moveTower(n-1, source, temp, dest)
        moveTower(1, source, dest, temp)
        moveTower(n-1, temp, dest, source)
```

看到多么容易了吗？有时用递归可以使其他方法下的难题变得微不足道。

作为启动，只需要提供四个参数的值。让我们写一个小函数，打印出将大小为 n 的塔从 A 移到 C 的指令。

```
def hanoi(n):
    moveTower(n, "A", "C", "B")
```

现在我们已经准备好尝试了。下面是三盘和四盘难题的解决方案。你可能希望追踪这些解决方案，让自己相信代码能工作。

```
>>> hanoi(3)
Move disk from A to C.
Move disk from A to B.
Move disk from C to B.
Move disk from A to C.
Move disk from B to A.
Move disk from B to C.
Move disk from A to C.

>>> hanoi(4)
Move disk from A to B.
Move disk from A to C.
Move disk from B to C.
Move disk from A to B.
Move disk from C to A.
Move disk from C to B.
Move disk from A to B.
Move disk from A to C.
Move disk from B to C.
Move disk from B to A.
Move disk from C to A.
Move disk from B to C.
Move disk from A to B.
Move disk from A to C.
Move disk from B to C.
```

所以我们对汉诺依塔的解决方案是只需要九行代码的“微不足道”的算法。这个问题放在标题为“难题”的小节中做什么？为了回答这个问题，我们要看看解决方案的效率。记住，当我谈到一个算法的效率时，就意味着需要多少步骤来解决一个给定大小的问题。在这个例子中，困难取决于塔中盘子的数量。我们希望回答的问题是，移动大小为 n 的塔有多少步骤？

只要看看我们的算法结构，就可以看到移动大小为 n 的塔需要移动一个大小为 n-1 的塔两次，第一次将它从最大的盘子上移开，第二次将它放回到顶部。如果我们在塔上添加另一个盘子，实质上解决它所需的步骤数量将增加一倍。如果你简单尝试一下增加问题的规模来运行该程序，关系就会变得清晰。表 13.2 所列为盘子数与解决方案步骤数的对比。

盘子数	解决方案步骤数
1	1
2	3
3	7
4	15
5	31

表 13.2 盘子数与解决方案步骤数的对比

一般来说，解决大小为 n 的问题将需要 2^n-1 个步骤。

计算机科学家称之为"指数时间"算法，因为问题大小的测量指标 n 出现在该公式的指数中。指数算法增长得非常快，就算在最快的计算机上，也只能在相对较小的规模上实际解决。仅仅为了说明这一点，如果僧侣真的开始从一个只有 64 个盘子的塔开始，每秒移动一个盘子，每天 24 小时，不出错，仍然需要超过 580 亿年才能完成他们的任务。考虑到宇宙现在大约有 150 亿年，我也不太担心化为微尘。

尽管汉诺依塔的算法很容易表达，但它属于"难解的"问题。这些问题在实践中需要太多计算能力（时间或内存），除了最简单的情况。在这个意义上，我们的玩具店难题确实代表了一个难题。但是一些问题比难解的问题更难，我们将在下一节中遇到其中一个。

13.4.2 停机问题

让我们想象一下，这本书激励你走上了计算机专业人士的职业生涯。六年后，你是一名成熟的软件开发人员。有一天，你的老板带着一个重要的新项目来到你身边，你应该放下一切，并搞定它。

你的老板似乎突然产生了灵感，知道公司如何让生产效率加倍。你最近聘请了一些比较无经验的程序员，调试代码的时间过长。显然，这些初出茅庐的新手往往会不小心写出许多带有无限循环的程序（你以前也这样，对吗？）。他们花了半天等待计算机重新启动，以便可以追踪错误。你的老板希望你设计一个可以分析源代码并在实际运行测试数据之前检测其是否包含无限循环的程序。这听起来像是一个有趣的问题，所以你决定尝试一下。

像往常一样，你从仔细考虑规格说明开始。基本上，你希望一个可以读取其他程序的程序，并确定它们是否存在无限循环。当然，程序的行为不仅仅由其代码确定，而且由运行时给出的输入决定。为了确定是否存在无限循环，你必须知道输入是什么。你确定了以下规格说明。

程序：停机分析程序。

输入：Python 程序文件。程序的输入。

输出：如果程序最终会停止，则输出"OK"。如果程序有一个无限循环，则输出"FAULTY"。

你很快注意到这个程序的有趣之处。这是一个检查其他程序的程序。你以前可能没有写过太多这类程序，但你知道原则上不是问题。毕竟，编译器和解释器是常见的分析其他程序的程序。你可以将正在分析的程序和为程序提供的输入表示为 Python 字符串。

这项任务还有一个非常有趣的地方。你被要求解决一个非常著名的难题，名为"停机问题"，它是不可解决的。没有可能的算法可以满足这个规范！不，我不是说没有人能够做到这一点，我是说这个问题原则上是永远不能解决的。

我怎么知道这个问题没有解决办法呢？世界上所有的设计技巧都不能回答这个问题。设计可以表明问题是可解决的，但它永远不能证明问题是无法解决的。要证明问题无解，就需要利用分析技能。

证明某事是不可能的一种方式，是首先假设有可能并证明这将导致矛盾。数学家称此为"归谬法"。我们将使用这种技术来证明停机问题无法解决。

首先假设存在某个算法，可以确定在特定输入上执行时任何给定的程序是否会终止。如果这样的算法可以编写，就可以将它打包成一个函数：

```python
def terminates(program, inputData):
    # program and inputData are both strings
    # Returns true if program would halt when run with inputData
    #    as its input.
```

当然，我实际上不能编写该函数，但我们假设这个函数存在。

利用 terminates 函数，可以编写一个有趣的程序：

```python
# turing.py

def terminates(program, inputData):
    # program and inputData are both strings
    # Returns true if program would halt when run with inputData
    #    as its input.


def main():
    # Read a program from standard input
    lines = []
    print("Type in a program (type 'done' to quit).")
    line = input("")
    while line != "done":
        lines.append(line)
        line = input("")
    testProg = "\n".join(lines)

    # If program halts on itself as input, go into an infinite loop
    if terminates(testProg, testProg):
        while True:
            pass     # a pass statement does nothing
main()
```

我称这个程序为 turing 是为了纪念阿兰·图灵。图灵是英国数学家，许多人认为他是"计算机科学之父"。他首先证明了停机问题是无法解决的。

turing.py 做的第一件事，是读取用户输入的程序。这是通过一个哨兵循环完成的，该循环一次读取一行，将代码行放在一个列表中。join 方法然后将代码行连接起来，行与行之间插入换行符（"\n"）。这实际上创建了一个多行字符串，代表键入的程序。

Turing.py 然后调用 terminates 函数，并将输入程序同时作为要测试程序和该程序的输入数据传入。本质上，这是一个测试，看看如果用它自己作为输入，这个读取输入的程序是否会终止。pass 语句实际上什么都不做，如果 terminates 函数返回 true，则 turing.py 将进入无限循环。

好的，这似乎是一个愚蠢的程序，但原则上没有什么可以阻止我们编写它，只要

terminates 函数存在。Turing.py 以这种独特的方式构建，只为阐明一个观点。这是一个价值百万美元的问题：如果我们运行 turing.py，当提示输入程序时，输入 turing.py 本身的内容，会发生什么？更具体地说，turing.py 是否在给定自己作为输入时停止？

我们来仔细考虑一下吧。我们正在运行 turing.py，并提供 turing.py 作为其输入。在 terminates 的调用中，程序和数据都是 turing.py 的副本，所以如果 turing.py 在以它自己为输入时停止，则 terminates 将返回 true。但是如果 terminates 返回 true，那么 turing.py 会进入一个无限循环，所以它不会停止！这是一个矛盾，turing.py 不能够既停止又不停止。它必须是其中一个。

我们来试试另一条路。假设 terminates 返回 false。这意味着，当以它自己作为输入时，turing.py 会进入无限循环。但是一旦 terminates 返回 false，turing.py 将退出，所以它会停止！这仍是矛盾。

如果你已经看明白了前两段，应该确信 turing.py 是一个不可能的程序。满足 terminates 规格说明的函数将导致逻辑上的不可能。因此，我们可以肯定地认为，不存在这样的函数。这意味着不可能存在求解停机问题的算法。

就是这样。你的老板给了你一项不可能的任务。幸运的是，你对计算机科学的了解足以认识到这一点。你可以向老板解释为什么问题不能解决，然后转向更有成效的工作。

13.4.3　结论

希望本章能够让你初步了解计算机科学是关于什么。正如本章的例子所示，计算机科学不仅仅是"编程"。任何计算机专业人士最重要的计算机，仍然是双耳之间那个。

希望本书可以帮助你成为一名计算机程序员。一路上，我已经试图激发你对计算科学的好奇心。如果掌握了本书中的概念，就可以编写有趣且有用的程序。你还应该有计算机科学与软件工程基础思想的基础。如果你有兴趣更深入地研究这些领域，我只能说"加油！"也许有一天，你也会认为自己是计算机科学家。如果我的书在这个过程中起过很小的作用，我会很高兴。

13.5　小结

本章介绍了计算机科学的一些重要概念，它不仅仅是编程。以下是主要思想。
- 计算机科学的一个核心子领域是算法分析。计算机科学家考虑算法所需的步骤，将它作为输入规模的函数，从而分析算法的时间效率。
- 查找是在集合中确定特定数据项的过程。线性查找从头到尾扫描集合，需要的时间与集合的大小成正比。如果集合是排好序的，可以用二分查找算法进行查找。二分查找只需要与集合大小的对数成比例的时间。
- 二分查找是用分而治之方法开发算法的一个例子。分而治之通常会产生有效的解决方案。
- 如果定义或函数引用了它本身，它就是递归的。有理由认为，递归定义必须满足两个特性：

（1）必须有一个或多个不需要递归的基本情况。

（2）所有递归链都必须最终达到基本情况。

保证这些条件的一种简单方法，是递归调用总是对较小版本的问题进行。基本情况就是可以直接解决的简单版本。

- 序列可以被认为是递归结构，包含第一个数据项及其后的序列。可以按照这种方法写出递归函数。
- 递归比迭代更为一般。在递归和循环之间进行选择涉及效率和优雅的考虑。
- 排序是按照顺序安排集合的过程。选择排序要求的时间与集合大小的平方成正比。归并排序是一种分而治之的算法，可以在 n log n 的时间内对集合进行排序。
- 理论上可解决、实践上不可解决的问题称为难解的问题。著名的汉诺依塔的解决方案可以表达为简单的递归算法，但该算法是难解的。
- 原则上一些问题是无解的。停机问题是无解问题的一个例子。
- 你应该考虑成为一名计算机科学家。

13.6 练习

复习问题

判断对错

1．线性查找需要的步骤数正比于要查找的列表的大小。
2．Python 的 in 操作符执行二分查找。
3．二分查找是一种 n log n 算法。
4．n 可以被 2 除的次数是 exp(n)。
5．所有合适的递归定义都必须只有一种非递归的基本情况。
6．一个序列可以看作是一个递归的数据集。
7．长度为 n 的词有 n!个重组词。
8．循环比递归更为一般。
9．归并排序是 n log n 算法的一个例子。
10．指数算法通常被认为是难解的。

选择题

1．_____算法需要的时间与输入的大小成正比。
a．线性查找　　　　　b．二分查找　　　　　c．归并排序　　　　　d．选择排序
2．二分查找需要_____次迭代才能找到 512 个数据项的列表中的值。
a．512　　　　　b．256　　　　　c．9　　　　　d．3

3．序列上的递归通常使用_____作为基本情况。

a．0   b．1   c．空序列   d．None

4．无限的递归将导致_____。

a．程序"挂起"   b．破碎的计算机   c．重启   d．运行时异常

5．递归斐波那契函数是低效率的，因为_____。

a．它进行许多重复计算   b．与迭代相比，递归本身就是无效的

c．计算斐波那契数字是难解的   d．在道德上错误

6．_____是二次时间算法。

a．线性查找   b．二分查找   c．汉诺依塔   d．选择排序

7．组合两个已排序序列的过程称为_____。

a．排序   b．洗牌   c．榫接   d．归并

8．与递归有关的数学技巧称为_____。

a．循环   b．排序   c．归纳   d．矛盾

9．需要_____步骤才能解决大小为 5 的汉诺依塔。

a．5   b．10   c．25   d．31

10．下列_____项不适用于停机问题。

a．Alan Turing 研究过

b．比难解的问题更难

c．有一天可能会发现一个聪明的算法来解决它

d．它涉及一个分析其他程序的程序

讨论

1．从最快到最慢的顺序排列算法分类 $n \log n$，n，n^2，$\log n$，2^n。

2．用你自己的话来解释一个合适的递归定义或功能必须遵循的两个规则。

3．anagram("foo")的确切结果是什么？

4．跟踪 recPower(3, 6)，弄清楚它执行的乘法次数的确切值。

5．为什么分而治之算法通常是非常有效的？

编程练习

1．修改本章中给出的递归斐波那契程序，以便打印跟踪信息。具体来说，当函数调用和返回时，函数会打印出一条消息。例如，输出应包含以下行：

```
Computing fib(4)
...
Leaving fib(4) returning 3
```

利用修改版本的 fib 来计算 fib(10)，并统计在该过程中计算 fib(3)的次数。

2．这个练习是对"递归"斐波那契程序进行"检验"，以更好地了解其行为的另一种变化。编写一个程序，计算 fib 函数调用多少次来计算 fib(n)，其中 n 是用户输入。

提示：要解决此问题，需要一个累积器变量，其值在"fib"调用之间"持续存在"。可以通过使对象的实例变量进行计数来实现。创建一个 FibCounter 类，包含以下方法：

init(self) 创建一个新的 FibCounter，将其 count 实例变量设置为 0。

getCount(self) 返回 count 的值。

fib(self, n) 递归函数，用于计算第 n 个斐波那契数。它每次调用时增加计数。

resetCount(self) 将计数设置为 0。

3．"回文"是顺着读或倒着读含有相同顺序的字母的句子，一个典型的例子是"Able was I, ere I saw Elba"。写一个递归函数来检测一个字符串是不是回文。基本思想是检查字符串的第一个和最后一个字母是否相同；如果相同，那么如果这两个字母之间的所有内容都是回文，它就是回文。

有两种特殊情况要检查。如果字符串的第一个或最后一个字符不是字母，你可以检查该字符串删除该字符，其余部分是不是回文。此外，在比较字母时，请确保不区分大小写。

在程序中使用你的函数，提示用户输入短语，然后指出它是不是回文。另一个经典的测试是"A man, a plan, a canal, Panama!"

4．编写并测试一个递归函数 max，它找出列表中最大的数字。max 是第一个数据项和所有其他数据项的最大值中较大的一个。

5．计算机科学家和数学家经常使用 10 以外基数的进制系统。编写一个程序，允许用户输入一个数字和一个基数，然后打印出新基数中的数字。使用递归函数 baseConversion(num, base)打印数字。

提示：考虑基数 10。要获得基数 10 时最右边的数字，只需除以 10 后查看余数。例如，153 % 10 是 3。要获取剩余的数字，你可以对 15 重复该过程，15 是 153 // 10。这个过程适用于任何基数。唯一的问题是要以相反的顺序得到数字（从右到左）。

当 num 小于 base 时会发生递归的基本情况，输出就是 num。在一般情况下，函数（递归）打印 num // base 的数字，然后打印 num % base。你应该在连续输出之间放置一个空格，因为基数大于 10 时，会打印出多个字符的"数字"。例如，baseConversion(1234, 16)应打印 4 13 2。

6．编写一个递归函数，用英文打印数中的数字。例如，如果数字是 153，则输出应该是"One Five Three"。参见前面问题的提示，有助于了解如何完成。

7．在数学中，C_n^k 表示从 n 个不同的事物中选择 k 个的不同方式的数量。例如，如果允许你从 6 个甜点中选择 2 个，可以选择的不同组合的数量是 C_6^2。以下是计算该值的公式：

$$C_n^k = \frac{n!}{k!(n-k)!}$$

这个值也导致了一个有趣的递归：

$$C_k^n = C_{k-1}^{n-1} + C_k^{n-1}$$

编写迭代和递归函数来计算组合数，并比较两种解决方案的效率。提示：当 k = 1 时，$C_k^n = n$，当 n < k 时，$C_k^n = 0$。

8．一些有趣的几何曲线可以递归地描述。科赫（Koch）曲线是一个很好的例子。它是一个可以在有限空间中无限长的曲线。它也可以用于生成漂亮的图片。

科赫曲线用"层"或"度"来描述。0 度的科赫曲线就是一个直线段。通过在线段的中间放置"凸起"形成一度曲线（见图 13.6）。原始线段已分为四段，每段的长度为原始长度的 1/3。凸起以 60 度上升，形成等边三角形的两边。要获得二度曲线，可以在一度曲线的每个线段中放置一个凸点。通过在前一曲线的每个段上放置凸点来构造连续曲线。

你可以让多边形的边"科赫化"来绘制有趣的图片。图 13.7 显示了将四度曲线应用于等边三角形边的结果。这通常被称为"科赫雪花"。你要写一个程序来画一片雪花。

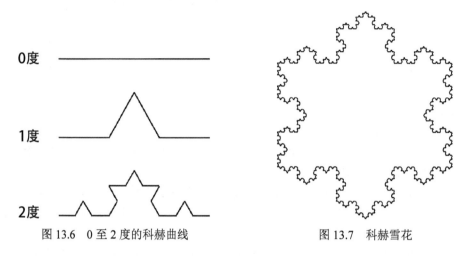

图 13.6　0 至 2 度的科赫曲线　　　　　图 13.7　科赫雪花

将绘制科赫曲线想象成你给乌龟指令。乌龟总是知道目前的位置以及它的朝向。要绘制给定长度和度数的科赫曲线，可以使用如下算法：

```
Algorithm Koch(Turtle, length, degree):
    if degree == 0:
        告诉乌龟画 length 步
    else:
        length1 = length/3
        degree1 = degree-1
        Koch(Turtle, length1, degree1)
        告诉乌龟左转 60 度
        Koch(Turtle, length1, degree1)
        告诉乌龟右转 120 度
        Koch(Turtle, length1, degree1)
        告诉乌龟左转 60 度
        Koch(Turtle, length1, degree1)
```

用一个 Turtle 类来实现该算法，它包含实例变量 location（一个 Point）和 direction（一个浮点型）以及 moveTo(somePoint)，draw(length) 和 turn(degrees) 等方法。如果用 direction 记录弧度的角度，你可以轻松地从当前位置计算出点。只要使用 dx = length * cos(direction) 和 dy = length * sin(direction)。

9．另一个有趣的递归曲线（见上一个问题）是 C 曲线。它类似于科赫曲线形成，不同之处在于，科赫曲线将线段划分成四段 length/3 的线段，C 曲线用仅仅两个长度为 length/$\sqrt{2}$ 的线段形成 90 度弯曲来代替每个线段。图 13.8 展示了 12 度 C 曲线。

利用类似于上一个练习的方法，编写一个绘制 C 曲线的程序。提示：你的乌龟会做以下事情：

左转 45 度
画长度为 `length/sqrt(2)` 的 c 曲线
右转 90 度
画长度为 `length/sqrt(2)` 的 c 曲线
左转 45 度

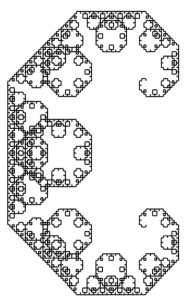

图 13.8 12 度 C 曲线

10. 自动拼写检查程序用于分析文档并定位可能拼写错误的单词。这些程序的工作原理是将文档中的每个单词与一个大字典（不是 Python 意义上的字典）单词进行比较。在字典中找不到词，被标志为可能错误。

编程对文本文件进行拼写检查。要做到这一点，你需要按字母顺序得到一大堆英文单词。如果你有 Unix 或 Linux 系统可用，可能会发现一个文件，名为 words，通常位于/usr/dict 或/usr/share/dict 中。否则，在互联网上快速查找应该会找到一些可用的东西。

程序应该提示输入要分析的文件，然后尝试使用二分查找来查找文件中的每个单词。如果在字典中没有找到某个单词，就将它作为潜在错误在屏幕上打印出来。

11. 编程解决词语混乱问题。你需要一个英文单词的大字典（见上一个问题）。 用户键入打乱的词，你的程序生成该词的重组词，然后检查哪个在字典中（如果有）。在字典中的重组词作为谜题的答案打印出来。

附录 A　Python 快速参考

第 2 章　编写简单程序

保留字

False	Class	finally	is	return
None	continue	for	lambda	try
True	def	from	nonlocal	while
and	del	global	not	with
as	elif	if	or	yield
assert	else	import	pass	
break	except	in	raise	

内置函数

abs()	dict()	help()	min()	setattr()
all()	dir()	hex()	next()	slice()
any()	divmod()	id()	object()	sorted()
ascii()	enumerate()	input()	oct()	staticmethod()
bin()	eval()	int()	open()	str()
bool()	exec()	isinstance()	ord()	sum()
bytearray()	filter()	issubclass()	pow()	super()
bytes()	float()	iter()	print()	tuple()
callable()	format()	len()	property()	type()
chr()	frozenset()	list()	range()	vars()
classmethod()	getattr()	locals()	repr()	zip()
compile()	globals()	map()	reversed()	import()
complex()	hasattr()	max()	round()	
delattr()	hash()	memoryview()	set()	

print 函数

```
print(<expr>, <expr>, ..., <expr>)
print()
print(<expr>, <expr>, ..., <expr>, end="\n")


<variable> = <expr>
<variable1>, <variable2>, ..., <variableN> = <expr1>,<expr2>, ..., <exprN>
```

输入（数值）

```
<variable> = eval(input(<prompt>))
<variable1>, <variable2>, ..., <variableN> = eval(input(<prompt>))
```

确定循环

```
for <var> in <sequence>:
    <body>
```

第 3 章　　数字计算

数值运算符

操作符	操作
+	加
-	减
*	乘
/	浮点除
**	指数
abs()	绝对值
//	整数除
%	取余

导入模块

```
import <module_name>
```

Math 库函数

Python	数学	解释
pi	π	π 的近似值
e	e	e 的近似值

Python	数学	解释
sqrt(x)	$\sqrt{x}$	x 的平方根
sin(x)	sin x	x 的正弦
cos(x)	cos x	x 的余弦
tan(x)	tan x	x 的正切
asin(x)	arcsin x	x 的反正弦
acos(x)	arccos x	x 的反余弦
atan(x)	arctan x	x 的反正切
log(x)	ln x	x 的自然对数（以 e 为底）
log10(x)	$\log_{10}x$	x 的常用对数（以 10 为底）
exp(x)	e^x	e 的 x 次方
ceil(x)	$\lceil x \rceil$	最小的>=x 的整数
floor(x)	$\lfloor x \rfloor$	最大的<=x 的整数

内置函数

函数	描述
range(stop) range(start, stop)	返回从 0 到 stop-1 的整数列表 返回从 start 到 stop-1 的整数列表
range(start, stop, step)	返回从 start 到 stop 的整型列表，步长为 step
type(x)	返回 x 的 Python 数据类型
int(x)	返回 x 转换为整型的值。x 可以是数值或字符串
float(x)	返回 x 转换为浮点型的值。x 可以是数值或字符串
round(x)	返回 x 最近的整数值（作为浮点型）

第 4 章　对象和图形

从模块直接导入

```
from <module> import <name1>, <name2>, ...
from <module> import *
```

对象构造方法

```
<class-name>(<param1>, <param2>, ... )
```

对象方法调用

```
<object>.<method-name>(<param1>, <param2>, ... )
```

有关本书中包含的图形模块中包含的对象和方法的摘要，请参见第 4.8 节。

第 5 章 序列：字符串、列表和文件

输入（字符串）

```
<variable> = input(<prompt>)
```

序列操作（字符串和列表）

操作符	含义
<sequence>+<sequence>	返回序列的连接。序列必须是相同类型
<sequence>*<n>	返回序列与自身连接 n 次。n 必须是整数
<sequence>[<n>]	返回左边第 n 个数据项（最左边算 0）。n 必须是整数
<sequence>[<n>] where n < 0	返回右边从第 n 个数据项（最右边算 1）。n 必须是整数
len(<sequence>)	返回序列的长度
<sequence>[<start>:<end>]	返回从 start 直到（但不包括）end 的子序列
for <var> in <sequence>:	迭代序列中的数据项

字符串方法

函数	含义
s.capitalize()	只有第一个字符大写的 s 的副本
s.center(width)	在给定宽度的字段中居中的 s 的副本
s.count(sub)	计算 s 中的 sub 的出现次数
s.find(sub)	找到 sub 出现在 s 中的第一个位置
s.join(list)	将列表连接到字符串中，使用 s 作为分隔符
s.ljust(width)	类似 center，但 s 是左对齐
s.lower()	所有字符小写的 s 的副本
s.lstrip()	删除前导空格的副本
s.replace(oldsub,newsub)	使用 newsub 替换 s 中的所有出现的 oldsub
s.rfind(sub)	类似 find，但返回最右边的位置
s.rjust(width)	类似 center，但 s 是右对齐

续表

函数	含义
s.rstrip()	删除尾部空格的 s 的副本
s.split()	将 s 分割成子字符串列表
s.title()	s 的每个单词的第一个字符大写的副本
s.upper()	所有字符都转换为大写的 s 的副本

向列表添加

```
<list>.append(<item>)
```

类型转换函数

函数	含义
float(<expr>)	将 expr 转换为浮点值
int(<expr>)	将 expr 转换为整数值
str(<expr>)	返回 expr 的字符串表示形式
eval(<string>)	将字符串作为表达式求值

字符串格式化

表达式语法

```
<template-string>.format(<value0>, <value1>, <value2>, ...)
```

格式说明符语法

```
{<index>}
{<index>:<width>}
{<index>:<width>.<precision>}
{<index>:<width>.<places>f}
```

注意：

- 最后的形式是针对固定的小数位数。
- 宽度为 0 表示不论需要多少空间。
- 前导 0 的宽度表示必要时的填充为 0（默认为空格）。
- 宽度前面可以有<表示左对齐，>用表示右对齐，或^表示中心对齐。

文件处理

打开和关闭文件

```
<variable> = open(<name>, <mode>)
```

Mode 为 "r" 表示读取，"w" 表示写入，"a" 表示添加。

```
<fileobj>.close()
```

读取文件

<file>.read() 返回文件的全部剩余内容，作为一个（可能很大的、多行的）字符串
<file>.readline() 返回文件的下一行。即所有文本，直到并包括下一个换行字符。
<file>.readlines() 返回文件中剩余行的列表。每个列表项是一行，包括最后的换行字符。
注意：文件对象也可以用在一个 for 循环中，它被当作一系列行来处理。

写入文件

```
print(..., file=<outputFile>)
```

第 6 章　定义函数

函数定义

```
def <name>(<formal-param1>, <formal-param2>, ... )
    <body>
```

函数调用

```
<name>(<actual-param1>, <actual-param2>, ... )
```

return 语句

```
return <value1>, <value2>, ...
```

第 7 章　判断结构

简单条件

```
<expr><relop><expr>
```

关系操作符

Python	数学	含义
<	<	小于
<=	≤	小于等于
==	=	等于

续表

Python	数学	含义
>=	≥	大于等于
>	>	大于
!=	≠	不等于

注意：这些操作符返回一个布尔值（True / False）。

if 语句

```
if <condition>:
    <statements>

if <condition>:
    <statements1>
else:
    <statements2>

if <condition1>:
    <case1 statements>
elif <condition2>:
    <case2 statements>
...
else:
    <default statements>
```

注意：else 子句是 elif 形式的可选项。

防止在导入时执行

```
if __name__ == "__main__":
    main()
```

异常处理

```
try:
    <statements>
except <ExceptionType>:
    <handler1>
except <ExceptionType>:
    <handler2>
...d
except:
    <default handler>
```

第 8 章　循环结构和布尔值

for 循环

```
for <var> in <sequence>:
    <body>
```

while 循环

```
while <condition>:
    <body>
```

break 语句

```
while True:
    ...
    if <cond>: break
    ....
```

布尔表达式

字面量：True, False

操作符：and, or, not

操作符	操作定义
x and y	如果 x 为 false，返回 x，否则返回 y
x or y	如果 x 为 true，返回 x，否则返回 y
not x	如果 x 为 false，返回 True，否则返回 False

类型转换函数：bool

第 9 章　模拟与设计

random 库

random()返回在范围[0,1)中均匀分布的伪随机值。

randrange(<params>)返回在范围（<params>）中均匀分布的伪随机值。

第 10 章　定义类

类定义

```
class <class-name>:
    <method-definitions>
```

注意：

● 　方法定义是一个函数，它具有特殊的第一个参数 self，指向应用该方法的对象。

● 　构造函数是一个名为__init__的方法。

文档字符串

模块、类、函数或方法开始处的字符串可用作文档。文档字符串在运行时包含，用于交互式帮助和 pydoc 实用程序。

第 11 章　数据集合

序列操作（列表和字符串）

操作符	含义
<seq> + <seq>	连接
<seq> * <int-expr>	重复
<seq>[ ]	索引
len(<seq>)	长度
<seq>[:]	切片
for <var> in <seq>:	迭代
<expr> in <seq>	成员检查（返回一个布尔值）

列表方法

方法	含义
<list>.append(x)	将元素 x 添加到列表末尾
<list>.sort()	对列表排序。关键字参数 key、reverse
<list>.reverse()	反转列表
<list>.index(x)	返回 x 首次出现的索引
<list>.insert(i,x)	在列表的索引 i 处插入 x
<list>.count(x)	返回 x 在列表中出现的次数
<list>.remove(x)	删除列表中首次出现的 x
<list>.pop(i)	删除列表中第 i 个元素并返回它的值

字典

字典字面量：{<key1>:<value1>, <key2>:<value2>, ...}

方法	含义
<key> in <dict>	如果字典包含指定的 key，就返回 True，否则返回 False
<dict>.keys()	返回键的序列
<dict>.values()	返回值的序列
<dict>.items()	返回元组（key,value）的序列，表示键值对
<dict>.get(<key>, <default>)	如果字典包含键 key 就返回它的值，否则返回默认值 default
del <dict>[<key>]	删除指定的条目
<dict>.clear()	删除所有条目
for <var> in <dict>:	循环遍历所有键

附录 B 术 语 表

abstraction：抽象　隐藏或忽略一些细节，从而专注于那些相关的信息。

accessor method：访问器方法　返回一个或多个对象的实例变量，但不修改对象的值的方法。

accumulator pattern：累积器模式　一种常见的编程模式，在这种模式中，最终的结果在循环中每次构建一部分。

accumulator variable：累积器变量　在累积器编程模式中，用于保存结果的变量。

actual parameter：实参　调用时传递给函数的值。

algorithm：算法　执行某个过程的详细步骤顺序。类似菜谱。

aliasing：别名　两个或多个变量指向完全相同的对象的情况。如果对象是可变的，则通过一个变量进行的更改将被其他变量所看到。

analysis：分析：（1）在软件开发生命周期的上下文中，指研究一个问题，并弄清楚计算机程序可以怎样解决它。（2）以数学方式研究问题或算法，确定它的某些属性，如时间效率。

and：一个二进制布尔运算符，当它的两个子表达式都为真时返回真。

application programming interface (API)：应用程序编程接口（API）　库模块提供的功能的规格说明。程序员需要了解 API 才能使用模块。

argument：参数　一个实参。

array：数组　可以通过索引访问的类似对象的集合。通常，数据是固定大小和同质的（所有元素都是相同类型的）。请与列表比较。

ASCII: 美国信息交换标准代码　用于编码文本的标准，其中每个字符由数字 0～127 表示。

assignment：赋值　将值赋给变量的过程。

associative array：关联数组　包含值与键的关联的集合。在 Python 中被称为字典。

attributes：属性　对象的实例变量和方法。

base case：基本情况　在递归函数或定义中，不需要递归的情况。所有正确的递归必须有一个或多个基本情况。

batch：批处理　通过文件而不是交互式进行输入和输出的处理模式。

binary：二进制　以 2 为基数的数字系统，其中仅有数字 0 和 1。

binary search：二分查找　一种用于在已排序集合中确定数据项的非常有效的搜索算法。需要的时间与 $\log_2 n$ 成正比，其中 n 是集合的大小。

bit：位　二进制数字。信息的基本单位，通常用 0 和 1 表示。

body：语句体　一个控制结构中的语句块的通用术语，如循环或判断。

Boolean algebra：布尔代数　布尔表达式简化和重写的规则。

Boolean expression：布尔表达式　一个事实陈述。布尔表达式将求值为 true 或 false。

Boolean logic：布尔逻辑　参见"布尔代数"。

Boolean operations：布尔运算符　用于构造布尔表达式的连接符。在 Python 中有 and、or 和 not。

bug：缺陷　程序中的错误。

butterfly effect：蝴蝶效应　自然界动力系统的一个典型例子（混沌）。一般相信，像蝴蝶扇动翅膀一样小的事件可以显著影响随后的大规模天气模式。

byte code：字节码　计算机语言的中间形式。高级语言有时被编译成字节码，然后被解释。在 Python 中，具有 pyc 扩展名的文件是字节码。

call：调用　调用函数定义的过程。

central processing unit (CPU)：中央处理单元（CPU）　执行数字和逻辑操作的计算机的"大脑"。

cipher alphabet：密码字母表　用于加密消息的符号。

ciphertext：密文　消息的加密形式。

class：类　描述一组相关对象。Python 中的类机制被用作"工厂"来生成对象。

client：客户端　在编程中，与另一个组件接口的模块称为组件的客户端。

code injection：代码注入　一种计算机攻击的形式，即恶意用户将计算机指令引入执行程序中，导致应用程序偏离其原始设计。

coding：编码　将算法转换成计算机程序的过程。

comment：注释　放在程序中的文本，为人类读者带来好处。计算机将忽略注释。

compiler：编译器　将一个以高级语言编写的程序转换为可由特定计算机执行的机器语言的复杂程序。

computer：计算机　一种在可更改程序控制下存储和操纵信息的机器。

computer science：计算机科学　研究可以计算什么的一种科学。

conditional：条件　决策控制结构的另一个术语。

constructor：构造函数　创建一个新对象的函数。在 Python 类中，是 __init__ 方法。

control codes：控制代码　不打印的特殊字符，但用于交换信息。

control structure：控制结构　控制其他语句执行的编程语言语句（例如 if 和 while）。

coordinate transformation：坐标变换　在图形编程中，将点或点集从一个坐标系转换到相关坐标系的数学。

counted loop：计数循环　迭代特定次数的循环。

CPU：参见"中央处理单元"。

cryptography：密码学　研究编码信息技术，以保证其安全。

data：数据　计算机程序操作的信息。

data type：数据类型　表示数据的特定方式。数据项的数据类型确定它可以具有什么值以及它支持哪些操作。

debugging：调试　确定和消除程序中错误的过程。

decision structure：判断结构　一种允许程序的不同部分根据具体情况执行的控制结构。通常判断由布尔表达式控制。

decision tree：判断树　一个复杂的判断结构，其中初始判断分支为更多的判断，后者又分支到更多的判断，以一种层叠的方式出现。

definite loop：确定循环 一种在循环开始执行时已知循环次数的循环。

design：设计 开发可以解决一些问题的系统的过程。也是该过程的产物。

dictionary：字典 一个无序的 Python 集合对象，允许值与任意键相关联。

docstring：文档字符串 Python 中的文档技术，它将一个字符串与程序组件相关联。

empty string：空字符串 一个对象，具有字符串数据类型，但不包含字符（""）。

encapsulation：封装 隐藏某物的细节。通常是用来界定对象或函数的实现和使用之间区别的术语。细节被封装在定义中。

encryption：加密 为保持私密而编码信息的过程。

end-of-file loop：文件结束循环 用于逐行读取文件的编程模式。

event：事件 在 GUI 编程中，外部动作（如鼠标点击）导致某些程序发生。也用于描述创建的对象，它封装了关于事件的信息。

event-driven：事件驱动 程序的一种风格，其中程序等待事件发生并进行相应的响应。这种方法经常用于图形用户界面（GUI）编程。

exception handling：异常处理 一种编程语言机制，允许程序员优雅地处理程序运行时检测到的错误。

execute：执行 运行程序或程序段。

exponential time：指数时间 一种算法，需要的步骤数正比于一个函数，其中问题的规模作为指数出现。这种算法通常被认为是难解的。

expression：表达式 生成数据的程序部分。

fetch-execute cycle：提取执行周期 计算机执行机器代码程序的过程。

float：浮点型 表示具有小数值的数字的数据类型。

flowchart：流程图 程序或算法中控制流的图形描述。

function：函数 程序中的子程序。函数将参数作为输入并返回值。

functional decomposition：函数分解 参见"自顶向下的设计"。

garbage collection：垃圾收集 由动态编程语言（如 Python、Lisp、Java）执行的过程。在这个过程中，包含不再使用的值的存储器空间被释放，以便它们可以存储新值。

graphical user interface (GUI)：图形用户界面（GUI） 与计算机应用程序的交互风格，涉及大量使用图形组件（如窗口、菜单和按钮）。

graphics window：图形窗口 可以绘制图形的屏幕窗口。

GUI：参见图形用户界面。

halting problem：停机问题 一个著名的无法解决的问题。 一个程序，确定另一个程序是否会在给定的输入下停机。

hardware：硬件 计算系统的物理组件。如果你将它从窗口中扔出去，它会"坏"，那就是硬件。

hash：散列 关联数组或字典的另一个术语。

hello, world：无处不在的第一个计算机程序。

heterogeneous：异质 能够同时包含不止一种数据类型。例如 Python 列表。

homogeneous：同质 只能持有一种类型的值。

identifiers：标识符 给予程序实体的名称。

if statement：if 语句 用于在程序中执行判断的控制结构。

import statement：import 语句 让外部库模块可用于程序中的语句。

indefinite loop：不定循环 在循环开始执行时，不需要知道所需迭代次数的循环。

indexing：索引 根据序列中的相对位置从序列中选择一个数据项。

infinite loop：无限循环 不终止的循环。参见"循环，无限"。

inheritance：继承 定义一个新类作为另一个类的特例。

input, process, output：输入、处理、输出 一个通用的编程模式。程序提示输入、处理并输出响应。

input validation：输入验证 在使用用户提供的值进行计算之前，检查这些值以确保它们有效的过程。

instance：实例 某个类的特定对象。

instance variable：实例变量 存储在对象内的一条数据。

int：用于表示没有小数部分的数字的数据类型。int 是整数的缩写，代表固定位数（通常为 32）的数字。

integer：整数 正或负整数。参见 int。

interactive loop：交互式循环 允许程序的一部分根据用户的意愿重复的循环。

interface：接口 两个组件之间的连接。对于函数或方法，该接口由函数的名称、其参数和返回值组成。对于一个对象，它是用于操作对象的一组方法（及其接口）。术语用户接口（界面）用于描述人们如何与计算机应用程序交互。

interpreter：解释器 一种计算机程序，用于模拟理解高级语言的计算机的行为。它逐个执行源代码行，并执行操作。

intractable：难解的 难以在实践中解决，通常是因为需要太长时间。

invoke：调用 利用函数。

iterate：迭代 多次执行。循环体的每次执行被称为一次迭代。

key：密钥，键 （1）在加密中，编码或解码消息必须知道的特殊值。（2）在数据收集的上下文中，指一种在字典中查找值的方法。值与将来访问的键相关联。

lexicographic：词典序 与字符串排序有关。词典序就像字母顺序，但是基于字符串字符的底层数字代码。

library：库 可以在程序中导入和使用的有用函数或类的外部集合。例如，Python 的数学和字符串模块。

linear search：线性搜索 一种搜索过程，依次检查集合中的数据项。

linear time algorithm：线性时间算法 一种算法，需要的步骤数正比于输入问题的规模。

list：列表 用于表示顺序集合的一般 Python 数据类型。列表是异质的，可以根据需要增长和收缩。数据项通过下标访问。

literal：字面量 用编程语言编写特定值的符号。例如，3 是一个 int 字面量，"Hello"是一个字符串字面量。

local variable：局部变量 一个函数中定义的变量。它只能在函数定义中被引用。参见"范围"。

log time algorithm：对数时间算法　一种算法，需要的步骤数正比于输入问题规模的对数。

loop and a half：循环加一半　一种循环结构，在循环体的中间有某个出口。在 Python 中，这是通过 while True:/break 组合来实现的。

loop：循环　用于多次执行程序部分的控制结构。

loop index：循环索引　一个用于控制循环的变量。在语句 for i in range(n)中，i 被用作循环索引。

loop, infinite：循环，无限　参见"无限循环"。

machine code：机器代码　机器语言程序。

machine language：机器语言　给定 CPU 可以执行的低级（二进制）指令。

main memory：主存储器　CPU 当前处理的所有数据和程序指令所在的位置。也称为随机存取存储器（RAM）。

mapping：映射　键和值之间的一般关联。Python 字典实现了映射。

merge：归并　将两个排序列表合并为单个排序列表的过程。

merge sort：归并排序　一种有效的分而治之排序算法。

meta-language：元语言　用于描述计算机语言语法的符号。

method：方法　一个位于对象内的函数。通过调用对象的方法来操纵对象。

mixed-typed expression：混合类型表达式　涉及多个数据类型的表达式。通常用于在数学计算中组合整型和浮点型的上下文中。

model-view architecture：模型—视图架构　通过将问题（模型）与用户界面（视图）分开来分割 GUI 程序。

modal：模态　如果窗口或对话框要求用户以某种方式与它进行交互，然后才能继续使用生成它的应用程序，它就是模态的。

modular：模块化　由多个相对独立的部件组成，可以协同工作。

module：模块　一般来说，指程序的任何相对独立的部分。在 Python 中，该术语也用于表示可以导入和执行的包含代码的文件。

module hierarchy chart：模块层次结构图　显示程序的功能分解结构的图。两个组件之间的连线表示上面组件利用下面组件来完成它的任务。

Monte Carlo：蒙特卡罗　一种涉及概率（随机或伪随机）原理的模拟技术。

mutable：可变的　可以改变的。可以改变状态的对象是可变的。Python 的 int 和 string 不可变，但列表是。

mutator method：设值方法　改变对象状态（即修改一个或多个实例变量）的方法。

n log n algorithm：n log n 算法　算法需要的步骤数正比于输入规模乘以输入规模的对数。

n-squared algorithm：n 平方算法　算法需要的步骤数正比于输入规模的平方。

name error：名称错误　当 Python 被要求为尚未分配值的变量生成值时发生的异常。

namespace：命名空间　标识符与它们在程序中表示的东西之间的关联。在 Python 中，模块、类和对象起到命名空间的作用。

nesting：嵌套　将一个控制结构放在另一个中的过程。循环和判断可以任意嵌套。

newline：换行符　标记文件或多行字符串中行之间分隔的特殊字符。在 Python 中，它

表示为 "\ n"。

not 一元布尔运算符，用于否定表达式。

object：对象 具有一些数据和一组操纵这些数据的程序实体。

object-based：基于对象 设计和编程使用对象作为抽象的主要形式。

object-oriented：面向对象 基于对象的设计或编程，并且包括多态性和继承的特征。

open：打开 将辅助存储器中的文件与程序中的变量相关联的过程，通过该变量可以对文件进行操作。

operator：运算符 用于将表达式组合成更复杂表达式的函数。

or 一个二进制布尔运算符，当任一个或两个子表达式为真时返回 true。

override：覆写 一个术语，表示子类改变继承方法的行为。

parameters：参数 函数中的特殊变量，在函数调用时用从调用者传入信息来初始化。

pass by value：按值传递 Python 中使用的参数传递技术。形参被赋予来自实参的值。函数不能更改实参变量引用的对象。

pass by reference：按引用传递 一些计算机语言中使用的参数传递技术，允许被调用函数更改用作实参的变量的值。

pixel：像素 图像元素的缩写。图形显示器上的一个点。

plaintext：明文 在加密中，这是用于未编码消息的术语。

polymorphism：多态性 字面上是"很多形式"。在面向对象编程中，指根据所涉及对象的数据类型，特定代码行可以通过不同的方法来实现的能力。

portability：可移植性 能够在不同的系统上运行程序。

post-test loop：后测试循环 一个循环结构，其中循环条件在循环体被执行之后才被测试。

pre-test loop：预测试循环 一个循环结构，其中循环条件在执行循环体之前被测试。

precision：精度 数中的精确数字的个数。

priming read：启动读取 在哨兵循环中，在循环条件测试之前进行读取。

private key：私钥 一种加密方式，其中相同的密钥用于加密和解密，因此必须保密。

program：程序 一组详细的指令，由计算机执行。

programming：编程 创建计算机程序来解决一些问题的过程。

programming environment：编程环境 一种特殊的计算机程序，提供让编程更容易的功能。IDLE（在标准 Python 分行版中）是一个简单的编程环境的例子。

programming language：编程语言 编写计算机程序的符号。通常指高级语言，如 Python、Java、C ++等。

prompt：提示 一条打印消息，告诉程序的用户需要输入。

prototype：原型 程序的初始简化版本。

pseudocode：伪代码 用精确的自然语言编写算法，而不是计算机语言的符号。

pseudo-random：伪随机序列 由计算机算法生成并用于模拟随机事件。

public key：公钥 一种使用两种不同密钥的加密形式。用公钥编码的消息只能使用另一个私钥进行解码。

random access memory (RAM)：随机存取存储器（RAM） 参见"主存储器"。

random walk：随机行走 一种模拟过程，其中某些对象的运动是概率确定的。

read：读取　用于描述计算机输入的术语。我们说一个程序从键盘或文件读取信息。

record：记录　关于单个人或对象的信息的集合。例如，人事记录包含有关员工的信息。

recursive：递归　具有引用自身的特点（函数或定义）。

recursive function：递归函数　直接或间接调用自身的函数。参见"递归"。

relational operator：关系运算符　在值之间进行比较，并返回 true 或 false 的运算符（如<，<=，==，>=，>，！=）。

reserved words：保留字　作为语言内置语法一部分的标识符。

resolution：分辨率　图形屏幕上的像素数。通常以水平和垂直方式表示（例如 640 像素×480 像素）。

RGB value：RGB 值　表示颜色的三个数字（通常在 0～255 范围内），表示像素的红色、绿色和蓝色分量的亮度。

scope：范围　可以引用给定变量的程序的区域。例如，在函数中定义的变量被认为具有局部范围。

script：脚本　程序的另一个名称。通常指以一种解释型语言编写的相对简单的程序。

search：搜索　在集合中确定特定数据项的过程。

secondary memory：辅助存储器　通用术语，指的是非易失性存储设备，如硬盘、磁盘、磁带、CD-ROM、DVD 等。

seed：种子　用于开始生成伪随机序列的值。

selection sort：选择排序　n 平方时间的排序算法。

self parameter：self 参数　在 Python 中，方法的第一个参数。它是对应用该方法的对象的引用。

semantics：语义　结构的意义。

sentinel：哨兵　一个特殊值，用于表示一系列输入的结尾。

sentinel loop：哨兵循环　一直持续到遇到特殊值的循环。

short-circuit evaluation：短路求值　一个求值过程，一旦结果被知道就返回答案，而不一定要求值所有的子表达式。在表达式（True or isover()）中，isover()函数不会被调用。

signature：签名　函数接口的另一个术语。签名包括名称、参数和返回值。

simulation：模拟　一个旨在抽象地模拟一些现实世界过程的程序。

simultaneous assignment：同时赋值　允许在一个步骤中对多个变量赋值的语句。例如，x，y = y，x 交换两个变量。

slicing：切片　提取字符串、列表或其他序列对象的子序列。

software：软件　计算机程序。

sorting：排序　将一系列数据项按预先确定的顺序排列的过程。

source code：源代码　高级语言的程序文本。

spiral design：螺旋式设计　通过首先设计一个简化的原型，然后逐渐添加特征来创建一个系统。

statement：语句　编程语言中的单个命令。

step-wise refinement：逐步求精　从一个非常高层次的抽象描述开始，逐步增加细节，设计一个系统的过程。

string：字符串 用于表示字符序列（文本）的数据类型。

structure chart：结构图 参见"模块层次图"。

subclass：子类 当一个类继承自另一个类时，继承类被称为被继承类的子类。

substring：子字符串 字符串中连续字符的序列。参见"切片"。

superclass：超类 被继承的类。

syntax：语法 语言的形式。

tkinter Python 附带的标准 GUI 框架。本书中使用的 graphics.py 模块是基于该框架。

top-down design 自顶向下的设计：通过以非常高级的算法开始构建系统的过程，该算法描述了子程序的解决方案。然后依次设计每个子程序。该过程的其他名称是"逐步求精"和"函数分解"。

truth table：真值表 表示其子表达式的值的所有可能组合的布尔表达式的值。

tuple：元组 一个 Python 序列类型，像一个不可变的列表。

unary：一元操作符 作用于单个操作数的操作符。

unicode：一种替代 ASCII，用于编码来自世界所有世界书面语言的字符。 Unicode 被设计为与 ASCII 兼容。

unit testing：单元测试 测试独立于其他部分的程序组件。

unpack：解包 在 Python 中，将序列中的项目赋值给独立变量。例如，可以将两个值的列表或元组解包给变量 x，y = myList。

variable：变量 标识一个值以供将来引用的标识符。变量的值可以通过赋值来改变。

widget：控件 GUI 中的用户界面组件。

write：写入 输出信息的过程。例如，我们说数据被写入文件。

欢迎来到异步社区！

异步社区的来历

异步社区（www.epubit.com.cn）是人民邮电出版社旗下 IT 专业图书旗舰社区，于 2015 年 8 月上线运营。

异步社区依托于人民邮电出版社 20 余年的 IT 专业优质出版资源和编辑策划团队，打造传统出版与电子出版和自出版结合、纸质书与电子书结合、传统印刷与 POD 按需印刷结合的出版平台，提供最新技术资讯，为作者和读者打造交流互动的平台。

社区里都有什么？

购买图书

我们出版的图书涵盖主流 IT 技术，在编程语言、Web 技术、数据科学等领域有众多经典畅销图书。社区现已上线图书 1000 余种，电子书 400 多种，部分新书实现纸书、电子书同步出版。我们还会定期发布新书书讯。

下载资源

社区内提供随书附赠的资源，如书中的案例或程序源代码。

另外，社区还提供了大量的免费电子书，只要注册成为社区用户就可以免费下载。

与作译者互动

很多图书的作译者已经入驻社区，您可以关注他们，咨询技术问题；可以阅读不断更新的技术文章，听作译者和编辑畅聊好书背后有趣的故事；还可以参与社区的作者访谈栏目，向您关注的作者提出采访题目。

灵活优惠的购书

您可以方便地下单购买纸质图书或电子图书，纸质图书直接从人民邮电出版社书库发货，电子书提供多种阅读格式。

对于重磅新书，社区提供预售和新书首发服务，用户可以第一时间买到心仪的新书。

用户账户中的积分可以用于购书优惠。100 积分 =1 元，购买图书时，在 [0 ▲▼] [使用积分] 里填入可使用的积分数值，即可扣减相应金额。

纸电图书组合购买

社区独家提供纸质图书和电子书组合购买方式，价格优惠，一次购买，多种阅读选择。

社区里还可以做什么？

提交勘误

您可以在图书页面下方提交勘误，每条勘误被确认后可以获得100积分。热心勘误的读者还有机会参与书稿的审校和翻译工作。

写作

社区提供基于 Markdown 的写作环境，喜欢写作的您可以在此一试身手，在社区里分享您的技术心得和读书体会，更可以体验自出版的乐趣，轻松实现出版的梦想。

如果成为社区认证作译者，还可以享受异步社区提供的作者专享特色服务。

会议活动早知道

您可以掌握 IT 圈的技术会议资讯，更有机会免费获赠大会门票。

加入异步

扫描任意二维码都能找到我们：

异步社区

微信服务号

微信订阅号

官方微博

QQ 群：436746675

社区网址：www.epubit.com.cn

投稿 & 咨询：contact@epubit.com.cn